Praxisratgeber zur
Personalentwicklung

Praxium-Verlag
Kalchbühlstr. 50
CH-8038 Zürich
Tel. + 41 44 481 14 64
Fax. + 41 44 481 14 65
www.praxium.ch

Martin Tschumi

Praxisratgeber zur Personalentwicklung

Die Personalentwicklung von der Bedarfsermittlung über die Planung und Durchführung bis zur Erfolgskontrolle mit vielen Praxisbeispielen. Mit Excel-Tools und vielen weiteren Arbeitshilfen auf CD-ROM.

Praxium Verlag, Zürich

Der Autor

Martin Tschumi wurde in zahlreichen HR- und Führungspositionen immer wieder mit Fragen der Personalentwicklung konfrontiert und verfügt über eine reichhaltige Praxiserfahrung. Er ist in der HR-Weiterbildung als Seminarleiter tätig, womit auch seine didaktische und konzeptionelle Erfahrung als Trainer in dieses Buch einfliesst.

ISBN: 3-9522958-1-7

1. Auflage 2006

Copyright © Praxium-Verlag, Zürich, 2006
Alle Rechte vorbehalten
Umschlaggestaltung: Wilber's Grafik & Druckservices, Basel
Lektorat: Renate Monnin

Inhaltsverzeichnis

Inhaltsverzeichnis	5
Vorwort	15

Bedeutung und Nutzen der Personalentwicklung 17

Definition und Verständnis der Personalentwicklung 18
Strategische Ausrichtung des Unternehmens 18
Erhalt und Weiterentwicklung von Kernkompetenzen 18
Sicherung des Bedarfs an Fachkräften und Know-how-Trägern 18
Stärkung der Marktstellung 18
Kompetenzförderung von Mitarbeitenden 19
Problemlösung und Innovationen 19
Aufbau neuer Kompetenzen 19
Steigerung der Mitarbeiterzufriedenheit 19
Freiräume und Kultureigenheiten 19
Einbezug aller Lebenssituationen 19
Die Mitgestaltung durch Mitarbeitende 20

Bedarfsermittlung und Planung 21

Grundsätzliche Stossrichtungen 22
Interessen von Mitarbeitern und Unternehmen 22
Verschiedenen Formen von Fähigkeiten und Lernaktivitäten 22
Bedarfsermittlung auf Mitarbeiterebene 23
Tätigkeitsanalyse für eine Kundendienstmitarbeiterin 25
Wie eng und aufgabenspezifisch soll die Weiterbildung sein? 26
Wie stark sind Motivation und Ambitionen? 26
Wie steht es um die zeitliche und örtliche Flexibilität? 26
Durchdachter und individueller Lernmix 26
Klares und konkretes Lernziel 27
Welche sind die Karriereziele und beruflichen Zielsetzungen? 27
Welcher Lerntyp ist der Weiterzubildende? 27
Die wichtigsten Lerntypen im Überblick 28
Weiterbildungsbedarfsabklärung im Mitarbeitergespräch 29
Gesprächsablauf und mögliche Gesprächsbausteine 29
Bedarfsermittlung auf Unternehmensebene 32
Ziele und Prioritäten von Unternehmen und Abteilung 32
Welche Einsatzbereiche sieht das Unternehmen vor? 32
Welche Kernkompetenzen will das Unternehmen fördern? 32
Welche Massnahmen festigen die Unternehmenskultur? 32

Inhaltsverzeichnis

Fragestellungen zur Ermittlung des PE-Bedarfs	33
Analyse der Unternehmenspersönlichkeit als PE-Orientierung	33
Individuelle Personalentwicklung	**35**
Situationen für die individuelle Personalentwicklung	35
Individuelle Förderung von Schlüsselpersonen	36
Möglichkeiten der individuellen Konzeption	36
Massnahmenarten einer individuellen PE-Konzeption	37
Schritte einer individuellen PE-Bestandesaufnahme	38
Gezielte Fragen zur Eruierung der Weiterbildungsbedürfnisse	39
Anforderungsprofile als wichtige Planungsgrundlage	**40**
Individuelle und jobnahe Anforderungsprofile	40
Aktuelle und zukunftsorientierte Anforderungsprofile	40
Die Systematik der Informationsgewinnung	41
Struktur und Gliederung	41
Muster eines Anforderungsprofils	42
Weitere Instrumente zur Bedarfseruierung	**43**
Die Personalentwicklungsplanung	**44**
Personalentwicklungs-Planungsraster mit Beispielen	48
Fallbeispiel eines konkreten PE-Planes	49
Beispiel eines Schulungsplanes	50
Übersicht von Personalentwicklungs-Instrumenten	51
Hauptstossrichtungen der Bildungsmethoden	**52**
Die Einzel- und Gruppenbildung	52
Bildung am oder ausserhalb des Arbeitsplatzes	52
Ablauf von Bildungsaktivitäten am Arbeitsplatz	54
Weiterbildungsangebote recherchieren und finden	**54**
Kataloge und Verzeichnisse	57
Individuelle Suche mit Suchmaschinen	57

Umsetzung und Organisation   59

Erarbeitung von Qualitätsstandards	**60**
Aufgabenkatalog und Verantwortlichkeiten	**61**
An der Personalentwicklung beteiligte Stellen	61
PE-Aufgaben und –funktionen im Überblick	64
Muster einer Aus- und Weiterbildungspolitik	65
Grundsätze einer Personalentwicklung	**66**
Grundsatz-Beispiele zu einer Personalentwicklungspolitik	67
Anforderungen an ein PE-Konzept	**68**
Umsetzungsstrategie des Lernmanagements	68
Der Bottom up-Ansatz	68
Selektive Zielgruppenwahl	69
Führungskräfte- und Nachwuchsförderung	**69**
Formular für Personalentwicklungsgespräche	72
Formular zur Seminar- und Workshop-Beurteilung	73
Dokumentation und Anbieter-Datenbanken	**74**
Die Vorteile einer generellen Dokumentation	74
Die Leistungsebenen einer Seminarverwaltung	74
Dokumentation und PE-Datenbanken von Mitarbeitern	**75**
Datenbankmaske PE-History und Massnahme pro Mitarbeiter	76

Datenbank-Aufbaubeispiel für die Aufnahme von Lernanbietern	77
Datenbank-Aufbaubeispiel für die Aufnahme von Lernanbietern	77
Reglemente und Merkblätter	**78**
Muster-Merkblatt und Weiterbildungsvereinbarung	78
Finanzierung von Weiterbildungsmassnahmen	**81**
Usanzen aus der Praxis	81
Betriebsnotwendige Aus- und Weiterbildungen	81
Urteile aus der Gerichtspraxis	81
Bedeutung und Sicherstellung des Praxistransfers	**82**
Praxistransfer muss Planungsbestandteil sein	82
Eigenverantwortung der Teilnehmenden	82
Einbezug der Führungskräfte	82
Verträge und Briefe an sich selbst	83
Aktionspläne auf Team- und Abteilungsebene	83
Realisierung von Transferprogrammen	83
Erfahrungsaustausch oder Workshops zu Kernthemen	83
Umsetzungspräsentationen im Betrieb	84
Systematische Transfergespräche	84
Schulungsarten und Schulungsorte	**85**
Vier grundsätzliche Schulungsorte und -arten	85
Vorteile und Nachteile interner und externer Veranstaltungen	86

Mitarbeitergespräche als PE-Instrument 87

Mitarbeitergespräche als Kerninstrument von PE-Massnahmen	88
Bedeutung von Zusammenarbeit und Team	88
Erörterung von Aufgaben und Arbeitsumfeld	88
Entwicklungsperspektiven der Mitarbeiter	89
Das Beurteilungs- oder Qualifikationsgespräch	89
Anlässe für Mitarbeitergespräche	89
Organisation, Zeitpunkt und Dauer	90
Struktur und Leitfaden eines Personalentwicklungsgespräches	90
Beurteilungsbogen für PE-Massnahmen	91
Formular Entwicklungsgespräch	92
Fähigkeiten und Fertigkeiten und ihre Definition	95
Wichtige Kommunikations- und Verhaltensregeln	**96**

Mitarbeiterbeurteilung 107

Bedeutung und Stellenwert der Mitarbeiterbeurteilung	**108**
Methoden der Mitarbeiterbeurteilung	108
Phasen einer Mitarbeiterbeurteilung	108
Leistungs-, Potential- und Persönlichkeitsbeurteilung	109
Ziel und Aufgabe der Mitarbeiterbeurteilung	109
Mögliche Themenfelder	109
Voraussetzungen für die Mitarbeiterbeurteilung	110
Das Beurteilungsgespräch	111
Der Beurteilungsbogen	112
Beurteilungsbogen für PE-Massnahmen	113
Beurteilungsbogen Kurzform für Leistungsbeurteilung	114
Mitarbeiterbeurteilung mit der 360-Grad-Rückmeldung	116
Persönlicher Leistungsverbesserungs- und Entwicklungsplan	118

Inhaltsverzeichnis

Definition und Gewichtung von Fähigkeiten und Fertigkeiten — 119
Merkmale zur Beurteilung von Mitarbeiterleistungen — 121
Ablaufplan Einführung einer Mitarbeiterbeurteilung — 122

Mitarbeiterbefragung — 123

Die Bedeutung der Mitarbeiterbefragung — 124
Befragungsfelder und -themen — 124
Voraussetzungen für den Erfolg einer Mitarbeiterbefragung — 125
Die Personalentwicklung in der Mitarbeiterbefragung — 126
Methoden der Mitarbeiterbefragung — 127
Mündliche Befragungen — 127
Schriftliche Befragungen — 127
Kombination mehrerer Elemente — 127
Fragebogen für eine allgemeine Mitarbeiterbefragung — 129

Mitarbeiterauswahl und -einführung — 135

Eignungstests und Instrumente zur Mitarbeiterauswahl — 136
Eignungs- und Testverfahren und ihre Bedeutung — 136
Gesprächsregeln für Interviews — 138
Die Auswertung des Gesprächs — 140
Personalauswahl von Hochschulabsolventen — 141
Mitarbeitereinführung — 142
Der Ablauf — 142
Formular zur Beurteilung von Führungsqualitäten — 145
Muster eines Welcome-Packages für neu eintretende Mitarbeiter — 147

Weitere Instrumente, Methoden und PE-Felder — 149

Selbstverantwortliches Lernen — 150
Bedeutung und Stellenwert — 150
Voraussetzungen und Methoden — 150
Anforderungen an die Lernenden — 151
Merkblatt für erfolgreiches und effizientes Lernen — 153
Coaching als Führungs- und PE-Instrument — 154
Was zeichnet Coaching aus? — 154
Internes Coaching und Coaching für Führungskräfte — 155
Die verschiedenen Coaching-Varianten — 156
Anforderungen an einen Coach — 158
Zielvereinbarungsgespräche — 159
Anforderungen an Ziele — 159
Stellenwert von Zielvereinbarungen und Zielarten — 159
Die Vorteile von Zielvereinbarungen — 162
Die Potentialanalyse — 162
Die Bedeutung des Mitarbeiterpotentials — 162
Die Ziele der Potenzialanalyse — 163
Potenzialanalyse-Assessments für Führungskräfte — 164
Assessment-Center-Training — 164
Die Grundsätze und Charakteristiken von Assessment-Centers — 165
Die Ziele eines Assessment-Centers — 165

Einzel-Assessments	165
Laufbahnplanung	**166**
Laufbahnberatung als Motivationsmittel	166
Laufbahn-Entwicklungsplan	168
Nachfolgeplanung	**169**
Stellenwert der Nachfolgeplanung	169
Koordination von Laufbahn- und Nachfolgeplanung	169
Die sechs Schritte einer Nachfolgeplanung	169

Lern- und Bildungsmethoden in Kürze 171

Nutzung der grossen Vielfalt und Auswahl	**172**
Konventionelle und etablierte Methoden	**172**
Auslandpraktika und –einsätze	172
Bücher und Fachzeitschriften für das Selbststudium	172
Einzelarbeiten und –aufgaben	173
Erfahrungsaustauschgruppen	173
Fachkonferenzen	173
Fallbasierendes Lernen	173
Fallmethoden und Planspiele	174
Fernunterricht	174
Förderprogramme	174
Förderrunden	175
Führungspositionen auf Zeit	175
Individueller Lernplatz	175
Job Enrichment	175
Job Enlargement	176
Job Rotation	176
Kleingruppen-Lerngespräche	176
Lehrgespräch	176
Lehr- und Fachvorträge	176
Leitbildentwicklung	177
Lernkonferenz	177
Lernstatt	177
Mentoring	177
Mindmapping	178
Organisationsaufstellung	178
Podiumsdiskussion	178
Potenzialanalyse	178
Problembasiertes Lernen	179
Qualitätszirkel	179
Rollenspiele	179
Roundtable-Gespräch	180
Spezifische Team-Trainings	180
Sprachtrainings und Sprachkurse	180
Team- und Projektgruppenarbeiten	181
Trainee-Programm	181
Training-near-the-job	181
Training-off-the-job	181
Training-on-the-job	182
Werkstattkurs	182
Verhaltensbeobachtung und -modellierung	182

Inhaltsverzeichnis

Videotrainings und Simulationen	183
Neuere und weniger bekannte Methoden	**183**
Lernmethoden in kombinierter Form	183
Baukastensystem mit Lernmodulen	184
Book Abstracts	184
Collaborative Learning	184
Corporate Volunteering	184
Distance Learning	185
Doppelfunktion von Einführungsprogrammen	185
Gordon-Training	185
Lern-Netzwerke	186
Mentales Training	186
Multiple Management Methode	186
Neuro-Linguistisches Programmieren	186
Online-Learning	187
Open Space	187
Performance Improvement Management	187
Personalportfolio	188
Reframing	188
Selbstorganisiertes Lernen	188
Supervision	188
Szenario-Technik	189
Talent Review Process	189
Teamdiagnostik	189
Unternehmensplanspiele	189
Weblogs und Lerntagebücher	190
Wissensmanagement	190
Wissensmultiplikation	190
Zukunftswerkstatt	191
Seminarspezifische Lernformen	**191**
Aufgaben-Puzzles	191
Gegenseitiges Aufgabenstellen	192
Gruppenpuzzle	192
Kleingruppen	192
Partner-Kurztausch	193
Plakat-Feedback	193
Pro- und Kontra-Austausch	193
Sandwich-Skript	193
Skalenabfrage	194
Skriptkooperation	194
Arbeitshilfen und Formulare zu Lernmethoden	**194**
Einflussfaktoren bei Wahl von Bildungs- und Fördermethoden	195
Eignungsbeurteilung des Methodeneinsatzes	196
Fallbeispiel eines Trainingsprogramms für Nachwuchskräfte	198

E-Learning und digitales Lernen   199

Bedeutung und Stellenwert des E-Learnings	**200**
Wann ist E-Learning die richtige Wahl?	**200**
Hauptbestandteile von E-Learning-Umgebungen	200
Die Vorteile des E-Learnings	201

Risiken und Herausforderungen	201
Kombination von traditionellem Lernen und E-Learning	202
Die Bedeutung der Inhalte beim E-Learning	202
Anforderung an Inhalte	203
Die Notwendigkeit professioneller Unterstützung	203
Erfolgsvoraussetzungen für E-Learning	**203**
Formen und Möglichkeiten des E-Learnings	**204**
Online-Vorlesung und virtuelles Seminar	205
Eigenständiges Lernen	205
Kooperatives oder netzwerkgestütztes Lernen	205
Arbeitsplatzbezogenes Lernen	206
Vicarious Learning	206
Die Evaluation von E-Learning-Angeboten	**206**
Prüfliste zur Evaluation von E-Learning-Angeboten	207
Qualitätsprüfung von Online-Kursen und -schulungen	208

Didaktik und Wissensvermittlung 209

Bedeutung und Stellenwert der Didaktik	**210**
Gründliche und umfassende Vorbereitung	210
Auftrag und Erwartungen des Unternehmens	210
Ausrichtung auf die Lernzielgruppe	210
Definition der Lernziele	211
Definition und Erarbeitung von Lehrstrategien	**211**
Einbezug von Zugangsweisen	211
Einbezug von Lernmotivatoren	211
Einbezug von Lebensbereichen und Wertvorstellungen	212
Lernformen und Lerntypen	212
Mittel zur Förderung der Informationsaufnahme	212
Die 10-Minuten-Regel	212
Lernklima und Lernmotivation	**213**
Das Vertrauen der Teilnehmer gewinnen	213
Spannung und Neugierde wecken	213
Orientierung und einen Rahmen bieten	213
Partnerinterview: Die Vorstellungsrunde	214
Der persönliche und individuelle Nutzen	214
Der Lerntransfer in die Praxis	**214**
Theorie im Teilnehmer-Praxisumfeld vermitteln	214
Lernende mit kreativen Eigenerarbeitungen aktivieren	215
Gelerntes in Gruppe austauschen und diskutieren lassen	215
Kleingruppenarbeiten als bewährte Methode	215
Die Mittel und Formen des Medienmixes	**216**
Die Pinwand	216
Flipcharts	216
Folien und Beamer	216
Medienübersicht in der betrieblichen Weiterbildung	217
Erhöhung der Behaltensquote durch Wiederholung	**218**
Schriftliche oder mündliche Fazite	218
Folgeveranstaltungen	218
Einzelarbeiten als Commitments	218
Schlussaktivitäten mit vorhandenen Inhalten	218

Inhaltsverzeichnis

Who trains the Trainer: Die Trainerqualifikation — 219
Checkliste zur Trainer-Auswahl — 220
Die Phasen einer Kurs- und Lernveranstaltung — 221

Erfolgreiche Präsentationen und Workshops — 223

Populäre und anerkannte Methoden — 224
Einflussfaktoren wirksamer Präsentationen — 224
Vorbereitung und wichtige Fragestellungen — 224
Stoffplanung und Inhaltsgliederung — 224
Kenntnisse über die Zuhörerschaft — 225
Visualisierung auf Folien und Charts — 225
Rhetorische Grundregeln und Sprechtempo — 225
Wirkung auf das Publikum — 226
Spannung erzeugen und Aufmerksamkeit gewinnen — 227
Einflussfaktoren wirksamer Workshops — 228
Anforderungen an eine Workshop-Leitung — 228
Teilnehmer eines Workshops — 228
Klare Vorstellungen vom Workshop-Ablauf — 228
Workshop-Grösse und Zeitplanung — 229
Die Phasen eines Workshops — 229
Abwechslung und Medienmix auch im Workshop — 229
Einladung zum Workshop "Unsere Kundenzielgruppen" — 230
Protokollierung und Präsentation der Ergebnisse — 231
Zusammensetzung von Kleingruppen — 231
Probleme im Gruppenklima sofort angehen — 231
Seminar- oder Workshop-Musterkonzept — 233

Erfolgskontrolle der Personalentwicklung — 235

Ebenen der Erfolgskontrolle von PE-Massnahmen — 236
Massnahmenebene — 236
Return on Investment-Berechnung — 236
Prozessebene — 236
Erfolgskontrolle im Lern- und Arbeitsumfeld — 236
Erfolgskontrolle im Lernumfeld — 236
Erfolgskontrolle im Arbeitsumfeld — 237
Qualitäts- und Erfolgscontrolling — 237
Qualitätsprüfung von Seminarangeboten — 238
Vor- und Nachbereitung von Seminaren — 239
Kostenkontrolle und Kostenvergleiche — 240
Kostenarten der Personalentwicklung — 240
Das Problem der Kostentrennung — 240
Kosten für ausgefallene Arbeitszeit — 240
Kostenvergleich interne und externe Durchführung — 241
Kostenvergleichs-Beispiel interne - externe Veranstaltung — 242
Systematik der Erfolgskontrolle mit Beispielen — 243
Budgetierung von Weiterbildungskosten — 244
Die Ermittlung des Budgets — 244
Mögliche Positionen eines Personalentwicklungs-Budgets — 246
Wichtige Kennzahlen zur Personalentwicklung — 247

Inhalte und Zusatzleistungen auf der CD-ROM 251

Mustervorlagen aus dem Buch zur PC-Verarbeitung 252
Powerpoint-Präsentation zur Personalentwicklung 253
Personalentwicklungs-Konzept 254
Excel-Tools für viele PE-Aufgaben 255
Anforderungsprofil 256
Mitarbeiterbeurteilungs-Auswertung 256
Weiterbildungsaudit 257
Mitarbeiterbefragungs-Auswertung 257
Seminarcontrolling 258
Personalentwicklungsaktivitäten pro Mitarbeiter 258
Potenzialbeurteilung von Mitarbeitern 259
Informationsorganisation 259
Kostenvergleich interne externe Veranstaltung 260
Personalentwicklungsbudget 260
Analyse nach PE-Methoden und Mitarbeitergruppen 261
Schulungs- und Lernplan 261
Analyse von Lernformen und Veranstaltungsarten 262
Personalentwicklungs-Massnahmen- und Terminplanung 262
Stichwortverzeichnis 263

Informationen zum Praxium-Buchprogramm 267

Vorwort

Gesellschaft und Wirtschaft befinden sich auf vielen Ebenen in einem tiefgreifenden Wandel. Die Wertvorstellungen und Erwartungen von Arbeitnehmern verändern sich, Stichworte sind Worklife-Balance und Erwartungen ganzheitlicher Entwicklungsmöglichkeiten im Beruf. Unternehmen sind einer sich zunehmend internationalisierenden Wirtschaft und einem immer härter werdenden Verdrängungswettbewerb ausgesetzt und sehen sich mit radikalen technologischen Veränderungen konfrontiert.

Dies alles hat zur Folge, dass qualifizierte, die Kernkompetenzen eines Unternehmens erhaltende und weiterentwickelnde Mitarbeiter mit attraktiven Entwicklungschancen immer wichtiger, ja sogar zur Überlebensfrage vieler Unternehmen werden. Zudem dürfte es mittlerweile weit bekannt und klar sein, dass in Erstausbildung erworbenes Wissen und Können nicht mehr ausreichen. Unternehmen und Mitarbeitende stehen vor der Herausforderung und der Chance, ein Leben lang zu lernen: Weiterbildung ist zur nie endenden lebenslangen Aufgabe und Verpflichtung geworden.

Das vorliegende Buch ist mit der Praxisfokussierung sehr konsequent. Nicht Visionen, Strategien und Modelle werden vermittelt – dazu gibt es mittlerweile Fachliteratur genug – sondern Handlungsanweisungen, Fallbeispiele, Mustervorlagen, Umsetzungstipps und erfolgserprobte Fakten und Beispiele aus der Unternehmenspraxis stehen im Vordergrund. Grosses Augenmerk wird nebst der Praxisausrichtung auch auf die Relevanz und die Kompaktheit der Informationen gelegt: Der moderne Leser will die entscheidende Information in wenigen Sekunden und Sätzen zur Hand haben – und sie anwenden und damit arbeiten können.

Darüber hinaus enthält die CD-ROM auch zahlreiche Zusatzleistungen. Nebst den Vorlagen aus dem Buch und einem sofort einsetzbaren Musterkonzept zur Personalentwicklung im Unternehmen sind es vor allem die Excel-Tools, die bei der Analyse, Planung und Umsetzung von Personalentwicklungs-Aufgaben zusätzlich wertvolle Dienste leisten.

Vorwort

Nun bitten wir Sie, sich auf die spannende Reise der Personalentwicklungs-Herausforderungen zu begeben und sich der in diesem Buch vorgestellten Werkzeuge und Instrumente zu bedienen. Über jeden Erfolg, den Sie damit persönlich und für Ihr Unternehmen erzielen und über jede Erleichterung Ihrer Arbeit, die Sie damit erreichen, freuen sich Autor und Verlag ganz besonders.

Autor und Verlag 2006

Bedeutung und Nutzen der Personalentwicklung

Definition und Verständnis der Personalentwicklung

Die Personalentwicklung umfasst sämtliche Massnahmen zur Erhaltung, Entwicklung und Verbesserung der Arbeitsleistung bzw. des Qualifikationsprofils von Mitarbeitern, um die Ansprüche des Unternehmens an die Qualität seiner Arbeitskräfte sicherzustellen.

Sie zielt darauf ab, das Leistungs- und Lernpotential der Mitarbeitenden zu erkennen, zu erhalten und zu fördern. Für funktionierende Personalentwicklungskonzepte gibt es keine Standardlösungen und keine "Bedienungsanleitungen" – zu unterschiedlich sind die unternehmerischen Gegebenheiten und Anforderungen. PE umfasst über die Weiterbildung hinausgehende Qualifizierungsmassnahmen, zum Beispiel auch Job Enlargement oder Job Enrichment. Auf einen klaren Nenner gebracht:

Wichtigste Aufgabe der Personalentwicklung ist es, die vorhandenen Fähigkeiten und Neigungen der Mitarbeiterden zu erkennen, zu erhalten und weiter zu entwickeln und diese mit den Anforderungen des Unternehmens in Übereinstimmung zu bringen.

Strategische Ausrichtung des Unternehmens

Erhalt und Weiterentwicklung von Kernkompetenzen

PE unterstützt die strategische Ausrichtung eines Unternehmens und den Erhalt der Kernkompetenzen und die Förderung der damit verbundenen Aufgaben und Herausforderungen. In dieser Beziehung ist vor allem der kurz-, mittel- und langfristige Aspekt der Planung von Bedeutung. Personalentwicklung unterstützt aber stets auch den Kulturwandel und die Unternehmenskultur.

Sicherung des Bedarfs an Fachkräften und Know-how-Trägern

Personalentwicklung hilft mit, den Bedarf an qualifizierten Fach-, Projektleitungs- und Führungskräften heute und in Zukunft zu decken. Werden zum Beispiel neue Technologien oder neue Produktlinien eingeführt oder Führungsgrundsätze grundsätzlich überarbeitet, hat dies Konsequenzen für die Planung der Personalentwicklung.

Stärkung der Marktstellung

PE stärkt aber auch die Marktstellung des Unternehmens und die Flexibilität und Mobilität der Mitarbeitenden. Eine ganzheitliche Personalentwicklung sollte sich auch nach aussen an den Erfordernissen des Marktes und der Entwicklung der Branche orientieren.

Kompetenzförderung von Mitarbeitenden

Problemlösung und Innovationen

Personalentwicklung fördert ebenso die Fähigkeiten der Mitarbeitenden und befähigt sie, Problemlösungen zu entwickeln und Innovationen zu initialisieren. Solche generelle Fähigkeiten und Talente sollten einerseits auf vorhandenen Stärken und Kompetenzen aufbauen und andererseits die auf die Unternehmensziele abgestimmten Kernfähigkeiten erhalten, fördern und neu definieren.

Aufbau neuer Kompetenzen

Personalentwicklung unterstützt Mitarbeitende auch, neue Kompetenzen aufzubauen, um bei Bedarf neue Aufgaben und Funktionen zu übernehmen. Dies kann konkret die Kadernachwuchsförderung im Bereich der Sozialkompetenzen betreffen oder das technologische Know-how und die Kenntnisse zu neuen Abläufen und Onlinemarketing bei Verlagerungen in den Bereich des E-Commerce.

Steigerung der Mitarbeiterzufriedenheit

Personalentwicklung sollte ebenso die Steigerung der Mitarbeiterzufriedenheit und die Erhöhung der Attraktivität des Unternehmens als Arbeitgeber zum Ziel haben. Dies können attraktive Arbeitszeitmodelle, Beteiligung an privaten finanziellen Projekten und gut ausgebaute Sozialberatungs-Dienstleistungen sein. Dazu gehören auch die Bedürfnisse und Potenziale der Mitarbeitenden und das Ermöglichen individueller Entwicklungsschritte. Diese können beispielsweise aus Fördergesprächen und Potentialanalysen heraus eruiert werden.

Freiräume und Kultureigenheiten

Es sollten auch eine lernfördernde Kultur und eine verantwortungsvolle Nutzung von Freiräumen entwickelt bzw. ermöglicht werden. Solche Aktivitäten schaffen die wichtigen notwendigen Rahmenbedingungen und sind ein zusätzlicher Motivationsfaktor für das erfolgreiche Gelingen von Personalentwicklungsmassnahmen.

Einbezug aller Lebenssituationen

Moderne Arbeitgeber beziehen immer stärker auch die Lebenssituationen, die familiären Umstände, die Freizeit, die privaten Ziele und Projekte von Mitarbeitenden ein. Sie berücksichtigen unterschiedliche Lebenssituationen und berufliche Erwartungen sowie Ansprüche und unterstützen eine individuelle Work-Life-Balance. Eine solche Haltung verstärkt die Mitarbeiterbindung, erhöht die Leistungsbereitschaft und signalisiert eine moderne und mitarbeiterbezogene Grundhaltung.

Die Mitgestaltung durch Mitarbeitende

PE-Massnahmen unterstützen aktiv die Mitgestaltung der Unternehmensentwicklung durch Mitarbeitende und fördern auch die Kritikfähigkeit und das Erkennen von Chancen und Möglichkeiten im persönlichen und unternehmerischen Bereich. Mit solchen Massnahmen wird der Mitarbeitende als ganzheitliche Persönlichkeit gefördert und wahrgenommen und Kreativität und Mitgestaltung wiederum als wichtige Grundlage für den Erfolg von Personalentwicklungsmassnahmen geschaffen.

Bedarfsermittlung und Planung

Bedarfsermittlung und Planung

Grundsätzliche Stossrichtungen

Interessen von Mitarbeitern und Unternehmen
Bei der Ermittlung des Bedarfs sind grundsätzlich die Interessen der Mitarbeitenden und jene des Unternehmens zu fokussieren und diese auf optimale Weise aufeinander abzustimmen. Vor Aus- und Weiterbildungsmassnahmen sollten die Bedürfnisse der Auszubildenden genau abgeklärt werden, damit der Mitarbeitende und das Unternehmen die gesetzten Ziele erreichen.

Fachkompetenz
Dies betrifft das Fachwissen und die Fachaufgaben, welche gut aus Tätigkeitsanalysen, Stellenbeschreibungen und Anforderungsprofilen heraus eruiert werden können. So sind zum Beispiel ein Kurs zur sichereren Bedienung einer Maschine oder die Handhabung einer neuen Software Massnahmen im Bereich der Fachkompetenz.

Führungskompetenz
Hier geht es um die Führungsqualifikation und die Führungsfähigkeiten. Je nach Führungsverständnis ist dies die Fähigkeit, Mitarbeiter zur Zielerreichung gewinnen zu können. Die Führungskompetenz ist eng verknüpft mit den Sozialkompetenzen. So gehört zum Beispiel ein Training zum Thema Mitarbeiterkommunikation oder ein Fachseminar zum Thema Zielvereinbarungen zur Fachkompetenz.

Sozialkompetenz
Von sozialer Kompetenz spricht man bei Menschen, die im kommunikativen und sozialen Bereich befähigt und stark sind. In der Praxis sind Merkmale sozialer Kompetenz in den folgenden Fähigkeiten und Verhaltensweisen zu finden: Einsatzbereitschaft, Kritikfähigkeit, Kooperationsfähigkeit, Durchsetzungsfähigkeit, Überzeugungskraft. So liegt zum Beispiel ein Kurs zur Bedeutung der Motivation oder ein Workshop zur Gruppendynamik im Bereich der Fachkompetenz.

Persönlichkeitskompetenz
Die Entwicklung, Stabilität und Wirkung einer Persönlichkeit zum Beispiel in den Bereichen Kommunikation, Verhandlungsgeschick, Selbstvertrauen und emotionale Wirkung und Kompetenz.

Verschiedenen Formen von Fähigkeiten und Lernaktivitäten

Das Wissen: Kognitive Fähigkeiten
Solche Lernfelder oder Bedürfnisse stellen das Know-how und Wissen über eine Sache und eine Aufgabe in den Vordergrund. Zielgruppen-

kenntnisse, Verhandlungsargumente und -taktik oder die Funktionalitäten von Produkten kennen, sind Beispiele.

Das Können: Psychomotorische Fähigkeiten
Damit sind handlungsbasierende, handwerkliche Fähigkeiten gemeint, die nicht auf das theoretische Wissen, sondern die praktische Handhabung und Umsetzung abzielen. Die Handhabung einer Software oder die Bedienung einer Produktionsmaschine sind Beispiele.

Das Wollen: Affektive Fähigkeiten
Letzten Endes ist hier die Lernmotivation und Lernbereitschaft zu nennen, die Einsicht, dass eine Lernmassnahme sinnvoll und notwendig ist und man dies auch aus eigener Überzeugung will. Beispiel: Eine Aussendienstmannschaft ist davon überzeugt, mit einer besseren Einwandbehandlung mehr Verkaufsabschlüsse erzielen zu können und zu wollen.

Formen der Lernaktivitäten
Für die Planung von PE-Massnahmen ist es interessant bei der Wahl der Lernmethoden auf die unterschiedlichen Aktivitätsgrade zu achten. Diese reichen von sehr passiven Methoden wie Vorlesungen über Lehrgespräche und Workshops mittlerer Aktivität bis zu sehr aktiven Formen wie "Trainings on the job" oder Projektgruppenarbeiten. Generell gilt, dass Methoden aktiveren Lernens (Learning by doing) eher zu Erfolgen führen, weil näher an der Praxis sowie mit praktischem Verhalten und mit Erlebnisgehalt vorgegangen wird.

Bedarfsermittlung auf Mitarbeiterebene

Bedürfnisse und Wünsche des Arbeitnehmers
Fördergespräche, Beobachtungen, Qualifikationen, Befragungen können Instrumente sein, um die Bedürfnisse und Wünsche des Arbeitnehmers eruieren zu können. Personalentwicklungsmassnahmen fruchten nur dann, wenn Lernbereitschaft und Motivation vorhanden sind, die Einsicht des Lernbedarfs vom Mitarbeitenden erkannt wird und in der Praxis Erfolge und Verbesserungen sichtbar werden.

Welche Stärken sollen gefördert werden?
Oft ist es effizienter, vorhandene Stärken gezielt zu fördern, als tief verankerte Schwächen oder fehlende Talente um jeden Preis ausmerzen zu wollen. Zudem sind bei der Förderung von Stärken auch der Lernerfolg und die Motivation in grösserem Ausmasse gegeben.

Welche Lernmethoden werden bevorzugt?
Die Präferenz der Lernmethoden sollte genau abgeklärt werden. Nebst Einflussfaktoren von Lernzielen, Themen, Kostenvorgaben, Vorbildung, Lernfähigkeit und –erfahrungen sind auch persönlichkeitsbedingte Faktoren bedeutsam. Die Beobachtung des Arbeits- und Teamverhaltens kann in der Praxis aufschlussreich sein, ob autodidaktische Massnahmen, "Learning on the job" oder das Lernen in der Gruppe in einem Workshop oder kombinierte Formen der richtige Weg sind.

Welchen "Rucksack" kann der Auszubildende vorweisen
Vorbildung, bestehende Kenntnisse, Diplome und sonstige Aus- und Weiterbildungsbelege sind bei der Wahl von Lernmethoden und dem Level von Aus- und Weiterbildungsmassnahmen wichtig. Unter- und Überforderung kann ansonsten die besten Massnahmen zunichte machen.

Wie sind Qualifikationen bisher ausgefallen
Qualifikationen und Beurteilungen sind eine wichtige Entscheidungsgrundlage, da sie aus konkreten Defiziten des Leistungs- und Verhaltensalltages von Mitarbeitern stammen und im Normalfall systematisch sowie ziel- und anforderungsbezogen vorgenommen werden. Personalentwicklungsmassnahmen können durchaus mit einer Qualifikation verknüpft oder im Anschluss an eine solche besprochen werden.

Anteil von Aktivitäten und Tätigkeiten
Hier geht es um die Bestimmung der Relevanz von Personalentwicklungsmassnahmen. Grundlage können Tätigkeitsanalysen sein, welche über die prozentualen Anteile wichtiger Tätigkeiten und Aufgaben Aufschluss geben. Machen zum Beispiel die Anwendung von MS Office Programmen über 30% der Tätigkeiten aus, ist es mit Sicherheit sinnvoll, in diesem Bereich Weiterbildungsaktivitäten anzustreben und zu vereinbaren.

Das nachfolgende Muster einer Tätigkeitsanalyse ist ein Beispiel, wie eine solche Analyse aufgebaut sein kann.

Tätigkeitsanalyse für eine Kundendienstmitarbeiterin

Aufgabe der Stelle
Zuvorkommende und kompetente Betreuung unserer Kunden und administrative und statistische Arbeiten.

Stellvertretung und Vorgesetzter:
Stellvertretung: Susanne Lehmann, Vorgesetzter: Markus Laubster, Leiter Kundendienst

Bedeutung für das Unternehmen
Gutes Serviceimage und kompetente Kundenbetreuung

Aufgaben, Kompetenzen und Verantwortung

Die Haupttätigkeit liegt im telefonischen Kundenkontakt und den daraus resultierenden Reportings und administrativen Arbeiten. Absolute Zuvorkommendheit, kundenfreundliche Ausstrahlung und Kulanz und eine serviceorientierte Grundhaltung und Kommunikation sind die Kernvoraussetzungen und Schwerpunkte dieser Stelle.

Haupttätigkeiten	Zeitanteil
Entgegennahme von Kundentelefonen	40%
Erstellung von Reklamationsstatistiken auf Excel	15%
Mithilfe bei Planung von Service-Einsätzen der Monteure	15%
Kundenkorrespondenz nach Vorlage	15%
Telefonische Kundenbefragungen	5%
Nebentätigkeiten	
Beantwortung von E-Mail-Anfragen	5%
Persönliche Kundenberatung am Empfang	5%
Organisation und Betreuung von Sitzungen	1 x pro Monat
Protokollführung bei Sitzungen des Kundendienstleiters	1 x pro Monat
Total	100%
Bemerkungen	

Bedarfsermittlung und Planung

Wie eng und aufgabenspezifisch soll die Weiterbildung sein?

Die Bedeutung dieser Frage darf nicht unterschätzt werden. Zu eng auf ganz bestimmte Fachkenntnisse ausgerichtete Massnahmen, welche die Persönlichkeit und Sozialkompetenzen überhaupt nicht berücksichtigen und sich nur an gerade aktuellen Anforderungen ohne Blick in die Zukunft orientieren, sind selten eine gute Wahl. Anderseits muss der Nachweis erbracht werden, dass die ins Auge gefasste Weiterbildung einen wichtigen Bestandteil der Leistungen und Tätigkeiten bildet und der Zielerreichung von Abteilung und Unternehmen dienlich ist.

Wie stark sind Motivation und Ambitionen?

Ein ganz wichtiger Aspekt, der oft über Erfolg und Misserfolg entscheidet, ist die Motivierbarkeit. Ein junger Webmaster, der voller Ehrgeiz und Enthusiasmus topmotiviert an seine Aufgabe geht, wird mit einem einfachen Zweitages-Workshop mehr erreichen und PE-Massnahmen wirkungsvoller nutzen als eine Führungskraft mit innerer Kündigung während eines mehrmonatigen Führungstrainings.

- Verhaltensbeobachtungen
- Initiative und Einsatz
- Antriebsstärke
- Qualitätsbewusstsein
- Teilnahme
- Weiterbildungsinteresse
- Qualifikationsresultat
- Leistungsniveau

sind einige klare Hinweise, wie es um Motivation und Ambitionen eines Arbeitnehmers steht.

Wie steht es um die zeitliche und örtliche Flexibilität?

Je nach Massnahme können das private Umfeld, die Mobilität oder die örtliche Flexibilität eine Rolle spielen, wenn es zum Beispiel um ein halbjähriges Auslandpraktikum bei einer ausländischen Niederlassung geht.

Durchdachter und individueller Lernmix

Der Einsatz mehrerer Lernmethoden und didaktischer Instrumente steigert in den meisten Fällen den Lernerfolg erheblich. So kann ein autodidaktisches Studium mit Fachbüchern und einer guten Lernsoftware kombiniert mit einem Workshop-Training und einer online erfolgenden Erfolgskontrolle mit Diskussionsforen zur Vertiefung des Stoffes – um ein konkretes Beispiel der Möglichkeiten aufzuzeigen –

eine sehr effektive und vor allem auch spannende und motivierende Form des Lernens und des Sich-Weiterbildens sein.

Klares und konkretes Lernziel

Ein Lern- und Weiterbildungsziel sollte schriftlich in qualitativer und quantitativer Form festgehalten werden und allen Beteiligten (Vorgesetzter, Ausbildender, Teilnehmer, HR-Abteilung) klar und gegenwärtig sein. Dabei sollten es nicht schwammige Absichtserklärungen, sondern konkrete, messbare und erlebbare Zielsetzungen sein. Nachstehend ein Auszug aus einem Praxisbeispiel.

Ziel des Internetrecherche-Workshops für Frau Muster

Quantitatives Ziel
Frau Muster sollte zwei Wochen nach Absolvierung dieses Kurses in der Lage sein, Recherchen schneller und sicherer durchzuführen und den Zeitaufwand von heute einer Stunde täglich auf ca. 40 Minuten zu reduzieren.

Qualitative Ziele
Das Kennen und Anwenden der wichtigsten Suchdienste, die speditive Weiterverarbeitung der gewonnen Informationen, eine sichere Qualitätsbeurteilung der Quellen und die vertiefte Kenntnis unserer Branche und deren Produkte sind die Kernziele. Damit soll Frau Muster befähigt werden, Recherchen zur Gewinnung von substanziell guten Informationen sicherer und zielorientierter vornehmen zu können.

Welche sind die Karriereziele und beruflichen Zielsetzungen?

Diese Frage ist natürlich von entscheidender Bedeutung. Sie gibt Aufschluss über den Stellenwert einer allfälligen Kadernachwuchs-Förderung, über die zu investierenden Kosten und die Kongruenz von Zielen des Mitarbeiters in Abstimmung mit Abteilung und Unternehmenszielen. Qualifikationen, Motivation und Identifikation des Mitarbeitenden mit dem Unternehmen spielen hier eine Rolle.

Welcher Lerntyp ist der Weiterzubildende?

Hier sind persönliche Präferenzen zu berücksichtigen. Wichtig ist dabei, dass Mitarbeitende über die Schwächen und Stärken genau informiert werden, über alle Möglichkeiten Bescheid wissen und diese auch aus der Praxis heraus realistisch beurteilen können. Schon einfache Beobachtungen im Arbeitsalltag können aufschlussreich sein, um welchen Lerntyp es sich jeweils handelt. Die nachfolgende Tabelle zeigt die wichtigsten Lerntypen im Überblick.

Bedarfsermittlung und Planung

Die wichtigsten Lerntypen im Überblick	
Die Art und Weise, wie Menschen Informationen aufnehmen und dabei Wissen generieren, ist unterschiedlich. Vor allem der schwerpunktmässige Einsatz der Sinnesorgane unterscheidet sich von Mensch zu Mensch: Verschiedene Lerntypen nutzen verschiedene Lernstile.	
Visueller Lerntyp	Wer einen visuellen Lernstil bevorzugt, braucht Texte zum Lesen, Graphiken, Bilder und Illustrationen, Animationen oder Videos, um Sachverhalte zu verstehen. Reine Vorträge oder Vorlesungen ohne visuelle Medien bereiten diesem Lerntyp grosse Probleme. Wer einen Visuellen Lernstil bevorzugt, lernt erfolgreich mit Mind Maps (s. Concept Maps), Videos oder Bildern.
Auditiver Lerntyp	Dieser Lerner muss den Lernstoff hören, er kann daher gut mit Tonaufnahmen lernen, Vorlesungen und Vorträge prägen sich gut ein. Störgeräusche dagegen sind bei diesem Lernstil besonders hinderlich. Wer einen auditiven Lernstil bevorzugt, lernt erfolgreich durch Tonaufnahmen, oder indem er eben Gelesenes noch einmal laut sprechend wiederholt.
Kinästhetischer Lerntyp	Menschen diesen Lerntyps bevorzugen einen handlungsaktiven Lernstil, d.h. sie lernen durch aktives Tun. Lernen im Sitzen ist ihnen zuwider, sie wollen ausprobieren, spielend lernen. Wer diesen Lernstil bevorzugt, lernt erfolgreich durch Rollenspiele, Planspiele oder in Lerngemeinschaften.
Verbal-abstrakter Lerntyp	Menschen dieses Lerntyps sind seltener, sie lernen am erfolgreichsten durch Einprägen von Definitionen. Mathematische Zusammenhänge werden beispielsweise alleine durch Formeln verstanden. Oft bevorzugen Menschen auch eine Kombination aus den verschiedenen Lernstilen. Für Lehrende ist es sinnvoll, den Unterricht so zu gestalten, dass die verschiedenen Sinnesorgane aktiviert werden.

CD ROM-Assistenz   Auf der beiliegenden CD-ROM unterstützt Sie die unten genannte Exceldatei mit einer Auflistung von Aktivitäten, den Kosten, einem Zielerreichungsprofil und Resultaten und Begründungen. *Dateiname: Personalentwicklungsaktivitäten pro Mitarbeiter.xls*

Weiterbildungsbedarfsabklärung im Mitarbeitergespräch

Das nachfolgende Mustergespräch zeigt ein Gespräch aus der Praxis, wie der Aus- und Weiterbildungsbedarf mit einem Mitarbeiter umfassend und partnerschaftlich abgeklärt werden kann.

Ausgangslage und Situation dieses Mustergespräches

Dieses Gespräch wird mit einer Mitarbeiterin geführt, die zwar Interesse an einer Weiterbildung hat, aber über keine klaren Bedürfnisse und Ziele verfügt, die ihr bei der Wahl einer geeigneten Weiterbildungsmassnahme behilflich sein könnten. Deshalb geht es hier in erster Linie um die Bedarfsabklärung, das Aufzeigen von Möglichkeiten und Alternativen, das Vermitteln genereller Entscheidungshilfen und die Darlegung des Standpunktes des Unternehmens bezüglich der praktizierten Weiterbildungspolitik.

Gesprächsablauf und mögliche Gesprächsbausteine

Gesprächseröffnung

"Frau Keates, sie haben ja seit längerem Interesse an einer Weiterbildung, sind sich aber nicht sicher, welchen Weg sie einschlagen möchten. In diesem Gespräch möchte ich Ihnen helfen, Möglichkeiten aufzuzeigen und Ihnen Entscheidungshilfen zu geben, die für Sie persönlich und unser Unternehmen punkto Weiterbildung sinnvoll sind".

Die Reaktion der Mitarbeiterin

"Vielen Dank, Herr Meier, dass Sie sich für dieses Gespräch Zeit nehmen. Ja, Sie haben recht, ich lerne gerne und möchte mich weiterbilden. Aber es gibt dermassen viele Möglichkeiten, ich bin in so vielen Bereichen tätig und das Angebot ist riesig und unüberschaubar. In diesem Dschungel finde ich mich einfach nicht zurecht".

Stellungnahme des Personalleiters

"Ich verstehe Sie sehr gut, dass eine Entscheidung unter diesen Umständen schwierig ist. Wichtig ist aber – und das spricht für Sie –, dass Sie a) Interesse haben an einer Weiterbildung und diese auch aktiv anstreben und b) sich optimal entscheiden wollen und deshalb dieses Gespräch wünschten. Schauen Sie, Frau Keates, unser Unternehmen legt viel Wert auf Weiterbildung und die Weiterentwicklung unseres Personals. Wissen und Know-how sind je länger je mehr das wertvollste Kapitel eines Unternehmens".

Das Darlegen der Weiterbildungspolitik

"Bei der Wahl geeigneter Massnahmen geht es darum, die Bedürfnisse des Unternehmens und Ihre Bedürfnisse miteinander abzustimmen und auf die Ziele auszurichten, die für Ihre heutigen und künftigen Aufgabenstellungen besonders wichtig sind und einen hohen Stellenwert haben. Dort, wo also diese Relevanz geben ist und Ihrerseits die grössten Defizite bestehen, sollten wir ansetzen und gemeinsam nach Möglichkeiten suchen. Dabei ist aber auch

Ihr Interesse – sprich Ihre Begabungen und Neigungen - von grosser Bedeutung. Denn was bringt die beste Ausbildung, wenn Ihnen die Motivation und die Freude daran fehlt".

Konkrete Vorschläge

"Frau Keates, bei Ihrer Tätigkeit als Kundenberaterin weiss ich, dass Sie intensiv mit der neuen Datenbank arbeiten, sie aber in diesem Punkt noch nicht so sattelfest sind. Andererseits weiss ich, dass Sie Freude und Talent an der PC-Arbeit haben. Ein anderes Thema ist die Kundenkommunikation und Reklamationsbehandlung – ein für unser Unternehmen sehr wichtiges Thema. Hier würden wir auf Ihrem Talent aufbauen, denn Sie sind eine sehr kommunikative Persönlichkeit und wir würden diese Stärke mit einer Weiterbildung optimieren. Eine weitere Möglichkeit ist Kundenkorrespondenz, hier gibt es sehr interessante Angebote, die Word-Wissen mit Korrespondenz-Know-how kombinieren. Dies sind einige Anregungen, doch Sie haben vielleicht ähnliche oder andere?".

Stellungnahme der Mitarbeiterin

"Ich finde Ihre Anregungen interessant, vor allem was die Kundenkommunikation betrifft, aber auch einen Wordkurs in Kombination mit Korrespondenz-Know-how könnte ich mir sehr gut vorstellen. Ich habe auch schon an einen Internetkurs gedacht, denn ich arbeite gerne damit, habe aber oft Probleme bei Recherchen. Worum würde es bei der Kundenkommunikation genau gehen – und wäre ein Kurs, ein Seminar, ein Fernunterricht, ein Selbststudium oder ein Workshop für mich das Richtige?".

Reaktion des Personalleiters

"Ich finde Ihren Vorschlag eines Internetkurses interessant. Allerdings würde ich diesem Thema vorerst nicht die erste Priorität geben, sondern Ihnen einige sehr gute Bücher empfehlen. Was die beiden Themen Kundenkommunikation und Wordkurs in Kombination mit Korrespondenz-Know-how betrifft, habe ich sehr informative Unterlagen, die ich Ihnen gerne zum Studium mitgeben möchte. In Kürze: Beim Thema Kundenkommunikation geht es um moderne Erkenntnisse in der Reklamationsbehandlung, und darum, wie diese ein wirkungsvolles Mittel der Kundenbindung werden können. Nun zu Ihrer Frage der Weiterbildungsmethode".

Die Wahl der Weiterbildungsmethode

"Die Wahl der Methode hängt von vielen Faktoren ab. Dies sind zum Beispiel: Der Zeitaufwand, die Kosten, die Örtlichkeiten, Weiterbildung während oder ausserhalb der Arbeitszeit, das Weiterbildungsziel, Ihre didaktischen Vorlieben und die Methode, die oft auch vom Thema her gegeben bzw. geeignet ist – um nur einige dieser Faktoren zu nennen. Es gibt Halbtageskurse und Seminarblöcke, die zehn und mehr Weiterbildungstage umfassen.

Zu Ihrer Frage: Bei der Kundenkommunikation geht es um ein Zwei-Tages-Seminar in „Ort" und Fachliteratur-Empfehlungen von meiner Seite. Bei der Word-Weiterbildung ist es ein Tageskurs in kleinen Gruppen von fünf bis acht Personen nach dem Prinzip des „Learning by doing" am PC. Welches sind denn ihre Präferenzen, Frau Keates, auf welche Weise lernen sie gerne?".

Präferenzen der Mitarbeiterin
"Sie haben recht, die Wahl der Methode hängt von vielen Faktoren ab. Eine Ausbildung währen der Arbeitszeit würde ich allerdings vorziehen, da meine zwei kleinen Kinder mich abends brauchen. Zu Ihrer Frage: Ich lerne sehr gerne in Gruppen, an praktischen Beispielen und vertiefe dies nachher mit Lesen von Büchern und Zeitschriftenartikeln. Wichtig ist für mich der Praxisbezug und die Garantie, das Gelernte dann auch anwenden zu können".

Das konkrete weitere Vorgehen
"Was den letzten Punkt betrifft, kann ich Ihnen nur beipflichten: Der Praxisbezug und die Anwendung im Berufsalltag sind zentral wichtig. Mein Vorschlag: Ich gebe Ihnen diese Dokumentationen der Weiterbildungsanbieter und meiner Kommentare mit, damit Sie sich informieren und ein gründliches Bild machen können. Mit dabei ist auch eine kleine Checkliste, die die Vor- und Nachteile der verschiedenen Ausbildungsmethoden zeigt. Diese ist Ihnen bei der optimalen Wahl mit Sicherheit auch behilflich".

Gemeinsame Entscheidungsfindung
"Sprechen Sie ruhig mit den Weiterbildungsanbietern und rufen Sie diese an – und fragen Sie mich jederzeit, wenn Ihnen etwas unklar ist. Ich recherchiere meinerseits noch nach weiteren Angeboten und spreche noch mit Ihrem Vorgesetzen, wie er die Sache sieht. Anschliessend – ich würde sagen, Ende nächster Woche -, entscheiden wir uns dann für die Weiterbildung, die Ihre und unsere Ziele und Bedürfnisse am optimalsten erreicht und abdeckt. Machen Sie über Kosten und Zeitbedarf keine Gedanken, die Qualität der Weiterbildung und die Zielausrichtung sind wichtiger".

Bedarfsermittlung auf Unternehmensebene

Ziele und Prioritäten von Unternehmen und Abteilung

Welche kurz-, mittel- und langfristigen Ziele die Geschäftsleitung anstrebt und wo davon abgeleitet die benötigten Schlüsselqualifikationen gesehen werden ist elementar bei der Ermittlung des Bedarfs. Ein Beispiel aus der Praxis: Ein Unternehmen strebt mittelfristig die Marktführerschaft im Bereich der Office-Automation an, hat aber einen Aussendienst, der sich stark an den traditionellen Produkten des Unternehmens orientiert. Dies hat zur Konsequenz, dass verschiedene - z.B. auf den Zeitplan des schrittweisen Angehens der Office-Automations-Verlagerungen - zugeschnittene PE-Massnahmen dieses Defizit gezielt beheben müssen.

Welche Einsatzbereiche sieht das Unternehmen vor?

Die Festlegung dieser Bereiche ist ein Kompass, der bestimmte Himmelsrichtungen aufzeigt. Wird die Führungsqualifikation als wichtig erachtet, sind es auf technologische Neuerungen ausgerichtete Massnahmen, soll das Marketing verbessert werden oder will man das Unternehmen neu positionieren? Es sollten interne (Führung, Projektkompetenzen) und externe Faktoren (Image, Kommunikation, Leistungsbandbreite, neue Zielgruppen) in Betracht gezogen werden.

Welche Kernkompetenzen will das Unternehmen fördern?

Dies ist eine zentral wichtige und strategische Frage. Sie ist eng verknüpft mit der obigen Ausrichtung der Einsatzbereiche, welche ein Unternehmen vorsieht. In einer weiteren Konsequenz geht es darum, welche Schlüsselqualifikationen zukünftig gefragt sind und wie diese gewichtet werden.

Welche Massnahmen festigen die Unternehmenskultur?

Hierzu ganz einfach einige konkrete mögliche Fragen und Forderungen aus der Praxis, die illustrieren, worum es gehen kann:
- Das Arbeitsklima - und wo gibt es weshalb welche Mängel?
- Welcher Führungsstil fördert Freiräume und Motivation?
- Welche Einrichtungen fördern die Innovationsfähigkeit?
- Welche Sozialkompetenzen werden als relevant erachtet?
- Wo gibt es Defizite in der Mitarbeiterkommunikation?
- Wodurch erkennt uns der Markt stärker als kompetenter Anbieter?

Fragestellungen zur Ermittlung des PE-Bedarfs

- Wie war unsere Umsatzentwicklung in den letzten Jahren?
- Wie war unsere Gewinn-/Kostenentwicklung in diesem Zeitraum?
- Was waren die Hauptgründe für diese Entwicklungen?
- Wie veränderte sich die Zahl unserer Mitarbeiter in dieser Zeit?
- Welche besonderen Stärken oder Schwächen haben wir? (z.B. Produkte, Technologie, Mitarbeiter, Organisation)
- Welche besonderen Stärken können wir optimieren?
- Welche dieser Stärken tragen besonders zur Wertschöpfung bei?
- Wie schaffen wir es, die Mitarbeiterbindung zu verstärken und die besten Mitarbeiter zu rekrutieren?
- Welche grundlegenden Veränderungen haben in den letzten Jahren stattgefunden? (z.B. Produkte, Technologie, Organisation)
- Was waren die Hauptgründe für diese Veränderungen?
- Wie entwickelt sich das Konkurrenzumfeld?
- Benötigt die strategische Ausrichtung neue Kernkompetenzen?
- Macht die Personalplanung PE-Massnahmen erforderlich?
- Verlassen wichtige Know-how-Träger bald das Unternehmen?
- Welche Herausforderungen ergeben sich aktuell von Seiten der relevanten Umfelder unseres Unternehmens?
- Beispiele der Unternehmensumfelder: Markt, Kunden, Wettbewerber, Wertewandel, Technologien, Gesetze, Ökologie
- Mit welchen Herausforderungen werden wir voraussichtlich zukünftig von Seiten unseres Umfeldes konfrontiert?
- Welches sind unsere zentralen zukünftigen Unternehmensziele? (z.B. Produkte, Mitarbeiter, Organisation, Investitionen, usw.)
- Wo liegen die Schwerpunkte von Zielvereinbarungen?
- Welche Bedürfnisse und Defizite ergeben sich aus Qualifikationen?

Analyse der Unternehmenspersönlichkeit als PE-Orientierung

Eine Diagnose der Unternehmenskultur mit ihren Eigenheiten, Sprachregelungen, Spiel- und Verhaltensregeln gestattet eine interessante und wichtige Bestandesaufnahme sowie Sicht der Dinge. Sie ist Grundlage und Orientierungsrahmen für ganzheitliche Massnahmen, die der jeweiligen Unternehmenskultur entsprechen. Dies können folgende Bereiche sein:

Bedarfsermittlung und Planung

Abläufe und Strukturen

Strategien, Ziele und Ausrichtungen
Selbsteinschätzung
Konkurrenz- und Marktoptik
Aufbau- und Ablauforganisation
Automatisierungsgrade und Technologien

Führungspolitik

Führungsstil
Führungskompetenzen
Hierarchieausprägungen
Konfliktfähigkeit
Umgang mit Veränderungen
Kommunikationsstil

Die Mitarbeitenden

Engagementbereitschaft
Wertvorstellungen und Identifikation
Kundenwertschätzung
Hilfsbereitschaft und Teamfähigkeiten

Kommunikation/Information

Kompromissbereitschaft
Gesprächskultur und Gesprächsbereitschaft
Terminologie und Sprachregelungen
Stil und Tonalität unserer Reglemente
Happenings und Geschichten

Arbeitshilfsmittel/Arbeitsplatz

Handbücher und Dokumente
Arbeitsplatzausstattungen, Einrichtungen
Sach- und Hilfsmittel

Personalentwicklung

Suchmethoden
Personalgewinnungs-Kommunikation
Qualifikationsverfahren
Didaktische Methoden
Themenwahl und Prioritäten
Trainer- und Coachanforderungen
Mitarbeiterselektions-Vorgehen
PE-Ansprüche und Realität
Kongruenz, Soll-Anforderungen, Ist-Realität

Verkauf und Marketing
    Kundenorientierung im Verhalten
    Kundenorientierung in der Kommunikation
    Corporate Design und Corporate Publishing
    Mitarbeiterzeitschrift
    Presseinformationen
    Firmenimage

Produkte/Leistungserbringung
    Produktmerkmale
    Qualität und Nutzenstiftung
    Produktpalette
    Bedienerfreundlichkeit
    Kundennähe der Produktleistungen
    Gebrauchsanleitungen

CD ROM-Assistenz   Bei der Aufgabe der Beurteilung von Weiterbildungsmassnahmen und -angeboten kann Sie auch das Excel-Tool auf der beiliegenden CD-ROM bei der praktischen Umsetzung unterstützen. Sie finden es unter dem Dateinamen "Weiterbildungsaudit.xls"

Individuelle Personalentwicklung

Für Dutzende von Personen abgehaltene Schulungszyklen oder Seminare, bei denen sämtliche Führungskräfte vom neu ernannten Teamleiter bis zum erfahrenen Niederlassungsleiter "durchgeschleust" werden, haben oft den Nachteil, dass sie nach dem Giesskannenprinzip verfahren. Somit werden nur die Bedürfnisse eines Teils der Teilnehmer erfüllt und das Anspruchsniveau solcher Veranstaltungen folglich eher nach unten reduziert. Die individuellen Voraussetzungen wie Erfahrungen, Bildungsniveau, Präferenzen bestimmter Lernmethoden und Eigenheiten der Persönlichkeit werden nicht oder nur mangelhaft berücksichtigt. Individuelle Personalentwicklung kann in den folgenden Situationen besonders angebracht sein:

Situationen für die individuelle Personalentwicklung

Neubesetzung von Schlüsselpositionen
Für neu eintretende Führungskräfte werden individuelle Schulungs- und Einführungsprogramme entwickelt.

Abbau von Defiziten
Ob dies neue Fertigungstechnologien, neue Software oder bestimmte Führungsansprüche sind, neue und veränderte Situationen können

den Abbau von Defiziten und die Vertiefung oder die Neuaneignung von Know-how mit besonderer Priorität erfordern.

Nachwuchsförderung
Die Nachwuchsförderung von Führungskräften sollte generell als zentral wichtig betrachtet werden. Hier können je nachdem für kleine Nachwuchs-Kadergruppen individuelle Programme entwickelt werden.

Vertiefung und Förderung wichtiger neuer Kernkompetenzen
Kernkompetenzen, die in besonderem Masse zur Wertschöpfung in einem Unternehmen und der Erreichung wichtiger Ziele beitragen, werden bei Schlüsselpersonen bezüglich ihres Persönlichkeitsprofils, ihrer Erfahrungsgrundlage und ihrer sonstigen Anforderungen individuell aufgebaut, erweitert und vertieft.

Individuelle Förderung von Schlüsselpersonen
Immer mehr Unternehmen tendieren dazu, individuell konzipierte Entwicklungsmassnahmen für weniger Mitarbeiter, aber sehr gezielte Schlüsselpositionen zu ergreifen. Dies hat den Vorteil der gezielten für das Unternehmen relevanten Qualitätsförderung und –erhaltung von Schlüsselpositionen auch auf mittel- und langfristige Sicht, bewirkt bei den Betroffenen neben höherer Effektivität auch eine starke Bindung und Motivation und kann zudem vorteilhaftere Kostenauswirkungen haben als gross angelegte Massenveranstaltungen. Dabei kann es sich um die Qualifikation von Mitarbeitern für höherwertige Positionen und anspruchsvolle Nachfolgepositionen oder um die Qualifikation von Neueinsteigern in Managementpositionen handeln.

Möglichkeiten der individuellen Konzeption
Konkret ergeben sich die interessantesten Möglichkeiten individueller Konzeptionen und Ausrichtungen in den nachfolgenden Bereichen und Aspekten:

- Zeitpunkt, -ablauf und Dauer der PE-Massnahmen und Planung
- Bevorzugte Lernformen und Lernmethoden
- Optimale Kombinationen verschiedener Massnahmen
- Präzise Ausrichtung auf Anforderungen der Schlüsselposition
- Gezieltes Angehen von Defiziten und Förderung von Stärken
- Förderung von Persönlichkeits- und Fachkompetenzen in individueller Abstimmung und Mitberücksichtigung

Es ist wichtig, diese Chancen einer individuellen Ausrichtung und Planung auch wirklich zu nutzen. Eine individuelle Bestandesaufnahme und Bedarfsanalyse in ganzheitlicher Form wie oben aufgezeigt sowie eine sorgfältige Planung und Realisierung von Massnahmen stehen dabei im Zentrum. Der höhere Zeitaufwand durch Abklärungen und Planungen sollte durch ein ausgereiftes Instrumentarium, eine systematische Vorgehensweise und stark motivierte Schlüsselpersonen in Grenzen gehalten werden.

Massnahmenarten einer individuellen PE-Konzeption
Man kann grundsätzlich drei Massnahmenpakete oder PE-Marschrichtungen unterscheiden, die ziel- und personengerichtet miteinander verknüpft und in eine zeitlich optimale Abfolge gebracht werden können.

Selbststudium	auf die persönliche Zeitplanung, bevorzugte Lernmethoden und Freizeitressourcen abgestimmte Aktivitäten wie Fachbücherstudium, CD-ROM-Kurs, Fernunterricht und Fachzeitschriftenabonnements.
Seminare/Kurse	Dies können sehr themenspezifische Fach- bzw. Persönlichkeitsentwicklungs-Seminare oder Projektworkshops sein.
Coach/Mentor	Diese ohnehin individuelle Entwicklungsform ermöglicht punktuelle Optimierungen, Vertiefung erarbeiteter Inhalte, Implementierung des Gelernten in der Praxis und die Besprechung von bereits gemachten Erfahrungen.

Bedarfsermittlung und Planung

Schritte einer individuellen PE-Bestandesaufnahme

Diese Bereiche können beim Bedarfs –und Sondierungsgespräch angewendet werden sowie bei Planung und Konzeption als Ausgangslage und Kompass für eine zielorientierte Planung und Realisierung von Massnahmen einbezogen werden. Damit wird eine ganzheitliche Sicht der Dinge ermöglicht.

Laufbahnziele und berufliche Erfolge	Welches ist die Grundlage dieser Ziele, was liegt im Persönlichkeitsbereich und was im Unternehmensumfeld und welche Erfolge waren besonders prägend.
Idealvorstellung von Tätigkeiten und Berufsziel	Welche Kerntätigkeiten sind wesentlich, wie viel davon ist schon erreicht und was fehlt weshalb zur Erreichung der Idealvorstellung.
Aspekte der Worklife-Balance	Welchen Stellenwert soll der Job kurz-, mittel- und langfristig einnehmen. Wie werden die familiäre Situation, die eigene Persönlichkeitsentwicklung und die privaten Pläne ins Lebensmanagement als ganzes einbezogen.
Stärken und Schwächen in Selbst- und Fremdbild	Wie sieht das Selbst- und Fremdbild aus und welche Stärken und Schwächen sind ganzheitlich und im Hinblick auf das Berufsziel von Bedeutung.
Glaubenssätze und Leitwerte	Welche entscheidenden Werte und Motivatoren sind die Triebfeder des Denkens und Handelns: Erfolg, Erfüllung, Materielles, Kreativität.
Fähigkeiten Fertigkeiten und Talente	Welche werden als besonders ausgeprägt und relevant erachtet – und welche können gefestigt und ausgebaut werden. Wichtig sind hier auch Talente und Neigungen.
Stärken und Defizite in den Sozialkompetenzen	Sozialkompetenzen gewinnen mehr und mehr an Bedeutung. Hier ist wieder eine Eigen- und eine Fremdbeurteilung von Vorteil und die Frage, inwieweit diese bei den Massnahmen eingezogen werden sollten.

Gezielte Fragen zur Eruierung der Weiterbildungsbedürfnisse

Mit den nachfolgenden Fragen können Sie die Fähigkeiten, Bedürfnisse und Wünsche von Mitarbeitenden gezielt eruieren und mit daraus resultierenden konkreten Informationen bedarfsgerechte und auf Mitarbeitende zugeschnittene PE-Massnahmen entwickeln.

Frage	Antwort
Welches sind Ihre drei wichtigsten persönlichen Ziele?	
Welches sind Ihre drei wichtigsten beruflichen Ziele?	
Was hält Sie am meisten davon ab, diese zu erreichen?	
Was würde Sie am meisten unterstützen, diese Ziele zu erreichen?	
Was machen Sie bei Ihrer Arbeit besonders gern?	
Welchen Stellenwert hat Ihr Beruf in Ihrem Leben?	
Wie wichtig ist Ihnen die berufliche Weiterentwicklung?	
Wie würde Ihr Traumjob bei uns genau aussehen?	
Welches sind Ihre drei besonderen Stärken?	
Welches sind Ihre drei besonderen Schwächen?	
Bei welchen Aufgaben können Sie Ihre Talente bei uns einsetzen?	
Was fehlt Ihnen bei Ihrem Job, um noch besser zu sein?	
Wo sehen Sie sich bei uns in einem Jahr?	
Wo sehen Sie sich bei uns in drei und in fünf Jahren?	
Welche Funktion finden Sie bei uns die erstrebenswerteste?	
Weshalb ist es gerade diese, was macht sie für Sie so interessant?	
Lernen Sie lieber allein oder in der Gruppe?	
Welches war das Seminar, das Sie am interessantesten fanden?	
Warum war dies so – in punkto Lernmethoden, Trainer und Inhalte?	
Mögen Sie das Lernen mittels Internet und Computer?	
Gefällt Ihnen das "Learning by doing" direkt am Arbeitsplatz?	
Welches sind Ihre bevorzugten Lerninstrumente und -methoden?	
Welches ist Ihre Traumausbildung - und weshalb ist es diese?	
Reizt Sie eine Führungsaufgabe, und wenn ja, weshalb?	
Welche Persönlichkeitsmerkmale empfinden Sie als wichtig für Ihren Job?	

Anforderungsprofile als wichtige Planungsgrundlage

Anforderungsprofile sind eine äusserst wichtige Grundlage, denn nur wenn die Anforderungen an einen Arbeitsplatz und an Aufgaben klar definiert sind, können daraus auch Bildungsmassnahmen abgeleitet werden. Anforderungsprofile kommen auch bei der Personalgewinnung zum Einsatz, wenn es darum geht, in Stellenanzeigen und für den Einstellungsentscheid klare Anforderungen zur Hand zu haben. Zu wenig beachtet werden jeweils zukünftige, sich verändernde Anforderungen, besonders bei technologisch geprägten, dem Wandel stark unterworfenen Aufgaben. Gerade in Fragen der Personalentwicklung – man denke nur an die Massnahmenplanung oder an Anforderungen einer Potentialanalyse – sind künftige Anforderungen von besonderer Bedeutung. Man kann Anforderungsprofile folgendermassen gliedern:

- Stellenbezogene Aufgaben und Anforderungen
- Fachkenntnisse und Ausbildung und Werdegang
- Körperliche Anforderungen je nach Stelle und Beanspruchung
- Persönlichkeitsmerkmale wie Sozialkompetenzen

Individuelle und jobnahe Anforderungsprofile

Nur individuelle und positionsspezifische Anforderungsprofile mit jobnahen und konkreten Anforderungen sind für die Personalentwicklung brauchbar. In der Praxis tendiert man zu allgemein gehaltenen Anforderungsprofilen, was deren Brauchbarkeit einschränkt. Ein Beispiel: "Überdurchschnittliche mündliche Englischkenntnisse für gewandtes und flüssiges Verhandeln mit ausländischen Geschäftspartnern mit Minimalanforderungen First Certificate" ist gegenüber der Aussage "Gute Englischkenntnisse" wohl um einiges konkreter.

Aktuelle und zukunftsorientierte Anforderungsprofile

Veraltete und überholte Anforderungsprofile richten mehr Schaden an als sie unterstützen. Daher sollten sie halbjährlich überarbeit und bei Neubesetzungen von Stellen oder bei der Evaluation von PE-Massnahmen aktualisiert werden.

Die Systematik der Informationsgewinnung

Im Mittelpunkt stehen drei Elemente, um systematisch an die benötigten Informationen zu kommen:

Das Positionsziel	d.h. welche Ziele und welchen Zweck hat die betreffende Stelle, auch im gesamtunternehmerischen Zusammenhang, darauf folgend
Die Kernaufgaben	und konkreten Tätigkeiten – sowohl aktuelle wie zukünftige – nach Kategorien oder Prioritäten unterteilt und dann
Die Anforderungen	die zur Erfüllung dieser Aufgaben notwendig sind. Hier kann auch die Frage, was jemand nicht kann, der die Aufgabe erfolglos ausführt, hilfreich sein.

Struktur und Gliederung

Anforderungsprofile können unterschiedlich gegliedert werden, je nach Ausführlichkeit und Position. Eine Grundunterscheidung in Fach-, Erfahrungs- und Persönlichkeits-Anforderungen ist grundsätzlich immer angebracht. Auch eine Aufteilung in Soll- und Muss-Kriterien und deren Gewichtung sowie eine Gegenüberstellung der Ist-Anforderungen von Kandidaten und Mitarbeitern kann sinnvoll sein.

CD ROM-Assistenz	Auf der beiliegenden CD-ROM unterstützt Sie die Exceldatei mit mehreren Positionen und einer Kandidatengegenüberstellung inkl. grafischer Auswertung. *Dateiname: Anorderungsprofil.xls*

Bedarfsermittlung und Planung

Muster eines Anforderungsprofils				
Stellenbezeichnung, Funktion: Verwendungszwecke: Ersteller und Datum:				
Anforderung	Bewertung		Ausprägung	
	Soll	Ist	Muss	Soll
Generelle persönliche Merkmale				
O Geschlecht				
O Alter				
O Nationalität				
Berufsausbildung und Studium				
O Schule				
O Studium				
O Fachdiplom				
Berufserfahrung				
O Ebene Branche				
O Ebene Produkte				
O Ebene Technologieanwendung				
Softskill-Anforderungen				
O Kreativität und Innovation				
O Selbständigkeit				
O Analytisches Denkvermögen				
Arbeitsverhalten				
O Verhandlungsgeschick				
O Kundenorientierung				
O Teambezug und Teamtauglichkeit				
Sozialverhalten				
O Kommunikationsvermögen				
O Durchsetzungsvermögen				
O Kooperationsbereitschaft				
Führungsqualifikation				
O Führungscharisma und –vermögen				
O Unternehmerisches Denken				
O Organisatorische und planerische Fähigkeiten				

Weitere Instrumente zur Bedarfseruierung

Arbeitszeugnisse
Frühere Arbeitszeugnisse lassen aus Tätigkeiten, Kernkompetenzen und Leistungsaussagen heraus Schwerpunkte und Hauptstossrichtungen erkennen.

Zwischenzeugnisse
Gleiches gilt für Zwischenzeugnisse, die zuweilen beim Vorgesetztenwechsel von früheren Vorgesetzten verfasst werden, aus dem eigenen Unternehmen stammen und die Entwicklung von Mitarbeitenden aufzeigen.

Stellenbeschreibungen
Sie sind ein Mittel, sich umfassend, systematisch und objektiv an Anforderungen und Tätigkeiten der betreffenden Stelle zu orientieren. Allerdings setzt dies voraus, dass Stellenbeschreibungen konsequent aktualisiert werden.

Feedbacks aus Seminaren und anderen PE-Veranstaltungen
Wie aktiv und motiviert war der Teilnehmer jeweils, auf welche didaktischen Instrumente sprach er besonders gut an und wo liegen seine Stärken und Schwächen generell. Ausbilder sind zu solchen Aussagen und Beurteilungen meistens qualifiziert und in der Lage, Mitarbeitende ganzheitlich zu beurteilen.

Qualifikationen
Qualifikationsgespräche und Mitarbeiterbeurteilungen sind natürlich besonders geeignet, da sie in ganzheitlicher Form anforderungsorientiert durchgeführt werden.

Memos und Notizen aus Mitarbeitergesprächen
Ob Leistungsgespräche, Konflikte, persönliche Probleme oder andere Themen: Notizen daraus helfen, Mitarbeitende ganzheitlich und auf Persönlichkeits- und Fachebene beurteilen und einschätzen zu können.

Resultate aus Fördergesprächen
Fördergespräche haben die Personalentwicklung zum Inhalt, werden sie strukturiert und regelmässig geführt und mit Massnahmen und Zielen protokolliert, sind sie natürlich eine der besten Grundlagen.

Kunden- und Lieferantenmeinungen
Eine nicht zu unterschätzende Quelle, da hier externe Faktoren miteinbezogen werden. Kunden- und Lieferantenaussagen können – eine bestimmte Glaubwürdigkeit und Relevanz vorausgesetzt – ein sehr wertvolles Mittel sein.

Vorgesetztenbeurteilung
Hier sind natürlich alle oben genannten Instrumente gemeint, die von einem Vorgesetzten erstellt oder eingesetzt werden. Aber dennoch spielt die persönliche Einschätzung und ganzheitliche Erfahrung des Vorgesetzten immer eine entscheidende Rolle.

Die Personalentwicklungsplanung

Eine sich konsequent an den Bedürfnissen des Unternehmens und der Mitarbeitenden orientierende Personalentwicklungsplanung ist von entscheidender Bedeutung. Wird nach dem Hauruck-Verfahren und Zufallsprinzip "Wen wollen wir dann dieses Jahr an ein Seminar schicken" vorgegangen, ist der Misserfolg meistens vorprogrammiert. Es braucht andererseits aber auch keine riesigen Planungsstäbe, sondern in der Praxis kleinerer bis mittelgrosser Betriebe einige wenige logische aber sorgfältig durchdachte und analysierte Schritte, die eine pragmatische Planung ermöglichen. Es sind dies die folgenden sieben Schritte:

- Schritt 1: Zielgruppen-Evaluierung
- Schritt 2: Analyse von Tätigkeiten und Aufgaben
- Schritt 3: Lernziele formulieren
- Schritt 4: Lerninhalte bestimmen
- Schritt 5: Lernmethoden und Lernformen
- Schritt 6: Angebote und Trainer evaluieren
- Schritt 7: Erfolgs- und Qualitätskontrolle festlegen

1. Zielgruppen-Evaluierung
Welche Mitarbeiter, Abteilungen, Hierarchiestufen, Funktionsträger oder Mitarbeitergruppen kommen für Personalentwicklungsmassnahmen weshalb in Frage? Dies ist eine Frage der Personalentwicklungspolitik (Es werden zum Beispiel vorwiegend Schlüsselpositionen einbezogen) und der Resultate von Befragungen und Bedarfsanalysen aus Förder- und anderen Mitarbeitergesprächen.

Praxisbeispiel: Im Unternehmen XY hat man aufgrund von Mitarbeiterbefragungen vor allem im mittleren Kader gravierende Schwächen in den Führungsqualifikationen und den Kommunikationsfähigkeiten festgestellt. Demzufolge werden als eine der Zielgruppen Teamleiter und Abteilungsleiter für Führungstrainings selektiert.

2. Analyse von Tätigkeiten und Aufgaben

Welche Aufgaben, Tätigkeiten, Fertigkeiten und Herausforderungen sind am Arbeitsplatz und im Anforderungskatalog des Mitarbeiters vorhanden und von Bedeutung und wo finden welche Veränderungen kurz- und mittelfristiger Art statt. Dazu geben Tätigkeitsanalysen (Siehe Beispiel in diesem Buch) und aktuell gehaltene Stellenbeschreibungen Auskunft.

Praxisbeispiel: Am Call Center Arbeitsplatz von Ursula Muster wird eine neue Customer Relationship Management Software eingeführt. Die CRM Einführung ist ein wichtiger strategischer Entscheid des Managements. Ursula Muster ist sehr geschickt und interessiert im Umgang mit Software, benötigt aber wegen der Komplexität der neuen Software Unterstützung, die über die Einführung hinausgeht.

3. Lernziele formulieren

Aufgrund von Stärken und Schwächen, von Aufgaben und Anforderungen, von Mitarbeiterbedürfnissen und -zielen werden die Lernziele definiert. Dies können Führungs-, Fachkompetenz- und Sozialkompetenzziele sein, die möglichst klar, konkret und wann immer möglich messbar formuliert werden sollten. Geht man hier nur vage und allgemein vor, kann dies die Entscheidungsqualität der Evaluation des Veranstalters oder der Lernmethoden negativ beeinflussen. Bei der Formulierung von Lernzielen ist es auch empfehlenswert, mit den Betroffenen (Personalabteilung, Linienvorgesetzter, Mitarbeitender oder Mitarbeitende) nochmals die Übereinstimmung zu prüfen.

Praxisbeispiel: Ein Exportleiter fühlt sich bei Verhandlungen in englischer Sprache im Ausland unsicher, kann sich nicht durchsetzen und scheitert oft bei Preisverhandlungen. Das Lernziel lautet: Verhandlungsführung in Englisch optimieren, Verhandlungstaktiken beherrschen und anwenden lernen und die Strategien von Preisverhandlungen kennen und sicher anwenden.

4. Lerninhalte bestimmen

Vom Ziel abgeleitet, werden die inhaltliche Umsetzung und die inhaltlichen Anforderungen an ein Angebot definiert. Eine Frage ist: Welche Themen sollten in welchem Detaillierungsgrad und auf welchem Niveau von Vorkenntnissen behandelt werden? Sind es bei Führungsausbildungen Kommunikationsinhalte, und wenn ja welche oder sind es grundsätzliche Führungsinstrumente? Ist sichergestellt, dass dabei der vom Unternehmen praktizierte Führungsstil im Zentrum des Programms steht? Hier muss beachtet werden, dass Lerninhalte in einem Zusammenhang mit der Lernform und dem Lernziel stehen.

Praxisbeispiel: Für einen neu eingetretenen Speditionsmitarbeiter werden die Themen Packmaterialien und deren Einkauf, Planung und Kalkulation von Fahrten sowie die Bedienung von Maschinen genau definiert.

5. Lernmethoden und Lernformen

Dieser Punkt ist wichtig und wird von den Präferenzen des Mitarbeitenden, den Lerninhalten, dem Budget und von den Lernzielen beeinflusst. Im Zentrum stehen aber die Bedürfnisse des Mitarbeitenden und des Lernziels. Immer mehr an Bedeutung gewinnen kombinierte Lernmethoden und Lernformen, welche effizient auf die Präferenzen des Lernenden und die Art der Lernziele ausgerichtet sind.

Praxisbeispiel: Für eine neue Führungskraft im oberen Kader wird die Lernform eines Einzelcoachings gewählt, da hier sehr schnell sehr konkrete Resultate erwartet werden und sich der betreffende sehr lernbereit zeigt. Für eine Gruppe von fünf Teamleitern entscheidet man sich aber für ein Zweitages-Video-Training mit Schwerpunkt Kommunikation – ein mit dieser Gruppe gemeinsam eruiertes Weiterbildungsziel.

6. Angebote und Trainer evaluieren

Findet die Veranstaltung inhouse mit eigenen Experten und Knowhow-Trägern statt, greift man auf einen qualifizierten, schon bekannten Trainer zurück oder versucht man Erfahrungen mit einem E-Learning Angebot zu machen? Diese Evaluation sollte sehr sorgfältig und umfassend gemacht werden. Auch hier gilt, dass Kombinationsformen sehr gut möglich sind. Im Anschluss an ein externes Seminar wird intern ein Workshop durchgeführt, der die praktischen Problemstellungen aus der Umsetzung angeht.

Praxisbeispiel: Man stellt fest, dass in einem Telemarketing-Team die Zielgruppenkenntnisse unbedingt verbessert werden müssen. Man entscheidet sich hier für ein sehr breit gefächertes und kombiniertes Lernen mit einem Trainer, für Betriebbesichtigungen bei Kunden, Coaching bei Kundenbesuchen und für autodidaktische Aufgabenstellungen.

7. Erfolgs- und Qualitätskontrolle festlegen

Hier geht es darum, die Kontrolle der Lernziele und Personalentwicklungsmassnahmen in qualitativer und quantitativer Art sicherzustellen. Seminarbeurteilungsbögen, Feedback von Mitarbeitenden aus Workshops und Abweichungen von schriftlich definierten Lernzielen sind einige Mittel und Methoden. Dieser Aspekt sollte schon im Konzept klar definiert werden und den Lernerfolg sowie den Umsetzungserfolg am Arbeitsplatz gleichermassen umfassen.

Praxisbeispiel: In einem Verlagshaus will man, dass alle Mitarbeiter neue Herstellungstechnologien kennen lernen. Damit verbunden ist die klar messbare Zielsetzung, den Evaluierungsprozess von Druckereien zu verkürzen, die Herstellungskosten um 10% reduzieren und bei Angeboten aus dem Ausland sicherer deren Qualität beurteilen zu können.

Bedarfsermittlung und Planung

Personalentwicklungs-Planungsraster mit Beispielen

Veranstaltungsform:	Seminar
Thema:	Kundenorientierung
Ziel:	Steigerung Kundenfreundlichkeit und Servicequalität
Lernform:	Referate und Workshop
Mitarbeiterzielgruppe:	Call Center MA
Grobkosten und Datum:	25'000 - März 2005

Veranstaltungsform:	Training-on-the-job
Thema:	CRM Software-Handling
Ziel:	Reduktion Fehlerquote und bessere Nutzung
Lernform:	Coaching und Selbsttraining
Mitarbeiterzielgruppe:	Auftragsabwicklung
Grobkosten und Datum:	5'000 - Oktober 2005

Veranstaltungsform:	Referat
Thema:	Führung
Ziel:	Steigerung der Sozialkompetenz und der Konfliktfähigkeit
Lernform:	Videotraining und ERFA-Gruppen
Mitarbeiterzielgruppe:	Alle Kaderleute
Grobkosten und Datum:	25'000 - Oktober 2005

Veranstaltungsform:	Coaching
Thema:	Kundenorientierung
Ziel:	Steigerung Kundenfreundlichkeit und Servicequalität
Lernform:	Referate und Workshop
Mitarbeiterzielgruppe:	Aussendienst
Grobkosten und Datum:	25'000 - September 2005

Veranstaltungsform:	Seminar
Thema:	Führungsnachwuchs
Ziel:	Kadervorselektion und Talentförderung
Lernform:	Verhaltenstrainings und Coaching
Mitarbeiterzielgruppe:	Selektierte Mitarbeiter
Grobkosten und Datum:	8'000 - Oktober 2005

Veranstaltungsform:	Seminar
Thema:	Kommunikation und Technologie
Ziel:	Effiziente und sichere Nutzung der Informationstechnologien
Lernform:	E-Learning und Fallbeispiele on-the-job
Mitarbeiterzielgruppe:	Interessierte Mitarbeitende
Grobkosten und Datum:	5'000 - November 2005

Veranstaltungsform:	Autodidaktik
Thema:	Internetrecherche
Ziel:	Sicherer und zielgerichteter im Internet recherchieren lernen
Lernform:	Onlinekurse mit Training-on-the-job Vertiefung
Mitarbeiterzielgruppe:	Interessierte Mitarbeitende
Grobkosten und Datum:	5'000 - Mai 2005

Fallbeispiel eines konkreten PE-Planes

Ausgangslage

Im Unternehmen hat die Geschäftsleitung entschieden, die Kundenorientierung und die Marktausrichtung des Unternehmens konsequenter voranzutreiben.

Bedarf

Der Hauptbedarf an PE-Massnahmen betrifft das Call Center, den Verkaufs-Aussendienst und weitere Mitarbeitende mit Markt- und Kundenkontakt. Man hat dafür eine Mitarbeiterbefragung durchgeführt und festgestellt, dass Training-on-the-job-Massnahmen, Workshops und Projektarbeiten besonders begrüsst werden. Für den Aussendienst werden für bestimmte Lernziele Coaches beauftragt.

Zielsetzung

Das Unternehmen möchte bis Ende des laufenden Jahres unter anderem die folgenden Bereiche nachhaltig optimieren:

- Verbesserung der Kunden-Kontaktqualität
- Sicherer Umgang mit der Datenbanksoftware
- Professioneller Umgang mit Key Account Kunden

Durchführung und Massnahmen

Nun werden ein Terminplan und ein Budget erstellt, die Lernmethoden erhoben sowie die externen Anbieter und internen Veranstaltungen und Teilnehmer definiert. Man entscheidet sich für Workshops, Seminare, Projektgruppenarbeiten und Coachings im Aussendienst. Pro Mitarbeitergruppe wird ein Verantwortlicher bestimmt, der für die Organisation, die Erfolgskontrolle usw. zuständig ist. Daraus ein Beispiel:

Anbieter:	*Muster-Seminar AG*
Lernmethode:	*Videotraining und Workshops mit Fallbeispielen*
Teilnehmer:	*Aussendienst, 5 Personen*
Termin:	*22.10.05 + 23.10.05*
Inhalt und Ziel:	*Kundenbedürfnisse erkennen, analysieren und umsetzen*

Erfolgskontrolle

Es werden folgende Instrumente und Massnahmen zur Erfolgs- und Qualitätskontrolle eingesetzt:

- Feedback- und Kritik-Formulare für Teilnehmende
- Analyse der Kundenzufriedenheits-Statistik
- Beauftragung einer Mystery-Kundentest-Agentur
- Qualitative Kundenbefragung mit Vorher-Nachher-Vergleich

Bedarfsermittlung und Planung

Beispiel eines Schulungsplanes

Thema und Fachgebiet
Anwendung und Beherrschung der neuen Datenbanksoftware Database für das Call Center

Teilnehmer und Zielsetzung
Die neue Datenbanksoftware "Database" muss allen Mitarbeitenden des Call Centers in den folgenden Bereichen vertraut und anwendbar sein:

- Anwendung und Funktionalität kennen und meistern
- Die Handhabung professionalisieren
- Die Fehlerquoten senken und Problembereiche verstehen
- Mit Schwerpunkt-Ziel: Transfer in der Kundenpraxis

Module, Lernziele, Lern- und Sozialformen und Zeitplanung

Modul: Die Funktionen im Überblick
Lernziel: Kennen, Anwendung und Zusammenhänge
Lernform: Training-on-the-Job
Sozialform: Referat und Demonstration
Zeitbeanspruchung: 30 Minuten

Modul: Anwendungsbeispiele
Lernziel: Praxisnahe Situationen implementieren
Lernform: Training-on-the-Job
Sozialform: Gruppenarbeiten mit 4-5 Personen
Zeitbeanspruchung: 2 Stunden

Modul: Strukturierung Kundenstatements
Lernziel: Kundenfeedback systematisch erfassen und zuordnen
Lernform: Referat, Demonstration und Fallbeispiele
Sozialform: Im Plenum
Zeitbeanspruchung: 2 Stunden

Modul: Statistiken und Reports
Lernziel: Kennen und Anwenden der wichtigsten 10 Reports
Lernform: Fallbeispiele aus Diskussion und Referat
Sozialform: Referat und Plenumsdiskussion
Zeitbeanspruchung: 30 Minuten

Organisation

Trainer: John Meissner
Ort: Ort
Konzept: Software-Training Praktika
Raum: 30m2, hell beleuchtet, breite Fensterfront
Tageszeit: 8.00 bis 17.00 Uhr
Verpflegung: Mittagessen
Pausen: 9.15 – bis 9.30

Übersicht von Personalentwicklungs-Instrumenten

Mitarbeitereinführung und –auswahl

- Einführungsprogramme für neue Mitarbeiter
- Beurteilungssysteme
- Strukturierte Auswahlverfahren
- Anforderungsprofile
- Potenzialanalysen

Informations- und Kommunikationsstrukturen

- Zielvereinbarungsgespräche
- Mitarbeiterbeurteilung
- Mitarbeitergespräche
- Qualifikationsgespräche
- Verhaltenstrainings
- Mentoring und Coaching
- Erfahrungsaustausch-Gruppen

Kader und Führungskräfte-Förderung

- Führungskräfteentwicklung
- Führungskräftezirkel
- Führungspositionen auf Zeit
- Förderkreise und Förderprogramme
- Laufbahn-, Karriereplanung
- Führungskräftequalifizierung on/off-the-job
- Kader-Nachwuchsförderung

Weitere Instrumente und Methoden

- Vorträge, Tagungen und Referate
- Training-on-the-Job
- Förderprogramme
- Innovationsförderung
- Jobenrichment und –enlargement, Job Rotation
- Team- und Projektgruppenarbeiten
- Seminare
- Kurse und Workshops
- E-Learning wie Online-Lehrgänge
- Multiple Choice und andere Lernsoftware
- Fernunterricht
- Rollenspiele
- Bücher und Fachzeitschriften für das Selbststudium

Hauptstossrichtungen der Bildungsmethoden

Die Wahl der Bildungsmethode hat einen erheblichen Einfluss auf die Effizienz und auf die Zielerreichung betrieblicher Bildungsmassnahmen. Je nach Bildungsziel, Teilnehmerschaft sowie fachlichen und personellen Ressourcen entscheidet man sich für die geeignetste Methode. In Theorie und Praxis haben sich zwei Hauptaufteilungen bewährt:

Sozialform	Ort
Einzelbildung	am Arbeitsplatz
Gruppenbildung	ausserhalb des Arbeitsplatzes

Die Einzel- und Gruppenbildung

Die Einzelbildung hat den klaren Vorteil, dass man sich am individuellen Lerntempo und an den spezifischen Bedürfnissen und persönlichen Lernzielen des betreffenden Mitarbeiters orientieren kann. Gerade unter Zeitdruck oder im Falle einer wichtigen Schlüsselposition kann dieser Weg der richtige sein. Das Einzellernen ist sehr oft eine gute Ergänzung zu anderen bestehenden Massnahmen oder kann in Kombination mit solchen von Beginn an geplant werden.

Das Gruppenlernen zeichnet sich dadurch aus, dass ein Erfahrungs- und Wissensaustausch stattfindet, die Lernmotivation in einer Gruppe normalerweise förderlich ist und diese Methode wesentlich niedrigere Kosten verursacht. Weitere Vorteile können sein:

- Einfachere Beobachtung des Lernverhaltens
- Vergleich von Zielerreichung und Akzeptanz
- Gleichzeitige Entwicklung von Sozialkompetenzen
- Ein gewisser Gruppendruck und verstärkte Zielorientierung

Bildung am oder ausserhalb des Arbeitsplatzes

Die Frage, ob eine Weiterbildung am (Training-on-the-job) oder ausserhalb des Arbeitsplatzes (Training-off-the-job) vorgenommen wird, ist eine Grundsatzentscheidung. In der Praxis wird die Bildung am Arbeitsplatz gewöhnlich bevorzugt, da die Verknüpfung von praktischen und "live" anfallenden Tätigkeiten mit dem Training und dem darauf aufbauenden Wissen und neuen Fertigkeiten den Praxistransfer und damit die Lernmotivation stark fördert. Geht es aber um die Vermittlung grosser Mengen neuen Wissens oder werden grundsätzliche Verhaltensweisen trainiert, hat die Bildung ausserhalb des Arbeitsplatzes klare Vorzüge, welche gerade im raschen technologischen und wirtschaftlichen Wandel in die Überlegungen einzubeziehen sind.

Die nachfolgende tabellarische Übersicht zeigt die konkreten Vor- und Nachteile:

Vor- und Nachteile *on-* und *off-the-Job*	
+ Vorteile am Arbeitsplatz	**+ Vorteile ausserhalb Arbeitsplatz**
Rückkoppelung mit Tätigkeiten	Mehr Wissen mit höherer Konzentration
Erfolgserlebnisse und Motivation	Bessere Gruppendynamik u. Interaktion
Tiefere Kosten	Klarere Strukturvermittlung
Anpassung Lerntempo und -ziele	Anwendung mehrer Lernmethoden
- Nachteile am Arbeitsplatz	**- Nachteile ausserhalb Arbeitsplatz**
Wissensaustausch fehlt	Ausfall produktiver Arbeitszeit
Begrenzte Veränderungs-Bildung	Eher Labor- und Theoriesituationen
Geringere Konzentration	Fehlende Erfolgserlebnisse

Untenstehend zeigt eine grobschematische Zuordnung – was jedoch nicht immer exakt und ausschliesslich möglich ist – die möglichen Bildungsmassnahmen am und ausserhalb des Arbeitsplatzes. Auch hier ist es wiederum wichtig, sich der Kombinierbarkeit der verschiedenen Methoden bewusst zu sein.

Methoden-Zuordnung zu *on-* und *off-the-Job* PE-Massnahmen	
Am **Arbeitsplatz, on-the-job**	*Ausserhalb* **Arbeitsplatz, off-the-job**
Einführungsprogramme und Training	Diverse Moderationsmethoden
Projektgruppenvorbereitung	Rollenspiele und Planspiele
Followup-Aktivitäten	Fernunterricht und Autodidaktik
Fertigkeiten Training (Software)	Erfahrungs- und Wissensaustausch
Arbeitsinstrumentgebundenes	Verhaltens- und Videotrainings
Job Rotation und Job Enlargements	Diskussionen und Fallbeispiele
Nachfolger-Arbeitseinführung	Qualitätszirkel und Förderkreise
Trainee-Programme	Gruppenarbeiten

Ablauf von Bildungsaktivitäten am Arbeitsplatz
Bei Aktivitäten und Unterweisungen am Arbeitsplatz empfiehlt sich ein systematisches und strukturiertes Vorgehen, damit der Trainingseffekt nicht aus den Augen verloren wird. Dabei hat sich die Systematik der folgenden Vorgehensweise bewährt:

1. Formulierung des *Lernziels* und des Trainingsinhaltes
2. *Vorbereitung* mit Aufgaben, Arbeitshilfsmitteln und Situationen
3. *Vorführung* des Trainierenden am evtl. aktuellen Praxisbeispiel
4. *Nachmachen* und Erstanwendung des Lernenden
5. *Besprechung und Erörterung* von zu verbessernden Punkten
6. Sofort folgende *Übungen* und ähnliche Übungsaufgaben für später

Weiterbildungsangebote recherchieren und finden

Die Transparenz des Aus- und Weiterbildungsmarktes ist im Zeitalter des Internets wohl etwas effizienter und komfortabler, aber nicht unbedingt einfacher geworden. Dies liegt sowohl an der Grösse und Unüberschaubarkeit des Angebots wie auch am Mangel an redaktionell aufbereiteten Datenbanken. Wir beschränken uns hier auf das Medium Internet und möchten Ihnen einige praktische Hinweise geben, wie Sie Zeit sparen und genauer und systematischer gewünschte Anbieter finden können.

Qualifizierte Datenbanken
Der Schweizerische Verband für Weiterbildung umfasst über 400 Mitglieder und kann online als der Schweizerische Bildungsserver betrachtet werden. Träger der Weiterbildung sind öffentlich-rechtliche Träger wie Universitäten, Fachhochschulen und Berufsschulen; privatrechtliche Träger mit gemeinnütziger Ausrichtung wie Berufs- und Branchenverbände, Gewerkschaften, Elternbildungsvereine, Volkshochschulen und Hunderte von kleinen Anbietern.

www.educa.ch

personal-entwicklung.ch
Hier findet man eine gezielte Auswahl von renommierten Aus- und Weiterbildungsinstituten speziell für den Personalentwicklungsbereich, die sich Ihnen in Form von Firmenporträts detailliert vorstellen. Die Datenbank erleichtert Ihnen die Suche nach dem richtigen Weiterbildungsinstitut oder –angebot nach Wahl des Fachgebietes, des Instituts und der Region.

www.personal-entwicklung.ch/

Seminare.ch
Seminare.ch ist das Schweizer Weiterbildungs-Portal für verschiedenste Interessierte und Anbieter. Dank der einfach zu handhabenden Suchmaschine finden Nachfrager innert kürzester Zeit die für sie passenden Weiterbildungsmöglichkeiten und können direkt zwischen verschiedenen Angeboten vergleichen. Die Online-Anmeldung für Kurse und Seminare oder die Bestellung weiterer Unterlagen ist kostenlos.

www.seminare.ch

Managerseminare.de
Diese umfangreiche mit zahlreichen redaktionellen Beiträgen angereicherte Datenbank für deutsche Weiterbildungsangebote ist sehr zu empfehlen. Es kann nach Medien, Themen und Stichworten und Autor gesucht werden.

www.managerseminare.de

Weiterbildungsangebotsbörse Schweiz
WAB ist die umfangreichste Datenbank der Schweiz mit Weiterbildungsangeboten im nicht universitären Bereich. Sie berücksichtigt alle Gebiete der Weiterbildung, umfasst alle Sprachregionen und zeigt transparent das gesamtschweizerische Weiterbildungsangebot in qualitätsgesicherter und aktueller Form. Die Datenbank enthält über 30'000 Kurse und Lehrgänge.

www.w-a-b.ch

Das Portal für berufliche Aus- und Weiterbildung
Das Portal bietet einen umfassenden Überblick über die beruflichen Ausbildungsmöglichkeiten in der Schweiz. Es werden verschiedene Berufsbilder vorgestellt und weitergehende Informationen zu einzelnen Lehrgängen vermittelt. Zudem besteht die Möglichkeit, sortiert nach Lehrgängen und Regionen einzelne Schulen nach weiteren Unterlagen direkt anzufragen. Verschiedene Ratgeber geben einen Überblick über verschiedene Ausbildungsrichtungen und die entsprechenden Varianten der Weiterbildung.

www.ausbildung-weiterbildung.ch

Educanet
Educanet ist Teil von Educa, der Plattform des Schweizerischen Bildungsservers. Educanet bietet vielfältige und effiziente Werkzeuge, um via Internet miteinander zu kommunizieren und ist in den Privatraum zur persönlichen Nutzung, den Gruppenraum zur Bildung von Arbeitsgruppen und den Klassenraum für die Lehrpersonen und ihre Klassen gegliedert.

Anregungen und Materialien zum Fachbereich, Beiträge zur Förderung der Medienkompetenz und ein monatlich erscheinender Newsletter mit Artikeln rund um Schule, neue Medien und Bildung sind weitere interessante Dienstleistungen.

www.educanet.ch

Alice.ch
Der Schweizerische Verband für Weiterbildung (SVEB) ist die Dachorganisation der Weiterbildungsorganisationen der Schweiz. Man bietet hier detaillierte Informationen über Kurse und Anbieter in der ganzen Schweiz. Wie bei SVEB gehören Zertifikate, eidgenössische Fachausweise und interkantonale Diplome in der Erwachsenenbildung zum Angebot.

www.alice.ch/

Berufsbildung.ch
Das Angebot richtet sich an Personen, die sich mit Berufsbildung befassen. Das Portal umfasst Informationen aus Lehrbetrieben, Fachverbänden, Berufsbildungsämtern, Berufsschulen und weiteren in der Berufsbildung tätigen Institutionen. Das Kernstück bildet eine Datenbank mit einer reichhaltigen Linksammlung.

www.berufsbildung.ch

Seminarmarkt.de
Seminarmarkt.de ist eine Seminar-Datenbank für die Mitarbeiter- und Führungskräftequalifizierung für den gesamten deutschsprachigen Raum. Die Datenbank umfasst über 10'000 Seminare, Weiterbildungskurse und Management-Trainings von über 1000 Anbietern. Das inhaltliche Angebot besteht neben der Seminare- und Anbieter-Datenbank aus einem Forum, das Weiterbildungslaien und -profis für Fragen und Diskussionen offen steht, sowie aus detaillierten Hintergrundinformationen zum Thema Qualität in der Weiterbildung. Interessant ist auch der Seminaragent als Recherche-Service für Weiterbildungsveranstaltungen.

www.seminarmarkt.de

Wirtschaft und Weiterbildung
Das Fachmagazin wirtschaft & weiterbildung bietet Praxisinformationen und Expertenwissen für die betriebliche Weiterbildung und Mitarbeiterführung. Sie erfahren regelmässig, welche Personalentwicklungs- und Trainingsmassnahmen im Unternehmen zum Erfolg führen. Marktübersichten, News und Arbeitshilfen runden das Angebot ab.

www.wuw-magazin.de/

Kataloge und Verzeichnisse

Redaktionell geführte Verzeichnisse bieten ebenfalls interessante Anbieterverzeichnisse an. So hat Yahoo beispielsweise in der Kategorie Bildung folgende Unterrubriken:

Rubriken von Yahoo zum Thema Bildung	
Beratung	Bücher
Diplomarbeiten und Dissertationen	Erwachsenenbildung
Fernunterricht	Lehr- und Lernmittel
Lernsoftware	Nachhilfe/Prüfungsvorbereitung
Pädagogik	Schulung
Sprachen	Veranstaltungen
Verlage	Weiterbildung

Individuelle Suche mit Suchmaschinen

Bei der Suche nach individuellen Anbietern mittels Suchmaschinen ist die richtige Kombination der Suchbegriffe entscheidend. So können die Art des Bildungsangebotes oder die Lernform mit dem Lernthema oder die Weitbildungsarten mit der Zielgruppe kombiniert werden, um individuelle und möglichst exakte Treffermeldungen generieren zu können. Nachfolgend einige Beispiele solcher in der Praxis sinnvollen Begriffskombinationen bei der Eingabe in einer Suchmaschine:

Managementseminar im Exportbereich

Hier gibt der Suchbegriff *Managementseminar* die Lernmethode und Oberthematik an und mit dem Begriff *Export* das eingegrenzte Thema. Die beiden Suchbegriffe lauten also:

Managementseminar Export

Kaderkurs zum Thema Kommunikation

Hier gibt der Suchbegriff *Kaderkurs* die Lernmethode und Oberthematik an und mit dem Begriff *Kommunikation* das eingegrenzte Thema. Die beiden Suchbegriffe lauten also:

Kaderkurs Kommunikation

Rollenspiele in einem Führungskräftetraining

Hier gibt der Suchbegriff *Rollenspiele* die Lernmethode und Oberthematik an und mit dem Begriff *Führungskräftetraining* das eingegrenzte Thema. Die beiden Suchbegriffe könnten also lauten:

Rollenspiel Führungskräftetraining

Business English CD-ROM-Kurs

Hier gibt der Suchbegriff *Business English* das Lernthema und Oberthematik an und mit dem Begriff *CD-ROM-Kurs* das eingegrenzte Thema digitalen Lernens. Die beiden Suchbegriffe lauten also:

Business English CD-ROM

E-Learning für Produktionsleiter

Hier gibt der Suchbegriff *E-Learning* den Gattungsbegriff Lernmethode an und mit dem Begriff *Produktionsleiter* definieren Sie die Zielgruppe. Mögliche Suchbegriffe:

E-Learning für Produktionsleiter

Nebst diesen Kriterien können auch die folgenden Präzisierungen die Suche einschränken und spezifischer ausrichten:

- Region, Ort, Land oder Stadt
- Anbieter (Fachhochschule, Institut usw.)
- Angestrebter Fachabschluss oder Fachdiplom
- Dauer und Kosten der Ausbildung
- Dozenten und Referenten
- Stichwort zum Stoffplan zwecks Gewichtung/Ausrichtung
- Zertifizierung oder anderes Qualitätslabel

Umsetzung und Organisation

Umsetzung und Organisation

Erarbeitung von Qualitätsstandards

Die Aus- und Weiterbildung sollte im Unternehmen in Absprache mit der Geschäftsleitung, der Personalabteilung oder dem PE-Beauftragten, dem Linienvorgesetzten gemäss den Abteilungszielen und mit dem bzw. den Mitarbeitenden gemeinsam entwickelt werden. Aus- und Weiterbildungs-Massnahmen werden für Mitarbeitende oft im Rahmen der Qualifikations- und Zielvereinbarungsgespräche entschieden. Für Aus- und Weiterbildungen sollten strenge Qualitätsstandards entwickelt werden. Dies können zum Beispiel sein:

- Konsequenter Praxisbezug und garantierte Umsetzbarkeit
- Ausrichtung auf Unternehmens- und Mitarbeiter-Bedürfnisse
- Didaktische Professionalität und qualifizierte Kursleiter
- Pläne und Massnahmen zur Erfolgskontrolle

Ferner sind Zielsetzung, Budgetvorgaben und Bedürfnisse der Beteiligten zu berücksichtigen und die Aus- und Weiterbildungsformen systematisch auf ihre Eignung für Weiterbildungsziele und die Präferenzen der Mitarbeiter hin zu überprüfen. Die Kosten von Aus- und Weiterbildungen werden in der Praxis oft unter bestimmten Umständen und Voraussetzungen vom Unternehmen finanziert. Solche Voraussetzungen können zum Beispiel sein:

- Mindestens ein Jahr Mitarbeit im Unternehmen
- Bei früherem Austritt Reduktionsklausel
- Mindestens durchschnittliche Qualifikationswerte
- Charakterprofile punkto Ambitionen und Karrierezielen

Transfergespräche nach abgeschlossener Weiterbildung

Transfergespräche stellen nach Abschluss einer Aus- und Weiterbildung sicher, dass das Gelernte im Betrieb genutzt und angewandt wird und der Mitarbeitende sein Wissen und seine neuen Kenntnisse einbringen kann. Transfergespräche können zum Beispiel folgende Punkte enthalten:

- Wie beurteilt die Mitarbeitende den Nutzen der Weiterbildung für sich, ihre Aufgabe und den Betrieb?
- Ist das Gelernte auch für andere nützlich? Kann ein Team oder eine Abteilung auch davon profitieren?
- Was will die Mitarbeitende in die Praxis umsetzen: Pläne, Ziele, Ausblick?

Vorgesetzte sollten Interesse und Anerkennung zeigen und Unterstützung anbieten, Gelerntes und neues Wissen anzuwenden und umzusetzen. Dies kann konkret mit neuen Aufgaben, Jobenrichments, Projektaufgaben, vorübergehenden Doppelfunktionen, Beförderungen und neuen Karriereplänen gemacht werden.

Glaubwürdigkeit der Personalentwicklungsmassnahmen
Mitarbeiter bei anstehenden Defiziten einfach durch mehrere Seminare zu schleusen und dann zu glauben, es sei jetzt alles getan, ist naiv und wird keine Wirkung zeigen. Vielmehr gilt: Lernkonzepte und Trainingsmassnahmen müssen sich am Erfahrungshorizont der Teilnehmer orientieren und neu zu lernende Methoden sollten anhand der aktuellen Probleme und betrieblich gelebten Realitäten der Teilnehmenden auf ihre Tauglichkeit hin überprüft werden.

Ein Beispiel:
Weiterbildungsmassnahmen zur Verbesserung der Kundenorientierung können nur dann greifen, wenn Geschäftsleitung und Führungskräfte diese vorleben, wenn in entsprechende Arbeitshilfsmittel wie eine CRM-Software investiert wird und konkrete, alle in die Pflicht nehmende Projekte und Zielvereinbarungen bestehen, die eine verbesserte Kundenorientierung erlebbar machen und den Willen zur Verbesserung somit belegen. Personalentwicklungsmassnahmen können also nur greifen, wenn sie mit der betrieblichen Realität, dem gelebten Verhalten, der Unternehmenskultur und den effektiven Aktivitäten kongruent sind und in ein ganzheitliches Massnahmenpaket eingebunden sind.

Aufgabenkatalog und Verantwortlichkeiten

Aufgaben, Abläufe, Organisation und Verantwortlichkeiten sind in der Personalentwicklung je nach Betriebsgrösse, Stellenwert und Organisation der Personalabteilung sehr unterschiedlich. Zudem ist es oft eine Frage des Selbstverständnisses, welche Bereiche nun noch der Personalentwicklung zugeordnet werden können oder sollen oder nicht. Die nachfolgenden tabellarisch dargestellten Aufgabendefinitionen und Funktionen sollen eine Richtschnur für organisatorische Fragen und Informationen innerhalb des Betriebes gegenüber dem Management oder anderen interessierten Stellen sein.

An der Personalentwicklung beteiligte Stellen
Erfolgreiche Personalentwicklung ist ein Zusammenspiel aller am Unternehmensleistungsprozess und an der Mitarbeiterführung beteiligten Personen. Nur wenn die Anliegen, die Ziele und die Umsetzung der Personalentwicklung konsequent von allen mitgetragen und mit-

Umsetzung und Organisation

gestaltet werden, kann die Personalentwicklung zum Erfolg führen und bei Mitarbeitern vor allem die notwendige Akzeptanz finden. An der Personalentwicklung sind je nach Unternehmensgrösse die folgenden Stellen beteiligt:

- Geschäftsleitung
- Personalabteilung bzw. Personalentwicklungs-Beauftragter
- Vorgesetzte
- Mitarbeitende

Die Rolle der Geschäftsleitung
Eine sich für die Anliegen der Personalentwicklung einsetzende Geschäftsleitung hat eine starke Vorbildfunktion und wirkt anspornend und für alle Beteiligten motivierend. Es ist Aufgabe der Geschäftsleitung, die Grundsätze und Hauptstossrichtungen, die Verantwortlichkeiten und personellen Kapazitäten sowie den Budgetrahmen vorzugeben. Da es bei der Personalentwicklung oft auch um die Erhaltung und Förderung der mittel- und langfristigen Kernkompetenzen geht und nur eine qualifizierte Führungsmannschaft mit motivierten Mitarbeitern die Qualität der Unternehmensleistungen auf Dauer sicherstellt, sollte das aktive Eintreten der Geschäftsleitung für die Anliegen der Personalentwicklung eine Selbstverständlichkeit sein.

Die Rolle der Personalabteilung
Je nach Grösse des Unternehmens fällt der Personalabteilung eine zentrale Rolle in Bezug auf Verantwortung, Aufgaben und Kompetenzen zu. Sie berät die Stellen des Unternehmens und insbesondere Führungskräfte, ist für die Bedarfsermittlung, Planung, Durchführung und Erfolgskontrolle zuständig und ist auch Spezialist bei der Evaluation qualifizierter Veranstalter und Anbieter für PE-Massnahmen. Bei zentralen Aufgaben wie Mitarbeiterbeurteilungen, Fördergesprächen, Zielvereinbarungen kann sie beratend zur Seite stehen oder aktiv daran teilnehmen.

Die Rolle des Personalentwicklungs-Beauftragten
Diese Rolle wird naturgemäss nur in Grossunternehmen oder Betrieben, welche der Personalentwicklung eine sehr grosse Bedeutung beimessen, besetzt. Der Personalentwicklungs-Beauftragte nimmt dann die oben genannten Aufgaben der Personalabteilung war und setzt sich darüber hinaus mit neuen Lernmethoden, Fragen des Wissenstransfers und des Wissensmanagements entsprechend vertiefter und weitgehender auseinander.

Die Rolle der Vorgesetzten

Vorgesetzte arbeiten eng mit der Personalabteilung zusammen, wenn es zum Beispiel um das Erkennen förderungswürdiger Mitarbeiter geht oder um die Durchführung von Mitarbeitergesprächen, Beurteilungen und Erfolgskontrollen sowie um den Wissenstransfer von Weiterbildungen in die Praxis. Der Einsatz und die Verantwortung für den letzten Punkt sind von besonderer Bedeutung, da nur bei einem gelungenen und von Vorgesetzten mitgetragenen Praxistransfer Personalentwicklung erfolgreich sein kann.

Die Rolle der Mitarbeitenden

Es ist Aufgabe, Chance und Pflicht von Mitarbeitenden, vom Unternehmen anerbotene Personalentwicklungs-Massnahmen mit Initiative und Motivation aktiv zu nutzen, um PE-Massnahmen zum Erfolg zu verhelfen. Dies ist natürlich immer auch eine Informations- und Führungsaufgabe, letztlich aber auch die Eigenverantwortung von Mitarbeitenden, da Personalentwicklungs-Massnahmen immer auch ihre Persönlichkeit als ganzes weiterentwickeln, was für private und berufliche Bereiche von Nutzen sein kann.

Umsetzung und Organisation

PE-Aufgaben und –funktionen im Überblick

Übereinstimmung von Mitarbeiter- und Unternehmensinteressen	Zentrale Aufgabe, die optimale Übereinstimmung von Fähigkeiten, Wissen und Talenten der Mitarbeiter mit den Kernkompetenzen sowie Strategien und Zielen des Unternehmens zu erreichen.
Mitarbeiterselektion für aktuelle und künftige Unternehmensanforderungen	Durch geeignete Analyseinstrumente und Aktivitäten wie Mitarbeiterbefragungen, Qualifikationen und Potenzialanalysen sorgfältige Selektion zu fördernder und zu bildender Mitarbeiter.
Bereithaltung, Beratung und Entscheidungshilfen von Bildungsangeboten	Die Sicherstellung von Qualität, Seriosität und Professionalität von Bildungsanbietern intern und extern obliegt der Personalentwicklung. Sie kennt den Markt, die Angebote, Preise und Lernformen.
Entwicklung, Einsatz und Überwachung aller Instrumente und Arbeitshilfsmittel	Darunter ist die Ganzheitlichkeit aller Massnahmen und Aktivitäten zu sehen, also Bildungsmethoden, Auswahlverfahren, Analysemethoden, neue Lernformen wie das E-Learning und weitere PE-Instrumente.
Zuständigkeit und Verantwortung für Planung, Organisation, Umsetzung und Kontrolle der Massnahmen und Zielerreichungen	Dies ist die operative Ebene, die Umsetzung und Realisierung entschiedener Aktivitäten und Massnahmen von der Planung über die Organisation bis zur Erfolgskontrolle von Kosten und Lernzielerreichung.
Beratung und Unterstützung der Linie und Geschäftsleitung in allen Fragen der PE	PE-Verantwortliche sollen im Idealfall auch eine beratende und unterstützende Funktion ausüben, die allenfalls sogar über Fragen der Personalentwicklung hinausgeht oder diese tangiert, wie beispielsweise Auswirkungen eines Standortwechsels.

Muster einer Aus- und Weiterbildungspolitik

Ausgangslage
Wir richten die Schwerpunkte unserer Aus- und Weiterbildungsmassnahmen auf unsere strategischen Ziele und unternehmerischen Kernkompetenzen aus. Dabei betrachten wir die permanente Aus- und Weiterbildung als zentralen Bestandteil der gesamten Personalentwicklung.

Bedarfsermittlung
Unsere Aus- und Weiterbildungsmassnahmen werden gemeinsam mit den Mitarbeitenden eruiert und geplant. Die Basis bilden dabei Zielvereinbarungsgespräche, Qualifikationen, Fördergespräche mit den Abteilungsleitern und die Aus- und Weiterbildungsangebote aus unserer Personalabteilung. Die Personalabteilung evaluiert und organisiert die in Frage kommenden Anbieter und berät Mitarbeitende und Führungskräfte in der Auswahl und in den Lernmethoden.

Teilnehmer und Zielgruppen
Unsere Aus- und Weiterbildungsmassnahmen gelten für alle Funktionsträger und Mitarbeitenden, also auch für Nichtführungskräfte. Voraussetzung sind bei kostenintensiveren Massnahmen eine Betriebszughörigkeit von mindestens einem Jahr, gute Qualifikationsresultate und eine überdurchschnittliche Lernbereitschaft.

Zielsetzungen
- Permanente Führungsschulungen gemäss unseren Führungsgrundsätzen
- Massnahmen zur Steigerung der Kunden- und Marktorientierung
- Fachschulungen zur Optimierung unserer technologischen Kernkompetenzen
- Massnahmen zur Optimierung der gesamtbetrieblichen Kommunikation
- Erhöhung der Fachkompetenz vor allem in der Produktentwicklung

Erwartungen und Ansprüche
Wichtig sind uns vor allem eine nachhaltige Wirkung unserer Aus- und Weiterbildungsmassnahmen und sowie die Qualitätssteigerung der Leistung im Bereich unserer Kernkompetenzen der technologischen Marktführerschaft und der Produktentwicklung. Dabei sollten Fach-, Führungs-, Persönlichkeits- und Sozialkompetenz in einem ausgewogenen Verhältnis stehen. Vor allem beachtet werden sollten:

Umsetzung und Organisation

- Hohe und verbindliche Qualitätsstandards
- Ein ganzheitliches Ausbildungsspektrum
- Messbare und zielgerichtete Erfolgskontrollen
- Didaktische Professionalität von Lernmethoden und Dozenten

Lernmethoden

Die eingesetzten Aus- und Weiterbildungsinstrumente müssen auf das Ausbildungsziel, die Teilnehmer und den zu vermittelnden Stoff ausgerichtet werden. Es kommen sowohl interne wie auch externe Veranstaltungen in Frage. Seminare, Workshops, Projektteams, Trainings on the job, Coachings und Jobenrichment-Massnahmen stehen dabei im Mittelpunkt.

Erfolgskontrolle

Es werden folgende Instrumente und Massnahmen zur Erfolgs- und Qualitätskontrolle eingesetzt:

- Feedback- und Kritik-Formulare für Teilnehmende
- Analyse der in Frage kommenden Statistiken und Auswertungen
- Qualifikationen sowie Leistungs- und Fördergespräche
- Kennziffern wie Fluktuationsquote

Auf CD-ROM	Bei der Aufgabe des Seminarcontrollings kann Sie auch das Excel-Tool auf der beiliegenden CD-ROM bei der praktischen Umsetzung unterstützen. Sie finden es unter dem Dateinamen *"Seminarcontrollingbogen.xls*

Grundsätze einer Personalentwicklung

Mit der Erarbeitung von Grundsätzen und Rahmenbedingungen können sowohl ein Konzept wie auch die Umsetzung von Personalentwicklungs-Massnahmen einfacher realisiert werden. Die nachfolgenden Beispiele geben in Form konkreter Formulierungsvorschläge dazu einige Anregungen.

Umsetzung und Organisation

Grundsatz-Beispiele zu einer Personalentwicklungspolitik

Personalentwicklung im Mittelpunkt

Wir stellen eine systematische, bedarfs- und zukunftsorientierte Personalentwicklung und Nachwuchsplanung in den Mittelpunkt und versuchen dabei Mitarbeiter- und Unternehmensinteressen stets in eine optimale Balance zu bringen.

Personalentwicklung betrifft alle

Personalentwicklung kann nur greifen und wirken, wenn sie von allen getragen, initiiert, gepflegt und gelebt wird, und zwar von der Geschäftsleitung über alle Führungskräfte bis zum Mitarbeitenden.

Strenge Qualitätsstandards

Bei der Evaluierung unserer Partner (Seminaranbieter, Berater, Coaches usw.) achten wir auf strenge Qualitätsstandards, damit unsere Ansprüche und Qualitätserwartungen konsequent erfüllt werden.

Ziel-, Leistungs- und Fördergespräche

Wir benützen das jährliche Ziel-, Leistungs- und Fördergespräch als Basis für die auf die Bedürfnisse des Unternehmens und seiner Mitarbeiter optimal abgestimmte und ausgerichtete Mitarbeiterentwicklung.

Erfolgskontrolle

In allen unseren Aktivitäten legen wir grossen Wert auf eine systematische und nach objektiven Gesichtspunkten messbare Erfolgskontrolle. Sie ist auch die Grundlage zur Optimierung und Korrektur von Personalentwicklungsmassnahmen.

Konsequent einzuhaltende Voraussetzungen

Wir stellen für die Personalentwicklung finanzielle Mittel bereit und betrachten dies als eine sehr wichtige Aufgabe und als ein Mittel der Mitarbeiterbindung. Allerdings gelten dafür klare und strikt einzuhaltende Voraussetzungen und Bestimmungen, die in diesem Konzept definiert sind.

Anforderungen an ein PE-Konzept

Ein Personalentwicklungskonzept zu erarbeiten heisst, in Prozessen zu denken und zu handeln. Es kann in verschiedenen Schritten realisiert werden und es müssen die arbeitsorganisatorischen Bedingungen sowie die vorhandenen Kompetenzen der Mitarbeiter genauestens analysiert werden. Dabei ist vor allem zu klären, welche Kompetenzen entwickelt, welche bewahrt und welche abgebaut werden sollen. Als Ergebnis müssen verbindliche Ziele und Massnahmen festgelegt werden. Das Personalentwicklungskonzept enthält demnach Aussagen über:

- Lernfelder, Lernformen und Lernziele
- Abteilungen, Funktionsträger und Zielgruppen
- Wege der „Potentialeinschätzung" und Bedarfseinschätzung
- Instrumente und Methoden der Qualifizierung
- Art und System der Erfolgskontrollen

Umsetzungsstrategie des Lernmanagements

Zur weiteren Umsetzungsstrategie des Lernmanagements schlägt man heute oft einen kooperativen Weg vor, der mit den Begriffen „top down" und „bottom up" umschrieben wird. Der „top down" Ansatz beginnt bei den Führungskräften, da sie im Veränderungsprozess die zentralen Instanzen sind, die den Prozess steuern und initiieren sollen. Der Anspruch auf eine funktionierende, erfolgversprechende Personalentwicklung steht und fällt mit der Qualifikation der Führungskräfte, die in dieser Hinsicht zu Hauptakteuren werden. Sie müssen vom Sinn und der Notwendigkeit des Lernens und der persönlichen und unternehmensspezifischen Weiterbildung überzeugt sein oder überzeugt werden, sonst werden die Massnahmen und Initiativen ins Leere laufen.

Der Bottom up-Ansatz

Beim „bottom up" Ansatz hingegen werden die Mitarbeiter zu Beteiligten. Mitarbeiter in Zielvereinbarungen, in die Ermittlung ihrer individuell-professionellen und organisationsbezogenen Weiterbildungsbedarfe einzubinden sowie gemeinsam über die entsprechenden Förder- und Weiterbildungsmassnahmen nachzudenken, bildet den Hintergrund für den „bottom up" Ansatz. Die Interessen der Mitarbeiter dabei zu berücksichtigen ist die Voraussetzung für einen Lernerfolg. Das Ziel der Personalentwicklung, die Leistungspotentiale der Mitarbeiter zu wecken und sie in Abstimmung mit den Interessen der Organisation zu bringen, deutet den Aushandlungscharakter an.

Selektive Zielgruppenwahl

Andere Einführungsszenarien schlagen zur Initiierung und Umsetzung von Personalentwicklung die partizipative Beteiligung von Projektgruppen vor. Dadurch ergeben sich personelle und organisatorische Vernetzungen, die den Prozess der lernenden Organisation begünstigen könnten. Hier ist an die Zielgruppe der Mitarbeiter gedacht, die eine Multiplikatorenfunktion übernehmen könnten. Wenngleich es das Ziel der Personalentwicklung ist, alle Mitarbeiter einzubeziehen, müssen vielfach aufgrund der begrenzten finanziellen Ressourcen Prioritäten gesetzt werden. Es kann deshalb sinnvoll sein, zunächst einzelne Zielgruppen mit entsprechenden Prioritäten zu fördern und Kriterien für deren Auswahl festzulegen. Schlüsselpersonen sind dabei vielfach Führungskräfte, Projektgruppen- und Arbeitsgruppenleiter.

Führungskräfte- und Nachwuchsförderung

Die Herausforderung

Führungskräfte entscheiden über den Erfolg eines Unternehmens. Die Anforderungen an Führungskräfte haben sich im wirtschaftlichen und gesellschaftlichen Wandel vervielfacht:

Die Märkte und der Wettbewerb fordern eine immer schneller werdende Veränderungsfähigkeit. Unterschiedliche Wertekulturen fordern neue Vereinbarungsmuster. Mitarbeiter müssen zunehmend individuell gefördert und begleitet werden. Teams brauchen optimale Unterstützung bei der Bewältigung immer komplexerer Aufgaben. Immer mehr Projekte und Prozesse sind miteinander verwoben und müssen gleichzeitig gemanagt werden. Nicht zuletzt sind Führungskräfte nach innen wie nach aussen die Repräsentanten des Unternehmens und die Multiplikatoren seiner Leitwerte und Ziele.

Die Situation

Nur selten sind Führungskräfte auf diese verantwortungsvolle Tätigkeit genügend vorbereitet und zudem werden Sozialkompetenzen zu wenig berücksichtigt. In einer Umfrage wurden Führungskräfte danach befragt, wie viel Prozent sie von ihrer im Studium erlernten Fachkompetenz noch in ihrer jetzigen Tätigkeit als Führungskraft benötigten.

Das Ergebnis ist ernüchternd: 1 – 4%. Die befragten Führungskräfte beschreiben ihre Kernaufgaben hingegen folgendermassen: Teams bilden, Konflikte managen, global denken und handeln, Veränderungsprozesse initiieren.

Führungsqualifikation, Sozial- und Kommunikationskompetenz sollten in Unternehmen einen besonders hohen Stellenwert haben. Die Massnahmen und Plattformen können dabei sein:

- Interne Führungs-Workshops mit externen Trainern
- Führungs- und Karrierecoaching für besondere Anforderungen
- Seminarzyklen nach Hierarchiestufen und Anforderungen
- Halbjährlicher Erfahrungsaustausch mit externen Referenten und Experten
- Besondere Beachtung der Führungskompetenz in den Qualifikationsbewertungen

Fachkräfte und Experten-Trainings

Personalentwicklung konzentriert sich in Unternehmungen in den meisten Fällen vornehmlich auf die Führungskräfte bzw. den Führungskräftenachwuchs. Unbestritten ist, dass Führungskräfte als Multiplikatoren und Vorbilder eine wichtige Rolle in Unternehmungen einnehmen. Durch die Abflachung von Hierarchieebenen und die tendenzielle Verringerung der Führungspositionen ist diese Fokussierung aber oft zu einseitig. Mehr Augenmerk sollte auch auf Fach-, Sozial- und Methodenkompetenz von Fachkräften und Experten gerichtet werden. Oft tragen diese angesichts steigender Komplexitäten wesentlich zum Unternehmungserfolg bei.

Spezielle Förderprogramme

War in der Vergangenheit vornehmlich Sachkompetenz für den persönlichen und unternehmerischen Erfolg ausreichend, spielen je länger je mehr soziale und emotionale Kompetenzen eine immer bedeutendere Rolle. So kann Mitarbeitenden die Chance geboten werden, sich in unterschiedlichen Förderprogrammen - vom Nachwuchsprogramm bis zum Führungscollege - weiter zu entwickeln.

Kompetenzbedarfsplanung

Das Personalmanagement hat im engen Zusammenspiel mit den Führungskräften eines Unternehmens dafür Sorge zu tragen, dass geeignete Mitarbeiter mit den Qualifikationen und Kompetenzen zur Verfügung stehen, die für ein erfolgreiches Bestehen im Wettbewerb und die Erhaltung der Unternehmenskompetenzen wichtig sind. Neben den fachlichen Kompetenzen haben u.a. methodische und emotionale Intelligenz einen gleich hohen Stellenwert. Weiterhin sind alle Faktoren, die das Kompetenzprofil eines Unternehmens verstärken können, von grosser Bedeutung, so z.B. Schlüsselqualifikationen in bestimmten technologischen Bereichen.

Betriebliches Vorschlagswesen

Das betriebliche Vorschlagswesen fördert und aktiviert die Mitarbeiterkreativität. Dabei werden Ideen und Anregungen aufgenommen und auf deren Realisierungsmöglichkeiten hin überprüft. Das betriebliche Vorschlagswesen muss durch mehrere Aktivitäten und Massnahmen immer wieder in Erinnerung gerufen und systematisch gefördert werden. Es hat nur in Unternehmen mit einer tief verankerten Innovationskultur und innovationsorientierter Führung eine Chance, ansonsten läuft es Gefahr, zu einer Alibiübung zu verkommen. Mögliche Massnahmen:

- In Mitarbeiterzeitschriften erfolgreiche Mitarbeiter portraitieren
- Themenbeispiele vorgeben
- Attraktives Anreizsystem bieten
- Innovater-Club gründen

Das betriebliche Vorschlagswesen ist ein wichtiges Mittel zur Identifikation mit dem Betrieb mittels Anreiz einer Prämie für Verbesserungsvorschläge. Bei Verbesserungsvorschlägen mit Nutzen sind folgende Aspekte zu berücksichtigen: Festlegung der Prämie und der Prämienhöhe gemäss Einkommensklasse, die hierarchische Stellung und der Arbeitsbereich.

Umsetzung und Organisation

Formular für Personalentwicklungsgespräche

Datum:	Stellenbezeichnung:
Datum des Entwicklungsgespräches:	
Name/Vorname:	
Funktion:	
Abteilung:	Vorgesetzter:
Gesprächsanlass:	

O Jahresgespräch	O Wunsch des Mitarbeiters	O Wunsch des Vorgesetzten
O Arbeitsplatzwechsel	O Qualifikation	O Zielvereinbarungsgespräch
O Anderer Anlass, nämlich:	Letztes PE-Gespräch am:	

PE-Situation

Erfassung der IST-Situation, der MA-Bedürfnisse, der Ziele, der Massnahmen und der Erfolgskontrolle

	Termin
Bedarf und Ziele	
Massnahmen und PE-Formen	

Zielerreichung seit dem letzten Gespräch

Die vereinbarten qualitativen Ziele in Stichworten. Zielerreichung, wo angebracht und möglich in Prozentwerten angeben (Maximale Zielerreichung gleich 100%)

Formular zur Seminar- und Workshop-Beurteilung

Datum:	Stellenbezeichnung:			
Name Mitarbeiter:				
Abteilung:	Funktion:			
Fachbereich:	Direkter Vorgesetzte(r):			
Seminar Bezeichnung:				
Ort:	Seminardauer:			

Beurteilung der Infrastruktur

	sehr gut	gut	genügend	mangelhaft
Ort, Hotel und Verpflegung				
Didaktische und fachliche Qualifikation Seminarleiter				
Raum, Präsentationshilfsmittel, Komfort				
Freundlichkeit und Zuverlässigkeit des Personals				

Beurteilung des Know-how-Gewinns und Praxisnutzens

	sehr gut	gut	genügend	mangelhaft
Praxisnutzen und Praxisausrichtung				
Bezug zu Arbeit, Problemstellung und Aufgabe				
Individuelles Eingehen auf persönliche Fragen				
Learning by doing-Methoden und Fallbeispiele				
Möglichkeiten zum Erfahrungsaustausch				
Qualität und Quantität der Seminarunterlagen				

Würden Sie ein Seminar dieses Seminaranbieters wieder besuchen?	☐ ja	☐ nein, weil:

Was ist für Sie und Ihre Aufgabe bei einem Seminar persönlich besonders wichtig:

Gesamturteil über dieses Seminar:

Dokumentation und Anbieter-Datenbanken

Die Vorteile einer generellen Dokumentation

Das systematische Dokumentieren von Anbietern und Trainern hat einige klare Vorteile:

- Schnellere Evaluation geeigneter Seminaranbieter
- Gezieltere Beratung und Dienstleistung
- Festhalten von Qualitäts-Feedback
- Mehr Transparenz über Angebote generell
- Schnelle Kostendefinitionen oder Lernformen-Selektionen

Dies kann im Minimalfall ein Ordner mit nach Fachgebieten und/oder Zielgruppen geordneten Prospekten und Lernprogrammen sein, die aber regelmässig aktualisiert werden sollten. Im besten Fall leistet eine Datenbank wesentliche Mehrleistungen wie

- Kosten- und Lernformen-Selektionen
- Einfachere Aktualisierungen und Verwaltung
- Systematisierung des Feedbacks
- Auftragsvolumen bei Anbietern für bessere Konditionen
- History der Aktivitäten und Buchungen mit welchen Mitarbeitenden
- Strukturierte Vielfalt von relevanten Informationen
- Links der Anbieter ins Internet mit aktuellen Informationen

Das nachfolgende Beispiel zeigt die Möglichkeit einer Datenmaske einer solchen Anbieter-Datenbank, die durchaus mit einfachen Mitteln unter Zuhilfenahme eines Standartprogramms realisiert werden kann.

Die Leistungsebenen einer Seminarverwaltung

Umfassende Seminarverwaltung

Von der Bedarfsanalyse über die thematische und inhaltliche Planung der Seminartypen bis zur Terminierung. Von der Verpflichtung der Dozenten über die Beschaffung von Blumen und Lehrmaterial bis zur Hotelreservierung kann eine systematische Seminarverwaltung eine rationelle und übersichtliche Hilfestellung leisten.

Möglichkeiten einer umfassenden Seminarorganisation

Mit individualisierten Serienbriefen wird der Aufwand bei der Korrespondenz mit Teilnehmern, Dozenten und Hotels minimiert oder es ist ein Einladungsversand und der Druck von Teilnehmerlisten, Zertifikaten und Rechnungen möglich.

Transparente Auswertungen mit Kostencontrolling

Abrufbereit stehen im Idealfall aber auch Informationen für das Kostencontrolling, statistische Auswertungen der Ergebnisse der Weiterbildungsaktivitäten und natürlich der Überblick über die Bildungshistorie sämtlicher Mitarbeiter bzw. Teilnehmer zur Verfügung. Die möglichen weiteren Funktionen nachfolgend im Überblick:

Seminardaten und -adressen	Seminarbeurteilungen
Teilnehmer mit Historie	Dozenten
Dozentenprofile	Kalkulationen
Budgets	Zahlungen
Kostenstellen	Räume
Organisationseinheiten	Material
graphische Einsatzpläne	Seminaranbieter
Zielgruppen	Terminverwaltung
Firmen/Kunden	Korrespondenz
Statistik	Workflow
Hotels	Kurse und Seminarreihen
MA-Entwicklungsprogramme	Lernfeedbacks

Dokumentation und PE-Datenbanken von Mitarbeitern

Zweck und Aufgabe

Dieses Instrument ist eine wichtige Grundlage für die Ist-Situation erfolgter Aktivitäten von Mitarbeitern und eine Entscheidungsgrundlage für kommende Massnahmen. Sie schafft einen Überblick über entwicklungsfähige Mitarbeitende, erleichtert und systematisiert die Auswahl zu fördernder Mitarbeiter, lässt Förder- und Bildungsmassnahmen koordinieren und ist ein Überwachungs- und Kontrollinstrument vereinbarter Massnahmen.

Umsetzung und Organisation

Datenbankmaske PE-History und Massnahme pro Mitarbeiter

Personaldaten Mitarbeiter
Vorname/Nachname:
Eintrittsdatum:
Funktion und Abteilung:
Geburtsdatum:
Hierarchiestufe:

Schulbildung, Studium, Praktika
Art und Ort
Gebiet/Thema
Diplom/Abschlussbeleg
Dauer und Zeitpunkt

Beruflicher Werdegang
Unternehmen
Funktion/Abteilung
Kernleistung
Dauer und Zeitpunkt

Entwicklung und Laufbahn im Unternehmen
Abteilung
Funktion
Erfolgsausweise
Stärken/Schwächen

History der PE-Massnahmen

	2005	2006	2007	2008
Massnahme				
Veranstalter und Ziel				
Zeitpunkt und Dauer				
Lernziel				
Ergebnis Lernkontrolle				

Potenzialbeurteilung und Entwicklungsziele

	2005	2006	2007	2008
Angaben und Informationen				
Entwicklungsziel des Mitarbeiters				
Potenzialbeurteilung				
Entwicklungsmassnahmen				

Resultate von Qualifikation
Angaben zur Personalkompetenz
Angaben zur Sozialkompetenz
Vorhandene Belege und Dokumente
Aufgelaufene Kosten pro Jahr und total

Datenbank-Aufbaubeispiel für die Aufnahme von Lernanbietern

Informationen zum Anbieter

Name:	Name
Typ:	o Seminar o Trainer o Coach o anderer:
Kontaktdaten:	Adresse, Telefonnummer, E-Mail
Angebotsdaten:	Preise, Daten, Teilnehmerzahlen
Kosten und Konditionen	o pro Stunde o pro Tag o pro Angebot
Zielgruppen:	o Fach-MA o Projektleiter o oberes Kader
Trainer:	Name, Telefon, E-Mail und Kurzkommentare
Geschäftsführer:	Name, Telefon, E-Mail und Kurzkommentare
Teilnahmeort	o inhouse o extern o Hotel o bei Anbieter
Selektion erweitern:	o ähnliche, themenverwandte Anbieter
Individualisierbarkeit:	o keine o mittel o gut o sehr gut

Themen/Gebiete   **Lernformen**

Themen/Gebiete	Lernformen
O Marketing	O Referate
O Führung	O Videotrainings
O Produktion	O Workshops/Erfa
O Finanzen	O Coaching
O IT und PC	O Training-on-the-Job
O Branchenwissen	O E-Learning, Software

History

Bisherige Teilnehmer und Zielgruppen	Abteilungen, Anzahl, Namen
Bisheriges Auftragsvolumen	Jahresvolumen in CHF
Bisherige Trainer und Lernformen	Namen und Lernformen
Bisherige Anzahl gebuchter Tage	Total gebuchter Tage

Qualitätsfeedback

Trainerqualifikation	Skala, Benotung und verbal
Qualität Lernformen und Didaktik	Skala, Benotung und verbal
Lernzielerreichung	Skala, Benotung und verbal
Praxisrelevanz und Umsetzbarkeit	Skala, Benotung und verbal
Individuelle Kernkommentare	Verbale Kurzkommentare

Reglemente und Merkblätter

Die Voraussetzungen und Rahmenbedingungen zu Aus- und Weiterbildungsmassnahmen können mit einem Merkblatt oder Reglement schriftlich und für alle verbindlich definiert werden. Dies kann eine Entscheidungshilfe sein und eine Garantie für objektive und klare Spielregeln, gerade wenn es um finanzielle Fragen und Beteiligungen geht. Nachfolgend ein Musterbeispiel eines Merkblattes.

Muster-Merkblatt und Weiterbildungsvereinbarung

Unser Unternehmen legt auf die gezielte Aus- und Weiterbildung seiner Mitarbeiter grossen Wert. Mitarbeiter, die sich ausserhalb der Arbeitszeit in ihrer Freizeit aus –und weiterbilden oder umschulen lassen, werden von uns unter bestimmten Bedingungen unterstützt. Dies gilt sowohl für fachliche Aus- und Weiterbildungsmassnahmen wie auch für solche, die der persönlichen Weiterentwicklung oder der Kommunikation und sozialen Kompetenzerweiterung dienen.

Nachweis des Nutzens und der Zielerreichung
Bei einer Aus- und Weiterbildung oder Umschulung muss unter Beizug der Personalabteilung vom Vorgesetzten und Mitarbeiter der Nachweis erbracht werden, dass das Ziel den Interessen des Unternehmens dient und die Relevanz des Stoffes und der Fächer auf die praktischen Bedürfnisse unseres Unternehmens ausgerichtet sind.

Anforderungen an Schule oder Institut
Die besuchte Schule bzw. das gewählte Aus- und Weiterbildungsinstitut muss bestimmten Qualitätsanforderungen entsprechen, die von der Personalabteilung festgelegt und geprüft werden. Dazu gehören unter anderem Referenzen, Professionalität der Didaktik, Praxisausrichtung des Schulstoffes und eine eventuelle Anerkennung eidgenössischer Prüfungskommissionen und die Beurteilung ehemaliger TeilnehmerInnen aus unserem Unternehmen, wenn vorhanden.

Bezahlte Weiterbildungszeit
Bei Aus- und Weiterbildung oder bei Umschulungsaktivitäten haben Mitarbeiterinnen und Mitarbeiter Anspruch auf bezahlte Ferien, wenn eine solche Massnahme nach Einschätzung des Vorgesetzten während der regulären Arbeitszeit nicht möglich ist bzw. für das Unternehmen wichtige Aufgaben nicht erfüllt werden könnten.

Unbezahlte Weiterbildungszeit
Geht der Mitarbeiter nebenberuflich Aus- und Weiterbildung oder Umschulungsaktivitäten nach, die vom Vorgesetzten nicht direkt gefördert aber dennoch begrüsst werden, können ihm pro Kalenderjahr ein bis höchstens zwei Wochen unbezahlte Ferien gewährt werden.

Erleichterungen für den Besuch von Weiterbildungs-Veranstaltungen
Im Zusammenhang mit Schul- und Kursbesuchen werden im allgemeinen folgende Vereinbarungen und Erleichterungen getroffen bzw. geboten:

- Für den Besuch der Weiterbildung wird der entsprechende Wochentag, in der Regel ist der .... Montag-Nachmittag .... für den Mitarbeiter arbeitsfrei (Anzahl Stunden).
- Die Firma übernimmt die Hälfte der daraus entstehenden Absenzen im Sinne einer bezahlten Freistellung.
- Die weiteren Absenzen werden vom Mitarbeiter an einem anderen Arbeitstag innerhalb der bewilligten Arbeitszeit geleistet.
- Die Absenzen können auch durch Ferientage ausgeglichen werden, wobei nur der übergesetzliche Ferienanspruch verrechenbar ist.
- Für Blockseminare im Rahmen der ordentlichen Aus- oder Weiterbildung gelten die obigen Bestimmungen sinngemäss, sofern diese auf die normalen Betriebszeiten der Firma fallen.
- Fehlzeiten, die aus betrieblichen Gründen nicht ausgeglichen werden können, verfallen zu Lasten des Arbeitgebers.

Rückzahlungspflichten und Kostenbeteiligung
Die Rückzahlungspflichten und die Kostenbeteiligung werden wie folgt geregelt:

- Kündigt der Arbeitgeber das Arbeitsverhältnis, so erlöscht nach Ablauf der Kündigungsfrist sowohl die Rückzahlungspflicht als auch die Kostenbeteiligung.
- Kündigt der Arbeitnehmende aus einem begründeten, vom Arbeitgeber zu verantwortenden Anlass wie schlechte Arbeitsbedingungen, Nichteinhaltung von Vereinbarungen, Standortwechsel usw.), so ist der Arbeitnehmende zu keiner Rückzahlung mehr verpflichtet.

Liegt keine ähnliche Situation der oben beschriebenen vor, so verpflichtet sich der Arbeitnehmende, die von der Firma geleisteten Kostenbeteiligungen wie folgt zurückzubezahlen:

Umsetzung und Organisation

- 100 %, wenn das Arbeitsverhältnis während der Weiterbildung aufgelöst wird,
- 75%, wenn das Arbeitsverhältnis 0 bis 12 Monate nach Beendigung der Weiterbildungsaktivität aufgelöst wird;
- 50%, wenn das Arbeitsverhältnis 12 bis 18 Monate nach Beendigung der Weiterbildungsaktivität aufgelöst wird; und
- 25%, wenn das Arbeitsverhältnis 18 bis 24 Monate nach Beendigung der Weiterbildungsaktivität aufgelöst wird.

Bei einer späteren Auflösung des Arbeitsverhältnisses ist keine Rückerstattung fällig. Es ist darauf zu achten, dass möglichst keine weiteren Verpflichtungen eingegangen werden müssen. Falls doch, sind klare zeitliche Begrenzungen (höchstens 2 Jahre) vorzusehen.

Prüfungsvorbereitung
Maximal eine weitere Woche unbezahlte Ferien wird zur Vorbereitung auf und Teilnahme an der Prüfung für einen eidgenössisch anerkannten Abschluss bzw. ein anerkanntes Diplom gewährt.

Wertschätzungsprämie
Nach Abschluss einer eidgenössisch anerkannten Prüfung oder der Erlangung eines anerkannten Diploms erhält der Mitarbeiter eine Anerkennungsprämie von CHF 700.—, wenn diese Prüfung oder dieses Diplom nach Beurteilung des Vorgesetzten und der Personalabteilung in den wesentlichen Punkten dem Erreichen der Unternehmenszielsetzungen dient.

Widerrufbarkeit dieses Reglements
Das Unternehmen kann dieses Reglement ohne das Nennen von Gründen jederzeit widerrufen, aufheben, neuen Gegebenheiten anpassen oder aufgrund betrieblicher und gesetzlicher Neuerungen ändern.

Wirksamkeit und Gültigkeit dieses Reglements
Mit der schriftlichen Bekanntgabe dieser neuen Regelung erlischt die alte Richtlinie oder die neue Regelung ersetzt die an anderer Stelle dazu erlassenen Bestimmungen.

Finanzierung von Weiterbildungsmassnahmen

Im Obligationenrecht wird die Frage der Finanzierung oder Mitfinanzierung durch Arbeitgeber nicht geregelt. Auch die Gerichtspraxis ist in ihren Auslegungen und Rechtsprechungen sehr unterschiedlich, vor allem wenn es um die Rückzahlung von Weiterbildungskosten bei einer vorzeitigen Kündigung des Mitarbeitenden geht. Sehr empfehlenswert ist aufgrund dieser Tatsache die Ausarbeitung von Aus- und Weiterbildungsvereinbarungen, in denen Mitfinanzierungen, Finanzierungsmodelle und -voraussetzungen klar und unmissverständlich geregelt werden.

Usanzen aus der Praxis
In der Praxis haben sich mehrheitlich folgende Vereinbarungen durchgesetzt und auch bewährt:

- Bei externen Weiterbildungsveranstaltungen können je nach Dauer und Thema bezahlte Ferien oder bestimmte Beträge gewährt werden.

- Eine vollumfängliche Rückerstattung von Kosten durch den Mitarbeitenden wird nur gefordert, wenn die Kündigung innerhalb des Jahres vom Zeitpunkt an folgt, wo die Weiterbildungsmassnahme stattfand und diesbezüglich etwas schriftlich vereinbart wurde.

- Liegt der Nutzen einer Weiterbildung zu einem grossen Teil beim Mitarbeitenden und dessen persönlichen Laufbahnzielen, ist bei Kündigung des Arbeitnehmers ein Rückforderungsvorbehalt angebracht.

- Ein solcher Vorbehalt kann sämtliche entstandenen Kosten umfassen und für die Dauer von drei bis vier Jahren seit Beendigung der Weiterbildung wirksam sein.

Betriebsnotwendige Aus- und Weiterbildungen
Betriebsnotwendige Aus- und Weiterbildungen werden vom Arbeitnehmer übernommen, was im Obligationenrecht so geregelt ist. Es kann aus dem Obligationenrecht auch ein gewisser Anspruch auf Freizeit für Weiterbildung abgeleitet werden.

Urteile aus der Gerichtspraxis
Ein Anspruch auf die Finanzierung von Weiterbildungskosten besteht nur dann, wenn ein Mitarbeitender lückenlos belegen kann, dass es sich um eine notwendige Massnahme handelt und eine Weiterbildung vom Arbeitnehmer gefordert wurde. Ohne schriftliche und klare Vereinbarungen müssen Aus- und Weiterbildungskosten oder dafür gewährte Frei- und Ferienzeit – ausser im Falle von eindeutigem Rechtsmissbrauch – nicht zurückvergütet werden.

Bedeutung und Sicherstellung des Praxistransfers

Man kennt es aus eigener Erfahrung: die Stimmung am Seminar war einzigartig, der Trainer ein wahrer Könner seines Faches und das Gelernte spannend und motivierend. Doch zurück im Arbeitsalltag muss man zwei bis drei Wochen später entmutigt feststellen, dass vieles wieder vergessen ist, der Seminarordner im Bücherregal verstaubt und nichts wirklich mit nachhaltigem Erfolg umgesetzt wurde. Doch nur mit einem Transfer in die Praxis ist eine Personalentwicklungsmassnahme erfolgreich und brauchbar – ohne ihn scheitert sie nicht nur, sondern demotiviert Mitarbeiter und lässt Geschäftsleitungen am Sinn und Zweck zweifeln.

Praxistransfer muss Planungsbestandteil sein

Deshalb umfasst ein professionelles Personalentwicklungs-Konzept auch die Nachbearbeitungsphase und die Sicherstellung der erfolgreichen Anwendung und Umsetzung des Gelernten. Folgende konkrete Massnahmen tragen zu einem erfolgreichen Praxistransfer bei.

Eigenverantwortung der Teilnehmenden

Die Eigenverantwortung zur erfolgreichen Umsetzung muss allen Teilnehmern während der Veranstaltung selbst und in der anschliessenden Praxis klar gemacht werden. Die Umsetzung und Zielerreichung einer Aufgabenstellung sollte schriftlich festgehalten und kontrolliert werden und ein Bestandteil der Leistungsbeurteilung sein. Es sind hier von Trainern und Vorgesetzten Bereiche und Aktivitäten zu wählen, welche die Möglichkeit von motivierenden Erfolgserlebnissen bieten, die dann in der Praxis zudem noch honoriert werden können – zum Beispiel mit Anerkennungsprämien oder Artikeln in der Mitarbeiterzeitschrift.

Einbezug der Führungskräfte

Es ist eine zentrale Aufgabe des Vorgesetzten, im Arbeitsalltag die Umsetzung sicherzustellen und voranzutreiben. Dabei stehen ihm mehrere Möglichkeiten und Instrumente zur Verfügung:

- Massnahmenplanung mit Terminen und Verantwortlichkeiten
- Bildung von Erfahrungsaustauschgruppen und Workshops
- Coaching wichtiger Kernaufgaben im Training-on-the-job
- Motivation durch Anerkennung und Lob von Verhaltensänderungen und feststellbaren Wissensanwendungen
- Führen eines gemeinsames Umsetzungs-Tagebuches via Intranet, bei Abschluss mit einem Abteilungsessen oder attraktiven Preisen

Umsetzung und Organisation

Verträge und Briefe an sich selbst

Am Ende des Seminars schreibt jeder Teilnehmer einen Brief an sich selbst, in dem er eine klare Abmachung trifft, welchen Lernstoff er bis wann bei welcher Gelegenheit mit welcher erkennbaren Veränderung umsetzt und anwendet. Dieser Brief oder Vertrag wird vom Teilnehmer unterschrieben und dem Vorgesetzten und dem Trainer übergeben, die dieses Commitment dann als Grundlage für ein Feedbackgespräch zu Fragen der Umsetzung nutzen.

Aktionspläne auf Team- und Abteilungsebene

Vom Trainer selber oder am Folgetag vom Vorgesetzten werden Aktionspläne erstellt, die im Kreis aller Teilenehmer besprochen und entschieden werden. Beispiel eines Aktionsplanes:

Anwendungsthema aus Lernstoff	Verantwortlichkeit	Termin	Zielerreichungsmessung	Kontrolle wann/wer
1.				
2.				
3.				
4.				

Realisierung von Transferprogrammen

Am Ende einer Veranstaltung werden in Gruppenarbeiten oder Diskussionen die wichtigsten Erkenntnisse herausgearbeitet und auf ihre Umsetzungseignung hin überprüft. Diese Erkenntnisse werden als Merksätze formuliert und dann mit jeweiligen Rücksendungen der Merksätze mit kurzen Erfahrungsberichten an Trainer oder Vorgesetzte wöchentlich in der Praxis angegangen. Ein solches Transferprogramm kann sich über drei bis vier Monate hinstrecken und wird durch eine Schlussveranstaltung abgerundet, bei der die Erfahrungen mittels Kurzpräsentationen der Teilnehmer ausgetauscht werden.

Erfahrungsaustausch oder Workshops zu Kernthemen

Während zwei Monaten treffen sich die Teilnehmer alle 14 Tage zu Erfahrungsaustauschrunden. Hier werden Aktionspläne geprüft, Umsetzungshindernisse besprochen, Optimierungsmöglichkeiten und weitere Aktivitäten entschieden. Wichtig ist auch hier, eine konstruktive, anpackende und motivierende Stimmung zu schaffen, die anspornend wirkt.

Umsetzungspräsentationen im Betrieb

Kurzpräsentationen vor der Geschäftsleitung oder vor bestimmten Führungskräften bieten eine Profilierungschance, üben einen sanften Druck aus und propagieren zugleich Erreichtes und Umgesetztes aus Personalentwicklungsaktivitäten. Auf diesen wichtigen Aspekt wird im Kapitel "Didaktik und Wissensvermittlung" noch einmal eingegangen.

Systematische Transfergespräche

Diese Gespräche schaffen - gut vorbereitet und klar strukturiert -, eine Verbindlichkeit, signalisieren die Bedeutung und hohe Priorität der Weiterbildungsmassnahme und zeugen auch von Vertrauen in die Umsetzungsfähigkeiten betroffener Mitarbeiter. Mit Vorteil sollte der Termin für ein solches Transfergespräch bereits vor der Weiterbildung vereinbart und mit einer Dauer von ungefähr einer halben Stunde zirka zwei Wochen nach Beendigung einer Weiterbildungsmassnahme eingeplant werden. Folgende Punkte können zentrale Bestandteile eines Transfergesprächs sein:

- Wie beurteilt die Mitarbeitende die Weiterbildung? Was hat sie konkret gelernt?
- Ist das Gelernte auch für andere nützlich? Wie kann das Team davon profitieren?
- Was will der Mitarbeitende in die Praxis umsetzen: Pläne, Ziele, Ausblick?
- Benötigt er Unterstützung durch die Führungskraft? Wie kann ihm diese behilflich sein?
- Welche Lernformen kamen besonders gut an und unterstützten den Praxistransfer auf besonders gute Weise?
- Welche Erwartungen wurden besonders gut, welche eher oder gar nicht erfüllt?
- Sieht der Teilnehmende Hindernisse und Schwierigkeiten beim Umsetzen des Gelernten? Was könnte getan werden?
- Was kann bei einer Folgeveranstaltungen verbessert werden, um den Transfer in die Praxis zu erhöhen?

Signalisieren Sie Interesse und Anerkennung und bieten Sie Unterstützung an. Seien Sie offen für Änderungsvorschläge. Die Mitarbeitenden haben nicht nur Lernerwartungen an sich selbst, sondern auch Erwartungen hinsichtlich verbesserter Strukturen, Abläufe und Zusammenarbeit innerhalb der Firma oder ihres Arbeitsbereiches. Diese aufzugreifen, zeichnet eine lernende Organisation mit flexiblen Führungskräften aus.

Schulungsarten und Schulungsorte

In der Praxis stellt sich oft die Frage, ob ein Kurs oder ein Seminar intern oder extern abgehalten werden soll. Darüber hinaus gibt es vier Möglichkeiten:

Vier grundsätzliche Schulungsorte und -arten

Extern mit Schulungsanbieter
Damit ist der Besuch von Mitarbeitern bei Anbietern von betrieblicher Aus- und Weiterbildung gemeint. Dies können private Anbieter im Coaching- oder Seminarbereich sein, von Branchen- oder Berufsverbänden, Angebote von Hochschulen und Fachschulen, Ausbildungsberater und Trainer oder Clubs und Vereinigungen von Funktionen mit Weiterbildungs- und Workshopangeboten.

Externe Schulungsberater
Dies sind Berater, welche die gesamte Aus- und Weiterbildung im Betrieb betreuen, koordinieren und leiten. Sie können bei einzelnen Schritten wie der Evaluation von Trainern oder Lernmethoden auch beratend zur Seite stehen. Externe Schulungs- und Weiterbildungsberater arbeiten oft auch mit internen und externen Schulungsleitern und Anbieter zusammen.

Interne Schulung mit externem Ausbilder
Eine kostengünstige und oft gewählte Methode in der vertrauten Betriebsumgebung. Hier wird die Schulung auf Abteilungs- oder Funktionsebenen oder für bestimmte Mitarbeitergruppen intern abgehalten, für das Training oder Referat aber ein externer Fachmann beigezogen. Es sind auch Kombinationen denkbar, bei denen in didaktischer Hinsicht ein externer Trainer beigezogen wird, das Fachwissen aber von einer internen Fachkraft vermittelt wird.

Interne Schulung mit internem Personal
Auch diese Form der Kombination von Orten und Beteiligungen ist denkbar, wenn internes Fachwissen von internen Fachleuten im Vordergrund steht, und es also um eine reine Wissensvermittlung, einen Erfahrungsaustausch oder eine Demonstration neuer Anwendungsmethoden geht. So sind Schulungen eines Verkaufs- oder Marketingleiters für das Call Center oder Produktschulungen eines Forschungs- oder Produktionsleiters für andere Abteilungen und Ressorts eine denkbare Organisation.

Umsetzung und Organisation

Vorteile und Nachteile interner und externer Veranstaltungen
Der Entscheid hängt von einer Reihe von Faktoren ab. Es sind dies Budgets und Kosten, Anzahl Teilnehmer, Lernziele und Lernformen sowie Art des zu vermittelnden Wissens.

Die Vorteile einer externen Schulung sind die Distanz zum Betriebsalltag, die Abwechslung der neuen Umgebung sowie der externe, eventuell neue Blickwinkel und die damit verbundene Unvoreingenommenheit. Nachteile können aber die fehlende Praxisnähe und die wenig individuelle Ausrichtung sein.

Interne Kurse	sind dann empfehlenswert, wenn viele Mitarbeiter in gleichen Bereichen oder aus gleichen Abteilungen zu einem sehr betriebsspezifischen Thema geschult werden, das keine besonderen didaktischen Kenntnisse erfordert.
Externe Kurse	sind der richtige Weg, wenn eine kleinere Gruppe von Personen in eher betriebsunabhängigen Bereichen wie Führungsfragen oder neue Technologien zu schulen ist, wobei beispielsweise didaktische Professionalität, neue Impulse und der eventuelle Erfahrungsaustausch mit Personen aus anderen Unternehmen, Branchen oder Funktionen wichtige Vorteile sein können.

Mitarbeitergespräche als PE-Instrument

Mitarbeitergespräche als Kerninstrument von PE-Massnahmen

Sie sind die tragende Säule der Mitarbeiterkommunikation in Unternehmen und ein zentrales Personalentwicklungsinstrument. Einerseits versorgen sie Mitarbeiter umfassend mit relevanten Informationen und geben ihnen damit auch Orientierung. Andererseits schaffen sie in einer Dialogfunktion auch Kontakte sowie Erfahrungs- und Meinungsaustausch. Mitarbeitergespräche fördern die Leistungen in einer partnerschaftlichen Kultur, in der Menschen mit ihren Stärken und Schwächen akzeptiert werden und gemeinsame Lösungen im Vordergrund stehen. Wie erfolgreich dieses Instrument eingesetzt wird, hängt wesentlich von der Einstellung unserer Führungskräfte und Mitarbeiter und deren Motivation ab.

Effektive und effiziente Kommunikation mit Mitarbeitern ist eines der wichtigsten Erfordernisse für erfolgreiche Führungsarbeit und verlangt besondere soziale Kompetenzen sowie Know-how in der Gesprächsführung. Sie ist die Grundlage und das Resultat erfolgreicher Personalentwicklung zugleich. Die gute Qualität dieser Gespräche macht einen Grossteil einer glaubwürdigen Personalentwicklung aus.

Führung und Zusammenarbeit werden im Wesentlichen durch das Gespräch zwischen dem Vorgesetzten und seinen Mitarbeitern geprägt. Eigentlich also eine Selbstverständlichkeit, die man nicht hervorheben muss, schliesslich spricht man täglich miteinander. Aber die Erfahrung zeigt, dass Vorgesetzte und Mitarbeiter viel zu selten über die wichtigen Dinge sprechen. In Zielrichtung und Inhalt geht das Mitarbeitergespräch über den Rahmen alltäglicher Mitarbeiterbesprechungen und Dienstbesprechungen hinaus. Mindestens fünf wichtige Aspekte eines systematischen Mitarbeitergesprächs sollen beachtet werden:

Bedeutung von Zusammenarbeit und Team

Das Mitarbeitergespräch sollte die Gelegenheit bieten, auch die zwischenmenschliche Seite, d.h. die persönliche Seite der Zusammenarbeit zwischen Mitarbeiter und Vorgesetzen zu erörtern. Denn häufig hinterlassen gerade konfliktreiche Situationen Schäden, welche die Zusammenarbeit erheblich belasten können. Im Idealfall sollte das Gespräch deshalb Missverständnisse, Konflikte und wechselseitige Erwartungen aufzeigen sowie das Konfliktpotential bewusst machen und klären.

Erörterung von Aufgaben und Arbeitsumfeld

Gegenstand des Gesprächs ist der Austausch über unterschiedliche Anforderungen und Erwartungen, die mit einer Aufgabenstellung sowie mit Abteilungs- und Unternehmenszielsetzungen verbunden sind. Gleichzeitig sollte es den Gesprächsteilnehmern die Möglichkeit bieten, die Aufgaben und Arbeitsergebnisse zu reflektieren, mögliche Stärken und Schwächen zu benennen, Vorstellungen über die Aufgabenwahrnehmung zu äussern, Arbeitsschwerpunkte festzulegen und allenfalls fehlende Mittel wie Know-how, technische Fertigkeiten oder bestimmte Arbeitshilfsmittel zu nennen.

Entwicklungsperspektiven der Mitarbeiter

Um Mitarbeiter gezielt fördern zu können, müssen Vorgesetzte die konkreten Bedürfnisse, Erwartungen und Interessen ihrer Mitarbeiter kennen, kontinuierlich eruieren und neu definieren. Im Mitarbeiter-Vorgesetzten-Gespräch erörtern die Gesprächsbeteiligten daher gemeinsam die Entwicklungswünsche und Entwicklungsperspektiven des Mitarbeiters. Ziel des Gespräches ist es, die beruflichen Interessen und Veränderungswünsche im Einklang mit den Unternehmenszielen zu klären. Als Ergebnis sollten konkrete Förder- und Entwicklungsmassnahmen realisiert werden.

Das Beurteilungs- oder Qualifikationsgespräch

Als moderne Variante der Personalbeurteilung wird das Mitarbeitergespräch Instrument der Führungstechnik. Das Gespräch zwischen dem beurteilenden Vorgesetzten und dem beurteilten Mitarbeiter sollte die Beratung und Förderung des Beschäftigten und die Steigerung seiner Motivation in den Mittelpunkt stellen. Schwerpunkte des Beurteilungsgesprächs enthalten Aussagen über die Entwicklungsmöglichkeiten der Beurteilten. Ein wichtiger Baustein der Personalentwicklung ist die in die Zukunft weisende Bewertung derjenigen Eigenschaften der Beurteilten, die für ihre weiteren Arbeitsaufgaben und für ihre berufliche Förderung und Entwicklung von Bedeutung sind und der Erhaltung und dem Ausbau der Kernkompetenzen des Unternehmens dienen.

Anlässe für Mitarbeitergespräche

Jedes berufliche oder persönliche Problem oder Anliegen kann ein Mitarbeitergespräch erfordern, welches nicht Gegenstand einer Reglementierung sein soll und darf. Gemäss Je nach Führungsphilosophie und Unternehmenskultur sind es aber die folgenden Arten und Themen von Mitarbeitergesprächen, die fester Bestandteil der Unternehmenskommunikation sind und denen besondere Bedeutung beigemessen werden soll:

- Leistungsbeurteilung
- Förderung und Beförderung
- Zielvereinbarung und Qualifikation
- Aus- und Weiterbildung
- Laufbahn und Karriere

Organisation, Zeitpunkt und Dauer

Mitarbeitergespräche sollten mehrere Male, mindestens vier bis fünf Mal pro Jahr, jeweils aber auch nach individuellem und situativem Bedarf stattfinden. Offizielle Jahres-Mitarbeitergespräche werden in unserem Unternehmen jeweils Ende <Monat> durchgeführt und von der Personalabteilung in Zusammenarbeit mit den Abteilungsleitern organisiert und betreut. Die Personalabteilung wird mittels Fragebogen und Gesprächsbericht vom Linienvorgesetzten informiert.

Struktur und Leitfaden eines Personalentwicklungsgespräches

Im Jahresrückblick

spricht man über erzielte Erfolge, Massnahmen zurückliegender PE-Massnahmen und damit gemachte Erfahrungen. Die daraus resultierenden Erkenntnisse sollten natürlich als Korrektur- und Optimierungsmöglichkeiten in kommende Aktivitäten einfliessen.

Die Standortbestimmung

Damit wird anhand bestimmter Kriterien eine Momentaufnahme gewonnen, bei der zum Beispiel Aufgaben, Anforderungen, Defizite, Ziele und insbesondere auch die Erwartungen und Bedürfnisse der Mitarbeitenden zur Sprache kommen.

Mögliche Entwicklungsziele

Beförderung, Übernahme neuer Aufgaben, neue Arbeitshilfsmittel, Versetzungen, Jobenrichments, die Anwendung neuer Technologien sind einige Beispiele für einen nächsten Schritt. Hier ist die Unternehmens-, Abteilungs- und Mitarbeitersicht zu berücksichtigen.

Personalentwicklungsmassnahmen

für das folgende Jahr kommen dann die Zeitbeanspruchung, Kosten, Lernmethoden und mehr zur Sprache. Dazu gehören auch Informationen zum Personalentwicklungsangebot des Unternehmens.

Die Erfolgskontrolle

bildet einen letzten möglichen Block. Hier werden die quantitativen und qualitativen Kriterien genannt, um den Fortschritt und den Erfolg der PR-Massnahmen messen zu können.

Beurteilungsbogen für PE-Massnahmen		
Datum:	Stellenbezeichnung:	
Name MitarbeiterIn:		
Abteilung:	Eintritt am:	Vorgesetzter:
Telefon intern:	E-Mail:	
Beurteilungsanlass und Name Beurteiler:		
Jahresrückblick		
Standortbestimmung		
Defizite und Stärken		
Entwicklungsziele		
PE-Massnahmen		
Erfolgskontrolle		

Es wurden besprochen				
☐	Mobilität			
☐	Kosten			
☐	Zeitkapazitäten			
☐	Lernziele			
☐	Erfolgskontrolle			

Formular Entwicklungsgespräch		
Entwicklungsgespräch am:_____ Name:_____ Vorname:_____ Funktion:_____ Abteilung:_____ Gesprächsanlass: _____ o Jahresgespräch o Wunsch des Mitarbeiters o Wunsch des Vorgesetzten o Arbeitsplatzwechsel Letztes PE-Gespräch am:_____ Der Mitarbeiter hat den Gesprächsleitfaden und den Dokumentationsbogen mindestens 2 Tage vor dem Gespräch zur Vorbereitung erhalten. *Erklärung des Mitarbeiters* Ich habe das Protokoll zur Kenntnis genommen und bin inhaltlich einverstanden. Bemerkungen: Nächster Gesprächstermin:		
Mitarbeiter	Vorgesetzter	Z.K.: nächsthöherer Vorgesetzter
Datum/Unterschrift	Datum/Unterschrift	Datum/Unterschrift

Hauptaufgaben

Zusammenfassung der wichtigsten Hauptaufgaben, Zusatzaufgaben und individuellen Vollmachten:

Zielerreichung seit dem letzten Gespräch

Was waren die vereinbarten Ziele?
Welche Ziele wurden erreicht?
Welche Ziele wurden nicht erreicht?

Rückmeldung zu den Erfolgskriterien

I: Arbeitsqualität und Arbeitsquantität
1. Genauigkeit
2. Ausgeführte Mengen
3. Sprachqualität, usw.

II: Arbeitsverhalten
4. Zusammenarbeit mit Vorgesetzten, Kollegen, Mitarbeitern
5. Informationsverhalten gegenüber Vorgesetzten, Mitarbeitern
6. Verhalten bei Konflikten
7. Kundenorientierung
8. Belastbarkeit
9. Verhalten bei Neuerungen
10. Problemlösungsverhalten, Entscheidungen
11. Selbstorganisation
12. Initiative, Engagement, Leistungswille

III: Führungsverhalten (zusätzlich bei Führungskräften)
1. Führen durch Zielvereinbarung
2. Delegation
3. Rückmeldung und Motivation der Mitarbeiter
4. Mitarbeiterförderung
5. Teamgestaltung
6. Planung und Organisation

Rückmeldung des Mitarbeiters

1. Was finden Sie gut, was stört Sie an Ihrer Arbeit?
2. Wie sehen Sie die Zusammenarbeit mit Ihrem Vorgesetzten?
3. Welche Aufgaben erledigen Sie besonders gern?
4. Mit welchen Aufgaben haben Sie eher Mühe?
5. Welches sind Ihre hilfreichsten Stärken und welches die Defizite?
6. In welchen Bereichen würde welche Unterstützung besonders helfen?

Entwicklungsvereinbarungen

1. *Ziele und Wünsche des Mitarbeiters*
   um die persönliche Leistungsfähigkeit zu steigern/zu erhalten
   zur Zusammenarbeit
   zu Teamgeist und Arbeitsklima
   zur Verbesserung der Kommunikation
   zur Effizienz und Produktivitätssteigerung
   zu sonstigen Änderungen im Arbeitsumfeld

2. *Zielsetzung der Führungskraft*
   für das Unternehmen
   für die Organisationseinheit
   für den Mitarbeiter

3. *Empfehlungen der Führungskraft*
   um die Leistungsfähigkeit des Mitarbeiters zu steigern/zu erhalten
   zur Zusammenarbeit
   zu sonstigen Änderungen im Arbeitsumfeld

4. *Massnahmenvereinbarung*
   (z.B.: Aufgabenänderung, Entwicklungsvereinbarung, Seminare, Mitarbeit in Projekten)

5. *Fähigkeiten/Fertigkeiten*, die nicht/zu wenig zum Einsatz kommen:

Generelle Bemerkungen

Fähigkeiten und Fertigkeiten und ihre Definition		
	Definition	**Stellungnahmen**
Offenes Denken	Ist aufgeschlossen gegenüber neuen Ideen und Ansätzen, stellt überkommene Denkweisen in Frage und "sieht über den Tellerrand"	
Initiative zeigen	Sucht neue Möglichkeiten, greift neue Ideen auf und implementiert sie; nimmt Probleme frühzeitig auf, findet Wege, sie zu klären und zu lösen.	
Einfühlungsvermögen	Nimmt sich Zeit, Menschen, ihren Standpunkt, ihre Belange und Bedürfnisse zu verstehen und darauf einzugehen. Weiss, wie man motiviert.	
Einfluss durch Persönlichkeit	Bedenkt die Wirkung seines Handelns auf andere, baut eine Atmosphäre von gegenseitiger Achtung und Vertrauen auf. Stellt sein Verhalten auf die jeweilige Situation ein.	
Selbstvertrauen	Ist sich seiner Fähigkeiten bewusst, geht Herausforderungen offen an und übernimmt Verantwortung für Erfolg oder Misserfolg. Ist bereit, die eigene Rolle und das eigene Verhalten in Frage zu stellen.	

Wichtige Kommunikations- und Verhaltensregeln

Unbesehen von Gesprächsthemen und Gesprächanlässen gibt es einige sehr wichtige Kommunikations- und Verhaltensregeln, die bei Mitarbeitergesprächen vor allem auch im Bereich der Personalentwicklung von grosser Bedeutung sind.

Anerkennung schafft die beste Grundlage

Sprechen Sie – am besten zu Beginn eines Gespräches – positive Punkte oder, wenn angebracht, Anerkennung aus – dies schafft eine gute Gesprächsatmosphäre. "Herr XY, ich kenne und schätze Sie als sehr zuverlässigen und pflichtbewussten Mitarbeiter. Dies haben Sie zum Beispiel vor einem Monat bewiesen, als Sie... Heute muss ich allerdings folgendes Problem mit Ihnen besprechen..."

Feedback geben – das Mittel der Profis

Geben Sie zwischendurch und am Schluss eines Gespräches immer eine Zusammenfassung, die auch Aussagen und Meinungen des Mitarbeiters enthält und holen Sie sich dann Feedback vom Gesprächspartner ein, ob Sie ihn richtig verstanden haben, er dies ebenfalls so beurteilt und für ihn Wichtiges nicht fehlt.

Sicherstellen, dass Sie verstanden werden

Versichern Sie sich zwischendurch immer wieder, ob der Mitarbeiter Sie versteht und Ihnen folgt. Fragen wie "Sehen Sie das ähnlich?" oder "Können Sie mir ein Beispiel dafür nennen?" signalisieren dies.

Erwartetes Verhalten oder Ziel klar kommunizieren

Ziele und erwartete Verhaltensweisen sollten klar kommuniziert werden, und zwar zum Beispiel bei Fehlverhalten mit dem konkreten, erwünschten Verhalten oder bei einer mangelhaften Leistung neue, erwartete quantitative und qualitative Zielsetzungen.

Konzentration auf das Thema und den Gesprächsanlass

Es besteht in jedem Gespräch die Gefahr des Abschweifens. Man holt zu weit aus, spricht plötzlich über Gott und die Welt, verliert sich in Details oder man greift auf Ereignisse zurück, die ein halbes Jahrhundert zurückliegen. Die disziplinierte Konzentration auf das Wesentliche, auf das Gesprächsthema und den –anlass ist wichtig. Konzentration spart Zeit und Energie, reduziert die Gefahr des sich Verzettelns und bietet Gewähr, das Gesprächsziel und die Problemlösung im Auge zu behalten.

Aufmerksamkeit und Konzentration fördern

Nur wenn Mitarbeiter am Gespräch teilnehmen, zuhören und sich konzentrieren, kann es erfolgreich verlaufen. Folgende Techniken helfen dabei:

- *Sprechweise variieren* (schnell, langsam, laut, leise, betonen usw.)
- Mit *Beispielen* veranschaulichen
- *Fragen* zum Verständnis stellen
- *Mitabeiternutzen* aufzeigen (Das hat für Sie den grossen Vorteil, dass...)
- *Pausen* einlegen, um das Verständnis zu fördern
- *Visualisierung*, z.B. auf einem Stück Papier oder auf Flipchart
- *Strukturierung* von Inhalten und Aussagen (also erstens, zweitens, drittens oder: Wir haben drei Problemkreise, die es zu lösen gilt...)
- *Klar und einfach formulierte Wiederholungen* von Wichtigem
- Massnahmen und Vereinbarungen in einer *Zusammenfassung* verankern

Mehr Klarheit und aktive Gesprächsführung

Folgende erprobten Gesprächstechniken verhelfen zu mehr Klarheit und einer aktiven und führenden Rolle in der Gesprächsführung:

- *Verstärkung* von beidseitig Gesagtem
- *Zusammenfassung* wichtiger Erkenntnisse oder Massnahmen
- *Interpretation* von Aussagen zur Sicherstellung des richtigen Verständnisses von Aussagen
- *Konkretisieren* von bestimmten Sachverhalten
- *Sprechpausen* zur Hervorhebung wichtiger kommender Aussagen
- *Schrittweises* Aufzeigen von Vorgehensweisen
- *Fragen,* die führen, steuern und gegenseitige Klarheit schaffen

Mit Fragen führt man ein Gespräch

Führen Sie ein Gespräch mit Fragen, welche den Mitarbeiter aktivieren und ihn einbeziehen. Mit Fragen kann man ein Gespräch aktiv steuern und einen Dialog - auch für das gezielte Gewinnen von Informationen - führen. Zudem kann man so zurückhaltende Mitarbeiter aus der Reserve locken und Hemmungen abbauen. Fragen Sie nach der Meinung, Einschätzung und der persönlichen Sicht der Dinge. So findet ein partnerschaftlicher Dialog statt, bei dem Entscheidungen vom Mitarbeiter auch eher mitgetragen werden, da er aktiv eingebunden wird. Zum Beispiel: "Herr Y, so beurteile ich die Situation. Wie aber sehen Sie das – Ihre Meinung ist mir ebenso wichtig!"

Klärende Fragen zur Informationsgewinnung stellen
Fragen helfen, Sichtweisen des Gesprächspartners zu verstehen oder Veränderungen im Sachverhalt zu erkennen. Sie können auch sicherstellen, dass Aussagen im Sinne des Anderen interpretiert werden. Beispiele: Wie erklären Sie sich diese Vorfälle – Wo sehen Sie Möglichkeiten für mehr Initiative und aktive Einflussnahme? – Wann tritt dieses Problem auf und wann nicht? – In welchen Situationen verletzt Sie denn das für Sie beleidigende Verhalten Ihres Vorgesetzten besonders stark?

Präzise Informationen bekommen
Gespräche führen oft nicht weiter oder führen zu Missverständnissen, wegen schwammigen, ungenauen und unspezifischen Informationen. Deshalb sollte bei unklaren und zu pauschalen Äusserungen nachgehakt werden. Beispiele: "Was verstehen Sie unter fehlendem Respekt?" Oder: "In welchen Situationen haben Sie Anerkennung besonders vermisst?" Oder: "Was führt Sie dazu anzunehmen, dass Ihr Vorgesetzter Ihre Leistungen nicht schätzt?".

Dialoge verbinden, Monologe trennen
Eine elementare Tatsache, und dennoch wird genau dieser Punkt oft missachtet – lange Vorträge und ermüdende und ausschweifende Reden können ein Gespräch zerstören. Das Resultat: Mitarbeiter steigen aus, können und wollen dem Gespräch nicht mehr folgen, fühlen sich nicht verstanden und nicht ernst genommen. Ein hervorragendes Mittel zur Sicherstellung eines Dialoges sind Fragen, die den Mitarbeiter immer wieder einbeziehen und sicherstellen, dass Gesagtes von beiden gleich verstanden wird.

Nach dem Wie und nicht nach dem Warum fragen
"Warum sind Ihr Leistungen in letzter Zeit dermassen schwach und ungenügend?". Eine solche Warum-Frage engt ein und manövriert einen Mitarbeiter in eine Verteidigungssituation. Konstruktiver und sachdienlicher sind im Allgemeinen - je nach Gesprächssituation, Problemstellung und Gesprächspartner - Wie-Fragen. "Wie können wir aus Ihrer Sicht gemeinsam Ihre Leistungen verbessern?".

Verallgemeinernde Bewertungen in Frage stellen
"Ich bin offensichtlich ein Mensch, mit dem man nicht auskommen kann". Bewertungen dieser Art können und müssen in einem Gespräch hinterfragt werden. Beispiel:

"Für wen ist dies denn offensichtlich?" oder "In welchen Situationen haben Sie denn dieses Gefühl?".

Glaubwürdige Gefühls- und Bedürfnisäusserung

Äussern Sie in Gesprächen direkt Ihre Gefühle und Bedürfnisse, was eine glaubwürdige Vertrauensbasis und konstruktive Gesprächsatmosphäre schafft. Erreicht werden kann dies vor allem mit folgenden Techniken und Einstellungen:

- Akzeptieren Sie Ihre eigenen Gefühle so, wie sie sind
- Drücken Sie Ihre Gefühle direkt aus
- Äussern Sie Ihre Gefühle Ich-bezogen
- Nennen Sie als konkrete Auslöser für Ihre Gefühle, z.B. bestimmte Situationen und Verhaltensweisen
- Vermeiden Sie Verallgemeinerungen
- Formulieren Sie Ihre Gefühle ohne Anklage oder Werturteil

Wie man Wünsche und Anliegen konkret äussern kann

Je nach Gesprächsziel und -thema können es auch Wünsche, Anliegen, Bitten sein, die zur Problemlösung oder Zielerreichung beitragen. Erreicht werden kann dies vor allem mit folgenden Techniken und Einstellungen:

- Teilen Sie Ihre Wünsche ausdrücklich mit, auch Dinge, die Ihnen unangenehm, aber sehr wichtig sind.
- Formulieren Sie Ihre Wünsche als Wünsche, nicht als Forderung, Kritik oder Drohung.
- Formulieren Sie Ihre Wünsche ganz konkret, unter Angabe quantitativer und situativer Bedingungen.
- Formulieren Sie Ihre Wünsche zukunftsbezogen.
- Verdeutlichen Sie Ihrem Partner, wie wichtig ein Wunsch für Sie ist.
- Erklären Sie Ihrem Partner, welche Gefühle und Hintergrundbedürfnisse mit Ihrem Wunsche zusammenhängen.

Aktives Zuhören – der Schlüssel zum Gesprächserfolg

Aktiv zuhören bedeutet, dass wir dem Sprechenden vermitteln, dass wir bei ihm und seinen Ausführungen sind: Wir wenden uns offen unserem Gesprächspartner zu (Körpersprache). Mit einem gelegentlichen "Ja" und einem Nicken bestätigen wir unserem Gegenüber, dass wir ihm noch folgen. Mit einer zusammenfassenden Zwischenfrage "Habe ich Sie richtig verstanden, dass ..." bekunden wir unser Interesse und sind gleichzeitig sicher, das Gesagte richtig verstanden zu haben. Der Eindruck des Interesses wird noch massiv vertieft, wenn wir uns Notizen zu den Erörterungen unseres Gesprächspartners machen.

Konkretes Verhalten beim aktiven Zuhören

Blickkontakt, Zwischenfragen, zugewandte Körperhaltung und Signale der Zustimmung sind die Kernelemente des aktiven Zuhörens. Dieses Gesprächsverhalten ist auch in der Praxis von Mitarbeitergesprächen deshalb so hilfreich und bedeutend, weil wir hierdurch einen persönlichen Kontakt herstellen können, die Gesprächsatmosphäre entspannen und bei verhärteten Standpunkten leichter eine emotionale Übereinstimmung erzielen können.

Konsequenzen des aktiven Zuhörens

Aktives Zuhören hat eine Reihe von wesentlichen Konsequenzen im Gesprächsverhalten und äussert sich in der Praxis von Mitarbeitergesprächen vor allem in folgenden Punkten:

- Das Interessante und Wichtige herausfinden
- Zurückhaltend bleiben und Ablenkungen widerstehen
- Sich auf den Gesprächspartner konzentrieren
- Diese Konzentration durch Körperhaltung ausdrücken
- Körper zuwenden, nicht reglos vor dem Gesprächspartner sitzen
- Eigene Meinung zurückhalten, Nachfragen bei Unklarheiten
- Und vor allem auch: Zuhören heisst nicht gutheissen
- Pausen aushalten, sie können ein Zeichen für Unklarheiten, Angst oder Ratlosigkeit sein
- Auf eigene Gefühle achten, zeigen, dass man zuhören will
- Die Gefühle des Partners erkennen und ansprechen
- Versuchen, das Positive am Partner zu erkennen und sich nicht zu sehr von negativen Dingen einnehmen lassen
- Kurzäusserungen zeigen Bestätigungen
- Geduld haben und nicht unterbrechen
- Hinter seiner Rolle den Menschen mit seinen Gefühlen und Bedürfnissen erkennen
- Den Partner durch freundliche Zuwendung entspannen
- Sich durch Vorwürfe und Kritik nicht nervös machen lassen
- Aufmerksam zwischen den Zeilen hören und sich in die Situation des Partners versetzen
- Dies verbal und nonverbal zeigen und signalisieren

Mitarbeiter aus der Reserve locken
Je nach Typ des Gesprächspartners und des Gesprächsthemas kann ein Gespräch sehr mühsam verlaufen, wenn Mitarbeiter sich kaum äussern. Verschiedene Fragen können weiterhelfen, wie z.B. "Was meinen Sie würde passieren, wenn Sie diese Entscheidung trotzdem fällen würden?". Oder: "Denken Sie mal an die Besprechungen der letzten Monate zurück – in welchen Situationen haben Sie sich besonders unwohl gefühlt?", "Können Sie mir ein Beispiel nennen?", Das verstehe ich nicht ganz, erklären Sie es mir bitte näher?".

Ängste und Befürchtungen nehmen
Gerade bei Kritikgesprächen können unbegründete Ängste ein Gespräch bzw. einen Mitarbeiter blockieren. Hier können Fragen wie "Was würde denn passieren, wenn Sie es dennoch täten" oder "Was geschähe, wenn Sie es dennoch versuchen würden?". Zudem ist die Versicherung, dass ein Gespräch garantiert vertraulich ist und diskret behandelt wird, oft hilfreich.

Gewisse Sachverhalte visualisieren
Übermitteln Sie zentral wichtige Sachverhalte zwischendurch mit Skizzen auf einem Blatt Papier. Dies kann ein Gespräch auflockern und komplexe Zusammenhänge vereinfachen. Es dient visuell orientierten Mitarbeitern oft auch zu einem besseren Verständnis.

Ist Ihr Gesprächspartner visuell orientiert?
Dann versuchen Sie z.B. in Bildern oder mit bildhaften Vergleichen zu formulieren und solche Begriffe zu verwenden. ("Ich sehe, dass Sie..." – "Ich kann mir gut vorstellen, dass..."). Es gibt aber auch auditiv veranlagte Menschen. Dann sind Formulierungen wie "Das klingt gut" oder "Ich kann heraushören, dass Sie die Situation sehr ähnlich beurteilen" geeignet. Kinästhetisch orientierte Personen sprechen auf Begriffe gut an wie "Ich habe ein gutes Gefühl dabei" oder "Das fühlt sich grossartig an".

Die Ich-Haltung mit Emotionen bewirkt mehr
Man weiss aus der Gesprächspsychologie, dass diese Art der Formulierung eine starke Wirkung hat, indem man in der Ich-Form aus der selber erlebten Gefühlssituation heraus kommuniziert. Erklären Sie klar und deutlich, was Sie stört. Mit Ich-Botschaften fühlt sich der Mitarbeiter nicht angegriffen und ist offener für eine Lösung. Ein Beispiel: "Ich habe seit einigen Wochen ein sehr ungutes Gefühl, dass Sie sich bei uns unwohl fühlen. Diese Beobachtung beschäftigt mich und ich möchte dafür die Gründe herausfinden".

Finden Sie einen positiven Gesprächsabschluss
Geben Sie Ihrer Überzeugung Ausdruck, dass dieses Gespräch das Problem lösen wird. Oder dass Sie den Eindruck haben, dass die Situation nun offen besprochen und sehr gute Massnahmen getroffen wurden.

Gesprächsabschluss: Messbare, konkrete Vereinbarungen
Beenden Sie ein Gespräch immer mit konkreten Zielen, Massnahmen-Vereinbarungen, Terminen und bieten Sie konkrete Hilfestellungen an. "Wir müssen dieses Problem gemeinsam lösen – ich möchte Ihnen dabei auch helfen. Wo oder wie könnte ich Sie dabei am besten unterstützen?". Es kann vorteilhaft sein, direkte Vorgesetzte, Personalfachleute, Abteilungskollegen, Moderatoren usw. miteinzubeziehen oder dies in der Schlussphase bei der Massnahmenabklärung zu tun.

Der Gesprächsabschluss bleibt haften
Formulieren Sie auf jeden Fall eine Inhaltszusammenfassung des Gespräches und sprechen Sie getroffene Vereinbarungen noch einmal ausdrücklich an! Legen Sie - je nach Art des Gespräches - eventuell einen neuen Termin fest, an dem Sie besprechen, inwieweit die Vereinbarungen realisiert werden konnten. Dies dient der Erfolgskontrolle. Bedanken Sie sich bei dem Mitarbeiter für das Gespräch!

Abmachungen schriftlich festhalten
Ein Kurz- oder Beschlussprotokoll – das auch vom Mitarbeiter geschrieben werden kann -, fasst Wichtiges zusammen, symbolisiert die Bedeutung, hat grösseren Verpflichtungscharakter und kann je nach Anlass auch später ein wichtiger Beleg sein.

Vor dem Gespräch Einverständnis einholen
Bei sehr heiklen und emotional geladenen Gesprächen kann es ratsam sein, vor dem stattfindenden Gespräch ein bis zwei Tage vorher das Einverständnis des Gesprächspartners einzuholen. Eine solche Frage kann lauten: "Es ist für mich sehr wichtig, dieses Thema heute mit Ihnen in aller Offenheit zu besprechen. Ist das für Sie in Ordnung?".

Sich auf den Gesprächspartner einstellen
Man weiss aus der Kommunikationspsychologie, dass das Einstellen auf die Verhaltensweisen des Gesprächspartners unbewusst Vertrauen und Harmonie bewirken. Dazu gehört die Körperhaltung, die Gestik, die Wortwahl, die Sprechweise, aber auch das Niveau und die Sichtweise.

Die Gestik und Mimik sagen oft die Wahrheit
Die Gestik - also der Einsatz von Armen und Händen - kann Ihre Aussagen unterstreichen oder ihnen widersprechen. Unser aller Inte-

resse ist es, auf unsere Umgebung einen Eindruck ohne innere Widersprüche zu machen. Um dieses Ziel zu erreichen, finden Sie hier einige praktische Regeln zur Körperhaltung: Natürliche Gesten werden mit Einsatz von Armen und Händen gemacht. Beispiele: Höhe der Hände: Sind Ihre Hände auf Brusthöhe oder höher, so ist die Aussage positiv. Stehen Handflächen während Ausführungen senkrecht, so ergibt das ein neutrales Bild. Mit Handflächen, die nach oben zeigen, übermitteln Sie Ihrem Gesprächspartner ein positives Bild.

Einbezug und Äusserungen der Körpersprache
Beachten Sie stets die Übereinstimmung von Verhalten und dem Gesagten Sie können wichtige Widersprüche feststellen, die Sie warnen oder auf versteckte Unstimmigkeiten hinweisen. Dazu ein Beispiel aus der Gesprächspraxis: Jemand erzählt Ihnen von seinen ausgezeichneten Führungsqualitäten und seiner Durchsetzungsstärke. Sie erkennen aber mehrere Anzeichen von mangelndem Selbstbewusstsein und Unsicherheit im Verhalten (z.B. allgemeine Nervosität, wenig Blickkontakt, fluchtbereites Sitzen auf der äussersten Sitzkante des Stuhles, Verstecken der Hände u.v.m.).

Gute Gesprächsführer sind gute Zuhörer und Beobachter
Dies ist eine immer wieder bestätigte Tatsache aus der Gesprächspraxis, wobei die Beobachtung auf der verbalen und nonverbalen Ebene abläuft. Achten Sie auf jedes Detail, auf Verhaltensweisen, auf Gesten, auf Reaktionen, die mehr verraten können, als die schönsten Absichtserklärungen. Es sind dies unter anderem:

- Körperhaltung
- Händedruck und Zugewandtheit
- Redewendungen und Art der Beispiele
- Selbstvertrauen, Auftreten, Sicherheit
- Wortwahl (die Wortwahl spiegelt vielfach die innere Welt und Einstellung wider)

Welches sind die Grundmotivatoren?
Menschen lassen sich von unterschiedlichen Prinzipien, Glaubenssätzen und Lebenszielen leiten. Es kann wichtig und sehr hilfreich sein, solche Grundhaltungen in einem Gespräch zu (er)kennen. Es können sein: Erfolg, Anerkennung, Materielles, Ehrlichkeit, Zuwendung, Beständigkeit usw. . Fragen wie "Was bedeutet das denn für Sie?" oder "Was gibt Ihnen denn diese Gewissheit?". Antworten können dann sein: "In meiner Arbeit respektiert zu werden und Erfolg zu haben, bedeutet mir eben sehr viel". Damit wird der Glaubenssatz klar, dass Erfolg und Respekt bei einem Mitarbeiter mit einer solchen Aussage eine ganz zentrale und wichtige Rolle spielen.

Wohlwollen statt Bestrafung und Abrechnung

Feedback wird instinktiv nur dann angenommen, wenn der andere eine wohlwollende Gesinnung dahinter spürt. Jeder Versuch, den anderen mit einem Feedback kleiner zu machen oder zu bestrafen - gleich ob bewusst oder unbewusst -, macht aus der Beurteilung eine feindselige Handlung. Feedback verdient diese Bezeichnung nur dann, wenn es dazu da ist, den anderen grösser zu machen. Voraussetzung ist, dass die persönliche Beziehung frei von "offenen Rechnungen" ist.

Die wichtigsten Grundregeln zu Feedback

Feedback hat zum Ziel, dass sich die Beteiligten ihrer Verhaltensweisen bewusst werden, einschätzen lernen, wie ihr Verhalten auf andere wirkt, sehen, was sie bei anderen auslösen. Feedback ist nur dann gut, wenn es hilfreich ist und der Klarheit und dem gegenseitigen Verstehen dient. Deshalb sollte es folgende Eigenschaften aufweisen: *beschreibend* – nicht bewertend oder interpretierend, *konkret* – nicht verallgemeinernd, nicht pauschal, *realistisch* – nicht utopisch, *unmittelbar* – nicht verspätet, *erwünscht* – nicht aufgedrängt.

Mut zu einer Verschiebung des Gespräches aufbringen

Es gibt Situationen, in denen man einfach nicht weiterkommt, die Stimmung eines Gesprächspartners dermassen schlecht oder aggressiv ist oder man aus einer Sackgasse einfach nicht mehr rauskommt. Dann sollte man den Mut aufbringen, ein solches Gespräch zu verschieben: "Wir kommen offensichtlich nicht mehr weiter. Ich halte es für besser, unser Gespräch ein anderes Mal unter besseren Voraussetzungen fortzusetzen".

Selbstreflexion bei Kommunikationsproblemen

Es gibt Situationen, Menschen, Themen, Anlässe und Äusserungen, die ohne bewusstes Wahrnehmen Sand ins Getriebe eines Gespräches bringen oder ein starkes Unwohlsein hervorrufen können. Bewusstes Wahrnehmen kann helfen, die Ursachen aufzuspüren. Dabei können folgende Fragen eine Hilfe sein: "Wie gelingt es dieser Mitarbeiterin nur, mich jedes Mal dermassen in die Enge treiben zu können?" – "Warum beziehe ich seine Aussagen jedes Mal dermassen persönlich auf mich?" – "Was könnte ihn zu dieser provozierenden und beleidigenden Aussage gebracht haben?" Oder: "Wie steht es um meine Beziehung zu dieser Mitarbeiterin allgemein, gibt es da Befürchtungen oder Erwartungen, die ich verdränge?".

Die eigene Haltung kritisch hinterfragen

Die - vielfach unbewussten - Einstellungen des Vorgesetzten zum Mitarbeiter (Sympathie, Antipathie, bisherige Erfahrungen und Eindrücke, Vorurteile usw.) prägen das Gespräch und können den wichtigen Grundsatz der Unvoreingenommenheit und Objektivität gefährden. Sie sind möglichst ins Bewusstsein zu rufen und kritisch zu hinterfragen. Eine unvoreingenommene, offene Haltung bildet die beste Gesprächsbasis und Ebene für eine faire Problemlösung.

Zeichen für eine konstruktive Kommunikation
Aus Untersuchungen und Experimenten weiss man, dass vor allem folgende Signale für eine gute Gesprächs- und Vertrauensbasis sprechen:

- Offenes Ansprechen von Gefühlen
- Gegenseitiges Akzeptieren von Kritik
- Beidseitige Übernahme von Verantwortung für das Gespräch
- Pausen und Bedenkzeiten
- ein lockerer und entspannter Umgang
- Probleme und Konflikte werden direkt angesprochen
- Meinungen werden offen und unumwunden vertreten und geäussert

Interesse zeigen - und so motivieren
Immer wieder werden Ergebnisse von Studien und Umfragen zum Thema Motivation der Mitarbeiter publiziert: Zu wissen und zu erleben, dass man wichtig für das Unternehmen ist, dass man gefördert und gefordert wird und eben nicht jederzeit durch irgendjemanden ersetzbar ist, ist wohl der Faktor, der Mitarbeiter am stärksten zu motivieren vermag. Natürlich gibt es zahlreiche Möglichkeiten, mit denen Mitarbeitern gezeigt werden kann, dass Sie sie wahrnehmen und wertschätzen - und Sie sollten auch möglichst viele davon nutzen. Formelle Mitarbeitergespräche sind, wenn sie gut und konstruktiv ablaufen, eine einzigartige Gelegenheit, denn sie beweisen, wie wichtig sie Ihnen sind und wie ernst Sie Ihre Führungsaufgabe nehmen. Das kann sehr motivieren und aufbauen!

Interesse und Respekt bezeugen
Dies ist eine der wichtigsten Voraussetzungen überhaupt. Erreicht wird dies, indem man sich mit den Argumenten des Gesprächspartners auseinandersetzt, sich für die Anliegen Zeit nimmt und ihn spüren lässt, dass man seine Anliegen ernst nimmt, vor allem auch dann, wenn Gefühle zum Ausdruck kommen und die menschliche Würde betroffen ist.

Eine Brücke des Verstehens bauen
Formelle Mitarbeitergespräche sind sehr effektive Gelegenheiten, um eine Brücke zwischen Ihnen und Ihren Mitarbeitern zu bauen und zu erhalten. Sie können sie nutzen, um offen zu kommunizieren und sich auszutauschen, klare Vereinbarungen zu treffen und gemeinsam Ziele festzulegen. Es wäre schade, wenn Sie sie nicht voll nutzen - und sich

selbst durch negative Gedanken (mögliche Antipathie, unliebsame Vorfälle, kürzlich stattgefundenes Konfliktgespräch, ungenügende Qualifikation vom letzten Jahr usw.) und Erwartungen blockieren würden.

Ihre Einstellung hat grossen Einfluss auf ein Gespräch
Eine wesentliche Rolle dafür, wie Ihre Mitarbeitergespräche ablaufen und wie viel sie beiden Seiten bringen, spielt Ihre Einstellung zum Thema Mitarbeitergespräche. Nur wenn Sie als Führungskraft von deren Nutzen überzeugt sind und sie als ein wesentliches Führungsinstrument interpretieren, werden Sie sie motiviert, zielorientiert und engagiert durchführen. Wie Sie selbst über Mitarbeitergespräche denken, was Sie sich davon versprechen und wie wichtig Sie sie nehmen, prägt nämlich ganz massgeblich und wird von Mitarbeitern oft intuitiv wahrgenommen.

Zum Beispiel: Wie Sie über Mitarbeitergespräche reden - wie Sie sie ankündigen – welche Bedeutung Sie ihnen selber und vor anderen geben - wie intensiv und gut Sie sich vorbereiten - wie gut und sinnvoll Sie sie einplanen und in den Arbeitsalltag integrieren - wie positiv und konstruktiv sie ablaufen.

Objektiv beschreiben statt persönlich zu bewerten
Damit Sie den Mitarbeiter erreichen, müssen Sie sein Verhalten und die Auswirkungen möglichst genau beschreiben. Je präziser und detaillierter Ihre Beschreibung ist, desto weniger ist der Partner auf Spekulationen angewiesen, und desto klarer wird sein Bild von dem fraglichen Verhalten und seinen Folgen. Ein Beispiel: Beschreiben Sie ein aufbrausendes und unbeherrschtes Verhalten am Telefon sachlich und anhand von Beispielen und Vorfällen. Die Auswirkungen dieses Verhaltens (Kundenverlust, Reklamationen, Auswirkungen auf Arbeitsklima) sollten ebenso sachlich beschrieben werden, eventuell mit Zahlen oder Originalzitaten von Kunden und Mitarbeitern.

Mitarbeiterbeurteilung

Bedeutung und Stellenwert der Mitarbeiterbeurteilung

Die Mitarbeiterbeurteilung gehört zu den wichtigsten Führungs- und Förderungsinstrumenten eines modernen und mitarbeiterorientierten Unternehmens. Mit der ganzheitlichen Beobachtung, Erfassung und Analyse von Leistungen, Eignungen, Talenten und Entwicklungspotentialen der Mitarbeiter werden Informationen bezüglich Mitarbeitereinsatz, Stärken und Schwächen, angemessener Massnahmen der Fort- und Weiterbildung, der Personalentwicklung sowie einer leistungsgerechten Vergütung gewonnen. Eine regelmässige und professionell durchgeführte Mitarbeiterbeurteilung dient auch dem Mitarbeiter als Standortbestimmung und Gewissheit, dass das Unternehmen an seinen Leistungen interessiert ist.

Methoden der Mitarbeiterbeurteilung

Grundsätzlich kann man zwischen drei Methoden der Beurteilung unterscheiden:

Die freie Beurteilung
keine inhaltlichen Vorgaben, individuelle Stärken/Schwächen,

Die Anwendung von Einstufungsverfahren
nach vorgegebene Merkmalen wie zum Beispiel Persönlichkeit, Verhalten, Leistung mit einer Skala-Gewichtung

Die zielorientierte Beurteilung
nach Aufgaben und Zielen und deren Grad der Erfüllung.

Phasen einer Mitarbeiterbeurteilung

Vom Prinzip her läuft eine Mitarbeiterbeurteilung in drei Phasen ab:

Phasen einer Mitarbeiterbeurteilung	
Beobachtung	Eine Daueraufgabe von Vorgesetzten im Arbeitsalltag zu Leistung und Verhalten. Erst eine mehrmalige, protokollierte und möglichst objektive messbare Beobachtung erfüllt ihren Zweck
Bewertung	Hier ist es wichtig, objektive und leistungsorientierte Bewertungskriterien anzuwenden, die vom Mitarbeitenden auch nachvollzogen werden können. Zudem ist die Eignungsfrage für konkrete Aufgaben und nicht ein pauschales Personenwerturteil wichtig.
Besprechung	Es werden Erfahrungen, Meinungen und Ergebnisse ausgetauscht. Zukunftsgerichtete Verbesserungsmassnahmen und nicht "Schulnoten-Vergabe" und Fehlertadel müssen dabei im Zentrum stehen.

Leistungs-, Potential- und Persönlichkeitsbeurteilung

Grundsätzlich kann man zwischen der Leistungs-, Potenzial- und Persönlichkeitsbeurteilung unterscheiden. Die Leistungsbeurteilung konzentriert sich auf die Ist-Leistung eines Mitarbeiters aufgrund der von ihm erbrachten Arbeitsleistung und deren Komponenten. Bei der Potentialbeurteilung stehen Fähigkeiten, Neigungen, Eignungen und Talente im Vordergrund. Sie ist zukunftsorientiert und hat zum Ziel, die Eignung für künftige Aufgaben und Positionen ausfindig zu machen. Bei der Persönlichkeitsbeurteilung geht es um Sozial- und Kommunikationskompetenzen, die zusehends an Bedeutung gewinnen. Allerdings wird die Persönlichkeit oft mittels Leistungs- oder Potentialbeurteilung betrachtet, da sie oft nur in deren Zusammenhang erkenn- und beurteilbar ist.

Ziel und Aufgabe der Mitarbeiterbeurteilung

Die Mitarbeiterbeurteilung bzw. -qualifikation ist ein zentrales Führungsinstrument. Anhand der Unternehmensziele werden die Ziele für die einzelnen Mitarbeiter/innen abgeleitet. Dabei werden die gesetzten Leistungsziele systematisch überprüft und deren Erreichung kontrolliert. Es wird ein Gesamtbild der Leistung und des Verhaltens erzeugt und nicht lediglich eine Momentaufnahme. Ausserdem werden gezielte Massnahmen hinsichtlich neuer Ziele, wie Weiterbildung und Nachwuchsplanung erarbeitet.

Ein aktueller Informationsstand über das Können, das Verhalten und die Leistung eines Mitarbeiters ist nur dann gewährleistet, wenn eine regelmässige Beurteilung vorgenommen wird. Diese darf jedoch nie ein einseitiges Vorgehen sein. Die Beurteilung ist heutzutage ein konstruktiver und zukunftsgerichteter Dialog zwischen dem Mitarbeiter und seinem Vorgesetzten. Lehrmeisterhaftes Verteilen von Schulnoten gehört der Vergangenheit an. Der Mitarbeiter soll die Beurteilung durch seinen Vorgesetzten kennen, seine eigene Einschätzung einbringen sowie Massnahmen und Konsequenzen, die aus der Beurteilung entstehen, mitbestimmen können. Oberste Ziele der Mitarbeiterbeurteilung sind die Steigerung der Produktivität und die Erhöhung der Motivation der einzelnen Mitarbeiter. Diese Ziele werden dann erreicht, wenn die Mitarbeiterbeurteilung systematisch und professionell vorgenommen wird.

Mögliche Themenfelder

- Persönliche Arbeitsbedingungen, Mitarbeiterzufriedenheit, Motivation, Identifikation
- Zusammenarbeit in und zwischen Organisationseinheiten
- Informations- und Kommunikationsprozesse
- Führung und Arbeitsorganisation

- Marktgeschehen und Kundenorientierung
- Unternehmensimage und Unternehmenskultur
- Fokussierte Befragungen zu Einzelthemen wie Vergütungssysteme, Weiterbildungsbedarf usw.
- Entwicklung und Innovation

Voraussetzungen für die Mitarbeiterbeurteilung
Damit die Mitarbeiterbeurteilung ihren Zweck erfüllen kann, müssen eine Reihe von Grundlagen vorhanden sein. Aufgrund einer Stellenanalyse werden die einzelnen Aufgaben sowie ein Anforderungsprofil für die Stellenbeschreibung ausgearbeitet. Diese Stellenbeschreibung dient einerseits als Grundlage für die Mitarbeiterauswahl und andererseits für die Festlegung von Stellen- und Mitarbeiterzielen. Erst wenn diese Punkte klar geregelt und mit dem Mitarbeiter besprochen worden sind, macht eine Mitarbeiterbeurteilung Sinn. Der wichtigste Teil besteht dabei in Festlegung und Vereinbarung der Beurteilungskriterien. Diese werden üblicherweise in folgende Gruppen unterteilt:

Kriterien für die Leistungsbewertung
Leistungsmenge (Quantität), Leistungsgüte (Qualität) sowie Führungserfolge bei Vorgesetzten. Besonderes Gewicht sollte jenen Faktoren zukommen, die der unternehmerischen Wertschöpfung dienen und im Bereich unternehmerischer Kernkompetenzen liegen.

Kriterien für die Verhaltensbewertung
Dies betrifft Verhalten im Arbeitsbereich, Einhaltung von Vorschriften, wirtschaftliches Verhalten und Selbständigkeit. Die Effizienz von Mitarbeiterbeurteilungen erhöht sich, je mehr sich die Beurteilung an beobachtbaren und messbaren Arbeitsverhalten und Ergebnissen orientiert. Damit wird auch vermieden, dass vermutete Persönlichkeitsmerkmale Einfluss haben oder sogar nur pauschal qualifiziert wird. Ziel soll es sein, eine möglichst differenzierte und wirklichkeitsnahe Beurteilung vorzunehmen.

Weitere Faktoren zur Mitarbeiterbeurteilung
Aufgrund von Erfahrungen und Beobachtungen mit Mitarbeiterbeurteilungen in der Praxis ist noch auf folgende wichtige Punkte hinzuweisen:

Wann erfolgt die Mitarbeiterbeurteilung?
Die Qualifikation erfolgt mindestens einmal jährlich. Empfehlenswert sind Standortbestimmungen pro Quartal oder Semester, welche die Zielerreichung und den Erfolg aller Beteiligten positiv beeinflussen.

Tagesgespräche

Durch die Mitarbeiterbeurteilung werden die Einzelgespräche (Kritik, Lob, Anerkennung) keineswegs ersetzt. Es ist für den Mitarbeiter sehr wichtig, permanent ein Feedback über seine Leistung zu erhalten.

Wer beurteilt?

In der Regel erfolgt die Beurteilung durch den direkten Vorgesetzten. Der nächsthöhere Vorgesetzte überwacht und unterstützt jedoch den Beurteilungsvorgang. In begründeten Fällen nimmt dieser am Beurteilungsgespräch ebenfalls teil.

Beurteilungskriterien

In der Praxis treten immer wieder Schwierigkeiten auf, messbare oder klar zu beurteilende (qualitative) Leistungs- und Verhaltensziele aufzustellen. Tatsächlich ist dies nicht immer einfach, insbesondere bei den qualitativen Leistungen. Es lohnt sich hier jedoch, allenfalls Soll-Zustände in Form von Beispielen aufzuführen. Das Gleiche gilt bei der vorgenommenen Beurteilung. Diese ist durch beobachtetes (positives wie negatives) Verhalten zu dokumentieren.

Das Beurteilungsgespräch

Sinn und Zweck des Beurteilungsgesprächs ist eine für beide Seiten wichtige Standortbestimmung und der offene Dialog zwischen Vorgesetzten und Mitarbeitern über Zusammenarbeit, Ziele und Massnahmen für die Zukunft. Beurteilungsgespräche finden im Allgemeinen in der betrieblichen Praxis jährlich statt und dienen einer beruflichen Standortbestimmung.

Das Beurteilungsgespräch soll den Mitarbeiter konkret informieren, wie der Vorgesetzte den Mitarbeiter fachlich, persönlich und leistungsmässig beurteilt und welche Stärken und Schwächen vorhanden sind. Bei einem Beurteilungsgespräch wird auch dem Mitarbeiter die Möglichkeit gegeben, sich über den Vorgesetzten (Aufwärtsqualifikation), das Unternehmen und seine Aufgaben zu äussern.

Es gehört zu den Aufgaben eines Beurteilungsgespräches, auch heikle und persönliche Probleme anzugehen und das Vertrauensverhältnis zum Thema zu machen. Nach dem Beurteilungsgespräch sollte der Vorgesetze das Gespräch nochmals zusammenfassen und dabei vom Mitarbeiter Feedback einholen, ob die zentralen Punkte korrekt verstanden und interpretiert wurden. Beurteilungsgespräche können auch Zielvereinbarungen enthalten oder Weiterbildungs- und Fördermassnahmen bewirken. Auf jeden Fall empfehlenswert sind Protokolle oder Massnahmen-Kataloge, damit Beurteilungsgespräche auch einen verpflichtenden Charakter bekommen.

Der Beurteilungsbogen

Ein strukturierter, gebundener Beurteilungsbogen hat den Vorteil der Konzentration auf wenige relevante Bereiche und ermöglicht darüber hinaus die objektive Vergleichbarkeit zum Beispiel bei der Frage der Evaluation von Teilnehmern für PE-Massnahmen. Auch statistische Werte und unternehmensspezifische Datenaufbereitungen sind dadurch möglich und können wertvolle Unterlagen für Anforderungsprofile und Potentialbeurteilungen auf anderen organisatorischen Ebenen sein. Je nach Handhabung wird ein solcher Bogen vom Vorgesetzten allein ausgefüllt oder mit dem Beurteilten zusammen. Eine vorgängige Eigenbeurteilung des Mitarbeitenden und deren anschliessende Besprechung unter Einbezug der Sichtweise des Vorgesetzten ist eine weitere Möglichkeit.

Die Elemente eines Qualifikationsgesprächs

Als Elemente und Hilfsmittel von Qualifikationsgesprächen können folgende Unterlagen und Faktoren von Bedeutung sein:

- Das jeweils aktuelle Tätigkeitsprofil und die Stellenbeschreibung
- Unternehmens- und Abteilungszielsetzungen
- Gemeinsames Ausfüllen des Beurteilungsbogens durch Vorgesetzten und Mitarbeiter
- Gesprächsrahmen und Gesprächsziele
- Bereitstellung von Unterlagen und Leistungsnachweisen
- Ziel- und Massnahmenvereinbarungen

CD ROM-Assistenz   Auf der beiliegenden CD-ROM unterstützt Sie die unten genannte Exceldatei mit über 40 strukturierten Fragethemen und einer grafischen Auswertung.
Dateiname: Mitarbeiterbeurteilungs-Tool.xls

Die nachfolgenden zwei Beurteilungsbögen sind in der Praxis einsetzbar. Der erste eignet sich für eine PE-spezifische Nutzung, während der zweite eine mehr leistungsorientierte Ausrichtung aufweist.

Beurteilungsbogen für PE-Massnahmen

Name:	Name Vorgesetzter:	Datum Vereinbarung:

Leistungsbeurteilung
Aktuelle Leistungsbeurteilung oder zurückliegende Qualifikationen und Bewertungen

Potentialbeurteilung und Potentialeinschätzung
Dies sollte eine zukunftsorientierte Sichtweise sein, bei der Eignungen, Neigungen und Talente des Mitarbeiters im Vordergrund stehen, um zum Beispiel die Übernahme zukünftiger Aufgaben und Positionen im Unternehmen beurteilen und planen zu können

Quantitative und qualitative Zielvereinbarung
Diese können sich sowohl auf aktuelle wie auch auf kurz-, lang- und mittelfristige Ziele beziehen. Konkrete Leistungsziele sollten dabei darauf ausgerichtete Weiterbildungsmassnahmen, bzw. deren Beurteilung, ermöglichen.

Stellungnahme Mitarbeiter
Eine eigene Einschätzung des Mitarbeiters zu Fähigkeiten, Talenten, Stärken und Beurteilungen, die von der Sicht des Vorgesetzten abweichen kann und in kommende Entwicklungsmassnahmen einbezogen werden sollte.

Konkrete Vereinbarungen und Massnahmen
Was wird wann weshalb von wem in die Wege geleitet? Hinzu sollten auch Termine, Zuständigkeiten und Kontrollwerte kommen.

Unterschrift	Unterschrift des Vorgesetzten
Datum:	Datum:

Mitarbeiterbeurteilung

Beurteilungsbogen Kurzform für Leistungsbeurteilung

Datum:	Stellenbezeichnung:	
Name MitarbeiterIn:		
Abteilung:	Eintritt am:	Vorgesetzter:
Telefon intern:	E-Mail:	
Beurteilungsanlass und Name Beurteiler:		

Bewertungsskala:

++ = gut bis sehr gut	+= zufriedenstellend	- = ungenügend/schlecht

Bewertungsskala:

Bewertungsmerkmal:	++	+	-
Arbeitsqualität			
☐ Resultatqualität			
☐ Erkennen von Zusammenhängen			
☐ Know-how-Nutzung			
☐ Umsetzbarkeit			
☐ Innovationsgrad			
☐ Zielerreichungsgrad			
Arbeitsquantität			
☐ Pensum			
☐ Termintreue			
☐ Produktivität			
☐ Arbeitstempo			
☐ Überstundenbeanspruchung			

Arbeitseinsatz

☐	Belastbarkeit			
☐	Arbeitsrapporte			
☐	Überstundeninformationen			
☐				

Arbeitssorgfalt

☐	Detailtreue			
☐	Umgang Arbeitshilfsmittel			
☐	Kundenorientierung			
☐	Pflichtbewusstsein			

Verhalten und Sozialkompetenz

☐	Verhandlungsgeschick			
☐	Teamakzeptanz			
☐	Konfliktlösungsfähigkeiten			
☐	Überzeugungskraft			
☐	Motivationsfähigkeiten			

Gesamtauswertung

Bemerkungen und Kommentare:

Mitarbeiterbeurteilung mit der 360-Grad-Rückmeldung

Interessant ist diese Methode der Beurteilung, die sowohl objektive Beurteilungen als auch subjektive Wahrnehmungen aus dem gesamten beruflichen Umfeld umfasst. Bei dieser Feedbackmethode geben Vorgesetzte, Kollegen, Mitarbeitende und Kunden Rückmeldung zum persönlichen Verhalten und zu individuellen Leistungen am Arbeitsplatz des Beurteilten. Interessant ist der Vergleich von Eigen- und Selbstbild sowie die starke Motivation zu Veränderungen, da ein breites Spektrum von Rückmeldungen aus dem unmittelbaren, real bestehenden Arbeitsumfeld in authentischer Umgebung ein hohes Mass an Glaubwürdigkeit aufweist. Somit werden positive Veränderungen bei Verhaltensweisen und Einstellungen ausgelöst. Bei einer professionellen Anwendung dieses Instrumentes sind umfassende Berichte zu folgenden Punkten eine gute Grundlage:

- Welche Stärken/Schwächen werden genannt und rückgemeldet?
- Wie verhält sich das Selbstbild zu den Fremdeinschätzungen?
- Welche Defizite gibt es und wie bedeutend werden sie eingestuft?
- Was wird in welchen Situationen wie empfunden und erlebt?

Die Notwendigkeit effektiv erfolgender Veränderungsarbeit

Wichtig ist auch hier, dass ein solcher 360-Grad-Bericht nicht einfach in der Schublade verschwindet, sondern umfassend analysiert wird und konkrete Impulse und Anleitungen bezüglich Verhaltensänderungen und modifizierten Einstellungen folgen. Dies sind konkret:

- Einzelgespräche mit ausgebildeten Experten
- Workshops mit Verhaltenstrainings und Erfahrungsaustausch
- Einbeziehen von Coaches zur Begleitung des Veränderungsprozesses

Der Entwicklungs- und Veränderungsbedarf und die Bereitschaft oder die Anlage einer 360-Grad-Beurteilung sind von Fall zu Fall verschieden. Wichtig ist, dass 360-Grad-Beurteilungen konstruktiv sind, der individuellen Persönlichkeit des Beurteilten gerecht werden und die Person individuelle, konkrete und situationsbezogene Rückmeldungen erhält.

Anwendungsbereiche bei Beurteilten und beim Unternehmen
Anwenden und einsetzen lassen sich diese Rückmeldungen in verschiedenen Bereichen:

- Veränderung von Arbeitsbeziehungen und Teamkonstellationen
- Verbesserung von Kommunikation und Gesprächskultur
- Verbesserung von Kritikfähigkeit und Veränderungsbereitschaft
- Mehr Mut zu Emotionen und Rückmeldungen im Alltagsverhalten
- Erhöhung der Performance und Sozialkompetenz allgemein

Mitarbeiterbeurteilung

Persönlicher Leistungsverbesserungs- und Entwicklungsplan		
Name:	Name Vorgesetzter:	Datum Vereinbarung:

Besprechung des bisherigen Trainings- und Entwicklungsplans

Aufzeichnung aller Trainings- und Entwicklungsmassnahmen des vergangenen Jahres sowie deren Auswirkung auf Ihre Arbeitsleistung. Notieren Sie auch alle vereinbarten Massnahmen, die nicht abgeschlossen werden konnten. Nennen Sie die Gründe dafür und wie Sie weiter damit verfahren wollen.

Einschätzung der Fähigkeiten und Fertigkeiten (Qualifikation)

Zusammenfassung der auf Grundlage der "Checkliste für Mitarbeiterqualifikationen" gemeinsam erkannten Stärken und Verbesserungsmöglichkeiten.

Leistungsverbesserungsplan

Kurzfristige (d.h. 12 Monate) Trainings- und Entwicklungsziele einschl. Aktionsplan und Unterstützungsmassnahmen durch den Vorgesetzten.

Persönlicher Entwicklungsplan

Langfristige berufliche Entwicklungsziele einschl. Aktionsplan und Unterstützungsmassnahmen durch den Vorgesetzten.

Unterschrift	Unterschrift des Vorgesetzten
Datum:	Datum:

Definition und Gewichtung von Fähigkeiten und Fertigkeiten

Die nachfolgende tabellarische Übersicht dient der präzisen Gewichtung und Beurteilung von Fähigkeiten und Fertigkeiten bei der Erstellung des Leistungsverbesserungs- und Entwicklungsplans.

Hauptfähigkeit oder -fertigkeit	Definition und Umschreibung	Stellungnahmen oder Gewichtung
Flexibilität und Offenheit	Ist aufgeschlossen gegenüber neuen Ideen und Ansätzen, stellt überkommene Denkweisen in Frage und "sieht über den Tellerrand"	
Initiative und Antriebsstärke	Sucht neue Möglichkeiten, greift neue Ideen auf und implementiert sie; nimmt Probleme frühzeitig auf, findet Wege, sie zu klären und zu lösen.	
Einfühlungsvermögen und Sensibilität	Nimmt sich Zeit, Menschen, ihren Standpunkt, ihre Belange und Bedürfnisse zu verstehen und darauf einzugehen. Weiss, wie man motiviert.	
Einfluss durch Persönlichkeit und Auftreten	Bedenkt die Wirkung seines Handelns auf andere, baut eine Atmosphäre von gegenseitiger Achtung und Vertrauen auf. Stellt sein Verhalten auf die jeweilige Situation ein.	
Selbstvertrauen und Selbstsicherheit	Ist sich seiner Fähigkeiten bewusst, geht Herausforderungen offen an und übernimmt Verantwortung für Erfolg oder Misserfolg. Ist bereit, die eigene Rolle und das eigene Verhalten in Frage zu stellen.	

Mitarbeiterbeurteilung

Förderung und Entwickelung	Vereinbart realistische Ziele, übernimmt die Verantwortung für die Zielerreichung und gibt klare Rückmeldung, unterstützt Entwicklung und Verbesserungen	
Teamarbeit und Teamfähigkeiten	Trägt gemeinsame Entscheidungen und Problemlösungen mit. Setzt sich für ein klares Rollenverständnis ein, nimmt Beiträge auf und unterstützt aktiv bei der Problemlösung.	
Motivation und Zielbegeisterung	Erkennt und nutzt die Stärke des Einzelnen. Weiss, was andere motiviert und handelt dementsprechend. Findet die richtige Art des Miteinanders, die zu Leistungen anregt.	
Einwirkung und Einflussnahme auf andere	Stellt gemeinsame Interessen in den Vordergrund und geht wechselseitige Bündnisse ein; einmal durch die Einbeziehung der Standpunkte und Bedürfnisse anderer, zum anderen durch die Einbeziehung der geschäftlichen und organisatorischen Bedingungen.	
Kommunikation und Sozialkompetenz	Verdeutlicht anderen klar und verständlich gemeinsame Vorteile, gibt Informationen weiter, hört zu und geht auf andere ein.	
Wir-Gefühl und Gemeinschaftssinn	Entwickelt und bestärkt die Arbeit am gemeinsamen Ziel, lässt andere am Erfolg teilhaben und bewirkt mehr Dynamik und Motivation im Gruppenklima.	

Merkmale zur Beurteilung von Mitarbeiterleistungen

Bei der Zusammenstellung eines Merkmalkatalogs ist 1. zu entscheiden, welche Merkmale relevant sind und 2. wie sie gewichtet werden sollen. Ein Merkmalskatalog sollte sich an den Unternehmenszielen orientieren und die Unternehmenskultur einbeziehen.

- ☐ Analytisches Denkvermögen
- ☐ Arbeitstempo
- ☐ Arbeitsqualität
- ☐ Arbeitseinsatz
- ☐ Auffassungsgabe
- ☐ Aufgeschlossenheit
- ☐ Auftreten
- ☐ Ausdauer
- ☐ Begeisterungsfähigkeit
- ☐ Belastbarkeit
- ☐ Durchsetzungsvermögen
- ☐ Einfühlungsvermögen
- ☐ Entschlussbereitschaft
- ☐ Erscheinungsbild
- ☐ Fachwissen
- ☐ Flexibilität
- ☐ Führungseigenschaften
- ☐ Ganzheitliches Denkvermögen
- ☐ Informationsmanagement
- ☐ Initiative
- ☐ Innovationsakzeptanz
- ☐ Kommunikationsfähigkeit
- ☐ Kompromissbereitschaft
- ☐ Kontaktfähigkeit
- ☐ Konzentrationsfähigkeit
- ☐ Konfliktfähigkeit
- ☐ Konfliktverfahren
- ☐ Kostenbewusstsein
- ☐ Kreativität
- ☐ Leistungsbereitschaft
- ☐ Leistungsfähigkeit
- ☐ Leistungswille
- ☐ Lernbereitschaft
- ☐ Managementeffizienz
- ☐ Mobilität
- ☐ Motivationsfähigkeit
- ☐ Motivation
- ☐ Nützlichkeitsorientiert
- ☐ Organisationsgeschick
- ☐ Pünktlichkeit
- ☐ Risikobereitschaft
- ☐ Selbständigkeit
- ☐ Selbstdisziplin
- ☐ Teamfähigkeit
- ☐ Toleranzvermögen
- ☐ Überzeugungskraft
- ☐ Urteilsvermögen
- ☐ Verantwortungsbewusstsein
- ☐ Verhandlungsgeschick
- ☐ Vorbildwirkung
- ☐ Zielorientierung
- ☐ Zuverlässigkeit

Ablaufplan Einführung einer Mitarbeiterbeurteilung		
	Ja	Nein
1. Die Vorbereitung		
Unternehmensziele definieren		
Anforderungen an das Beurteilungsverfahren bestimmen		
Projektverantwortliche benennen		
Zielgruppen, die beurteilt werden sollen, definieren		
2. Die Entwicklungsphase		
Auswahl des Grundmodells (merkmals- oder zielorientiert)		
ggf. Merkmalskatalog erstellen oder Prozedere für Zieldefinition festlegen		
Skalierungsform festlegen, Skalenstufen definieren		
Informationsmaterial für Mitarbeiter erstellen; Formulare für das Beurteilungsverfahren entwickeln		
3. Die Diskussionsphase		
Informationsveranstaltung für Mitarbeiter und Führungskräfte		
abteilungsbezogene Diskussionen über Ziele des Beurteilungsverfahrens		
abteilungsbezogene Information und Diskussion über Unternehmensziele und Konsequenzen für die Abteilungen aufzeigen		
ggf. Weiterentwicklung des Verfahrens zur Mitarbeiterbeurteilung		
4. Betriebsvereinbarung		
Fertiges Modell intern vorstellen		
Betriebsvereinbarung abschliessen		
5. Die Implementierungsphase		
Führungskräfte schulen		
Pilotprojekt starten, auswerten und die Ergebnisse in das Verfahren einfliessen lassen		
Einführung des Verfahrens im gesamten Unternehmen		
6. Die Auswertung		
Mitarbeiter und Führungskräfte werden zu ihren Erfahrungen im Umgang mit dem Beurteilungsverfahren befragt		
auf Basis der Ergebnisse wird das Verfahren angepasst		

Mitarbeiterbefragung

Die Bedeutung der Mitarbeiterbefragung

Die Mitarbeiterbefragung ist ein wichtiges und kontinuierlich einzusetzendes Instrument der innerbetrieblichen Meinungsumfrage, um Einstellungen, Arbeitsklima und Erwartungen systematisch und objektiv in Erfahrung zu bringen und Personalentwicklungsmassnahmen bedarfsgerecht zu planen. Dabei können der gesamte Betrieb oder auch nur bestimmte Abteilungen befragt werden. Je nach Befragungszielen können auch Führungskräfte die Zielgruppe sein. Für die Ziele der Personalentwicklung sollte die Erfassung der Entwicklungsbedürfnisse und der Eignungspotenziale von Mitarbeitern für künftige Aufgabenstellungen im Vordergrund stehen. Mit Hilfe des Intranets oder vertrauenswürdiger Onlineangebote mit Diskretions- und Sicherheitsgarantieren können Mitarbeiterbefragungen im digitalen Zeitalter besonders schnell, flexibel und vor allem äusserst kostengünstig durchgeführt werden.

Befragungsfelder und -themen

- Karriere- und Laufbahnvorstellungen und −optionen
- Aus- und Weiterbildungspräferenzen
- Zusammenarbeit mit Kollegen und Vorgesetzten
- Arbeitsbedingungen und Arbeitsplätze
- Mängel und Bedürfnisse in betrieblichen Leistungen
- Arbeitszeiten und Arbeitszeitenflexibilisierung
- Fragen zur Personalentwicklung generell
- Interne Kommunikation
- Entgelt und Sozialleistungen
- Arbeitsklima und Zusammenarbeit
- Weiterbildung und Schulung
- Führungsverhalten
- Image des Unternehmens

Die Mitarbeiterbefragung (auch Betriebsklima-Analyse, betriebliche Meinungsumfrage, Mitarbeiterzufriedenheitsanalyse genannt) ist ein wichtiges Instrument zur Bedarfs- und Massnahmenplanung in der Personalentwicklung.

Sie fördert Mitsprache und Beteiligung der Mitarbeiter und hilft, Schwachstellen aufzudecken. Die Mitarbeiterbefragung erfolgt fast ausschliesslich in schriftlicher Form - meist mittels eines standardisierten Fragebogens. Als sehr effizient und kostengünstig erweisen sich Online-Befragungen, die im firmeneigenen Intranet oder in Zusammenarbeit mit professionellen Software- und Online-Anbietern durchgeführt werden können.

Um Befürchtungen und Vorbehalten aller Beteiligten zu begegnen, sollten vor der Durchführung einer Mitarbeiterbefragung die folgenden Voraussetzungen geschaffen werden:

- Eine rechtzeitige, intensive Aufklärung aller Zielgruppen über Anlass und Ziele und Absichten der Mitarbeiterfragung
- Einbeziehung aller Beteiligten von der Planungsphase bis zur Ergebnisanalyse der Mitarbeiterbefragung
- Diskretion und absolute Wahrung der Anonymität
- Die Zusicherung, dass die Ergebnisse allen Mitarbeitern, zumindest den in die Befragung einbezogenen, zugänglich gemacht werden
- Die grundsätzliche Bereitschaft, aufgrund berechtigter Kritik entsprechende Veränderungen einzuleiten

CD ROM-Assistenz   Bei Auswertungen von Mitarbeiterbefragungen kann Sie auch das Excel-Tool auf der beiliegenden CD-ROM bei der praktischen Umsetzung unterstützen. Sie finden es unter dem Dateinamen *Mitarbeiterbefragungs-Auswertung.xls*

Voraussetzungen für den Erfolg einer Mitarbeiterbefragung

Klare Zielsetzungen
Das Formulieren einer klaren und nachvollziehbaren Zielsetzung, welche die Strategie des Unternehmens unterstützt, ist wichtig.

Themenfokussierung
Eine gezielte Themenauswahl ist zu empfehlen: Auf das Wesentliche konzentrieren, keine wichtigen Themen ausklammern. Themen können sein: Arbeitsbedingungen und Arbeitsplätze, Mängel und Bedürfnisse in betrieblichen Leistungen und Arbeitszeiten.

Fragestellungen
Die richtigen Fragen verwenden: Die Qualität der Formulierung jeder einzelnen Frage entscheidet über die Brauchbarkeit der Ergebnisse. Die Fragen sollten klar, eindeutig und verständlich sein. Suggestive oder mehrdeutige Fragestellungen verfälschen sofort Resultate.

Umsetzung

Aus der Befragung abgeleitete Massnahmen müssen tatsächlich umgesetzt und die Ergebnisse kommuniziert werden. Eine über mehrere Phasen hinweg ablaufende Kommunikation zu Umsetzungen und "sicht- und erlebbaren" Veränderungen sind wesentliche Voraussetzungen für die Akzeptanz weiterer Befragungen und Personalentwicklungs-Massnahmen.

Nachhaltigkeit

Wirksamkeit und Nachhaltigkeit der Umsetzung können durch eine erneute Befragung oder durch eine zeitnahe, fokussierte Teilbefragung sichergestellt werden. Damit wird auch signalisiert, dass die Anliegen und Wünsche der Mitarbeitenden ernst genommen werden.

Die Personalentwicklung in der Mitarbeiterbefragung

Es kann bei einer Mitarbeiterbefragung durchaus spezifisch um Anliegen der Personalentwicklung gehen. Aber allgemeiner gehaltene Mitarbeiterbefragungen werden in der Praxis wohl häufiger angewendet. Sind Personalentwicklungs-Anliegen nur ein Teil einer Befragung, so sollte man darauf achten, dass die folgenden wesentlichen Aspekte, Fragestellungen und Themenkreise in einer gewissen Systematik behandelt und angegangen werden:

Wichtige Personalentwicklungsaspekte bei einer Mitarbeiterbefragung
Befragung und Festlegung des Weiterbildungsbedarfs
Gewünschte Lernmethoden und Lerninstrumente
Selektion förderungswürdiger und förderungsgeeigneter Mitarbeiter
Informationen zu Laufbahn-Zielen und zur beruflichen Weiterentwicklung
Defizite von Qualifikationen und Leistungserbringungen
Bewertung kürzlich erfolgter Massnahmen und Aktivitäten

Methoden der Mitarbeiterbefragung

Mündliche Befragungen
Mitarbeiterbefragungen können schriftlich oder mündlich durchgeführt werden. Werden sie vom Vorgesetzten in mündlicher Form durchgeführt, eignen sich dafür zahlreiche Mitarbeitergesprächs-Anlässe wie Zielvereinbarungen oder Fördergespräche. Je nach Gesprächsumfeld und Zielsetzungen können diese Befragungen in einer eher ungezwungenen Form stattfinden, oder relativ streng strukturiert, was die Auswertung erleichtert.

Schriftliche Befragungen
Schriftliche Befragungen können sich an Abteilungen, Kaderleute, gewisse Funktionsträger oder Mitarbeitergruppen oder an alle Mitarbeitende eines Unternehmens richten. Die Praxis hat gezeigt, dass eine schriftliche Befragung und ein anschliessendes persönliches Gespräch eine optimale Kombinationsform sind. Die Befragung bringt den Mitarbeitenden dazu, sich mit seinen Weiterbildungsbedürfnissen, seinen Laufbahnfragen im Unternehmen und seinen Fähigkeiten und Neigungen auseinander zusetzen. Im allgemeinen äussern Mitarbeitende in Befragungen ihre Entwicklungsbedürfnisse recht konkret und realistisch.

Kombination mehrerer Elemente
Es gibt Unternehmen, die mehrere Beurteilungsformen, Mitarbeitergespräche und Personalentwicklungsmassnahmen auf sinnvolle Weise kombinieren oder zusammenfassen. Eine solche Vorgehensweise kann einige klare Vorteile haben:

- Bündelung der Informationen vom Zeitraster und Ablauf her
- Ganzheitlichere, mehrere Aspekte einbeziehende Vorgehensweise
- Koordination der Zielsetzungen und Massnahmen
- Breitere, substanziellere und fundiertere Entscheidungsgrundlagen

Nachfolgend eine solche konkrete Kombinationsform eines in der Praxis einsetzbaren Personalentwicklungssystems, welches klassische Elemente in logischer Abfolge integriert:

Phase/Schritt	Inhalt	Zweck
Mitarbeiterbefragung In schriftlicher Form mit Schwerpunkt von Personalentwicklungsaspekten	Laufbahnwünsche, Neigungen, Kenntnisse, Zufriedenheit, Weiterbildungsintentionen	Eruierung der Bedürfnisse aller Mitarbeitenden des Unternehmens
Sondierungs- Fördergespräch Vertiefung der Bildungsbedürfnisse in anschliessendem Gespräch	Konkretisierung der MA-Bedürfnisse und der Interessen des Unternehmens	Vertiefung und Individualisierung gewonnener Informationen
Qualifikation und Beurteilung mündlich, schriftlich, kombiniert.	Klassisches Qualifikationsgespräch in strukturierter Form	Leistungsbezogener, Aspekt evtl. auch mit Potenzialanalyse kombiniert
Zielvereinbarungsgespräch mit herausfordernden und messbaren Zielen	Zielvereinbarungsgespräch mit Abteilungs- und Unternehmenszielen und Einbezug gewonnener Erkenntnisse	Harmonisierung der Interessen aller und Integration in aktuelle Zielsituation
Entwicklungsgespräch Fördergespräch mit konkreten Zielen und Massnahmen	Defizitausgleich und Stärkenförderung in Abstimmung mit den oben genannten Informationen	Umsetzungen mit Informationen mit Ausrichtung auf aktuelle Unternehmenssituation

Fragebogen für eine allgemeine Mitarbeiterbefragung

Kreuzen Sie bitte an, wie weit die folgenden Aussagen Ihrer Meinung nach zutreffen. Machen Sie – sofern nichts anderes angegeben ist – immer nur ein Kreuz je Frage.

Wie zufrieden sind Sie insgesamt mit den äusseren Bedingungen an Ihrem Arbeitsplatz?

O sehr zufrieden   O eher zufrieden   O zufrieden
O eher unzufrieden   O unzufrieden   O sehr unzufrieden

Welche drei der folgende Punkte wären für Sie als Arbeitsplatzverbesserungen am wichtigsten?

O Lärmschutz   O Bessere Belüftungseinrichtungen
O Klimatisierung einführen O Zweckmässigere Arbeitsplatzgestaltung
O Raucher/Nichtraucher-   O Mehr Sicherheits- und Gesundheitsschutz
  Trennung
O Pausenräume   O Besseres Arbeitsmaterial und Arbeitsmittel

Welche Wünsche haben Sie zur Gestaltung Ihrer Arbeitszeit?

O Mehr Abgeltung von Mehrarbeit durch   O weniger flexible Arbeitszeit
  Freizeit
O flexiblere Arbeitszeit   O kürzere Arbeitszeit (Teilzeit)

Gefällt Ihnen Ihre Arbeit?

O ja, sehr   O oft   O manchmal
O selten   O sehr selten

Entspricht Ihre Arbeit Ihren persönlichen Neigungen?

O ja, sehr   O oft   O manchmal
O selten   O sehr selten

Können Sie bei Ihrer Arbeit Ihr Wissen und Können einsetzen?

O ja, sehr oft   O oft   O manchmal
O selten   O sehr selten

Bringen Sie von sich aus Anregungen oder Beiträge, die die Arbeit oder die Zusammenarbeit mit anderen verbessern?

O ja, sehr oft   O oft   O manchmal
O selten   O sehr selten

Können Sie die Ihnen übertragenen Arbeiten ausreichend Ihren Vorstellungen durchführen?

O ja, sehr oft   O oft   O manchmal
O selten   O sehr selten

Mitarbeiterbefragung

Gibt Ihnen Ihre Arbeit Möglichkeiten, sich über eine Leistung, einen Erfolg zu freuen?

O ja, sehr oft   O oft   O manchmal
O selten   O sehr selten

Wenn Sie Ihre Leistungsfähigkeit betrachten, wie empfinden Sie dann Ihre Arbeitsbelastung?

O sehr gross   O gross   O in Ordnung
O gering   O sehr gering

Welche drei der folgenden Punkte stören Sie bei Ihrer Arbeit am meisten bzw. beeinträchtigen ihre Zufriedenheit am meisten?

O keine
O Arbeit ist zu langweilig und eintönig
O werde zu häufig bei der Arbeit unterbrochen
O Arbeitstempo ist zu schnell, es gibt zuviel Termindruck
O Arbeitszeitregelung/Schichtarbeit ist ungünstig
O meine Aufgaben wechseln zu schnell
O Pausenregelung ist schlecht
O ich habe zuviel zu tun/zu viele Überstunden
O Arbeitsvorbereitung ist mangelhaft
O es gibt zuviel Leerlauf
O Arbeitsabläufe sind zu umständlich
O werde für meine Arbeit nicht ausreichend informiert
O mir fehlen noch einige Erfahrungen
O ich weiss oft nicht, was man eigentlich von mir erwartet
O meine Aufgaben sind zu schwierig/kompliziert

Fühlen Sie sich über die wesentlichen Ereignisse und Vorfälle im Unternehmen informiert?

O ja, sehr   O ja   O teilweise
O selten   O sehr selten   O gar nicht

Worüber möchten Sie in erster Linie mehr wissen bzw. besser informiert werden?

O Keine Wünsche
O über Tarife, Prämien, Steuern, Sozialabgaben und Sozialleistungen
O was meinen unmittelbaren Arbeitsplatz betrifft
O über das Weiterbildungsangebot der Firma
O wie sich meine Aufgaben oder die Aufgaben meiner Abteilung ändern
O über Aufstiegsmöglichkeiten in der Firma
O organisatorische Veränderungen im Betrieb wie andere Abteilungen arbeiten
O wie unser Betrieb arbeitet und ausgelastet ist
O wie unser Unternehmen aufgebaut und organisiert ist
O wie sich die allgemeine wirtschaftliche Situation ausserhalb des Unternehmens entwickelt
O über Personen, z. B. Neueinstellungen, Beförderungen, Jubiläen
O was die Geschäftsleitung vorhat

Mitarbeiterbefragung

Wie zufrieden sind Sie mit den Weiterbildungsmöglichkeiten der Firma? (Schulung, Weiterbildungs-Kurse, sonstige Seminare usw.)

O sehr zufrieden
O eher unzufrieden
O eher zufrieden
O unzufrieden
O zufrieden
O sehr unzufrieden

Hindert Sie etwas daran, die Weiterbildungsangebote der Firma zu nutzen? (bis zu 3 Antworten möglich)

O Angebot entspricht nicht meinem persönlichen Weiterbildungsbedarf
O es nutzt mir bei meiner Arbeit nicht viel
O meine Arbeit lässt mir nicht genügend Zeit dafür
O Schichtarbeit hindert mich an der Teilnahme
O dann bleibt zu wenig Zeit für die Familie/mein Privatleben
O Nein, mich hindert nichts

O bilde mich anderswo weiter, z. B. durch Fachliteratur, Volkshochschule, Telekolleg, Fernkurse
O berufliche Weiterbildung wird vom Betrieb nicht anerkannt
O mein Vorgesetzter stellt mich dafür nicht frei
O Teilnehmerzahl ist zu begrenzt
O wird mir nicht angeboten
O bin bereits ausreichend ausgebildet

Wie zufrieden sind Sie mit Ihren Möglichkeiten, in unserer Firma weiterzukommen?

O sehr zufrieden
O eher unzufrieden
O eher zufrieden
O unzufrieden
O zufrieden
O sehr unzufrieden

Wie erfüllt Ihr direkter Vorgesetzter seine fachlichen Aufgaben?

O sehr gut
O schlecht
O gut
O sehr schlecht
O zufriedenstellend

Wie führt Ihr Vorgesetzter seine Mitarbeiter

O sehr gut
O schlecht
O gut
O sehr schlecht
O zufriedenstellend

Wie sorgt Ihr Vorgesetzter für die Zusammenarbeit in seiner Abteilung

O sehr gut
O schlecht
O gut
O sehr schlecht
O zufriedenstellend

Wie arbeitet Ihr Vorgesetzter mit Ihnen zusammen?

O sehr gut
O schlecht
O gut
O sehr schlecht
O zufriedenstellend

Verhält sich Ihr Vorgesetzter im Gespräch mit Ihnen aufgeschlossen?

O ja, sehr oft
O selten
O oft
O sehr selten
O manchmal

Mitarbeiterbefragung

Informiert Ihr Vorgesetzter Sie über die Dinge, die Ihre Arbeit betreffen, rechtzeitig und ausreichend?

O ja, sehr oft O oft O manchmal
O selten O sehr selten

Bespricht Ihr Vorgesetzter Ihre Aufgaben ausreichend mit Ihnen?

O ja O in der Regel O meistens
O nein O überhaupt nicht

Beachtet Ihr Vorgesetzter Ihre Meinung bei wichtigen Entscheidungen?

O ja O in der Regel O meistens
O nein O überhaupt nicht

Fördert das Verhalten Ihres Vorgesetzten Ihre Einsatzbereitschaft?

O ja, sehr oft O oft O manchmal
O selten O sehr selten

Hilft Ihnen Ihr Vorgesetzter, wenn es mal Schwierigkeiten bei Ihrer Arbeit gibt?

O ja, sehr oft O oft O manchmal
O selten O sehr selten

Setzt er sich im Rahmen seiner Möglichkeiten für Sie ein, wenn Sie mit einem persönlichen Anliegen zu ihm kommen?

O ja, sehr oft O oft O manchmal
O selten O sehr selten

Wie kontrolliert Ihr Vorgesetzter Ihre Arbeit?

O sehr genau O einigermassen O ungenügend
O genau O lückenhaft O pedantisch

Erkennt Ihr Vorgesetzter gute Leistungen lobend an?

O ja, sehr O meistens O manchmal
O selten O sehr selten

Kritisiert er, wenn Fehler passieren, sachlich und angemessen?

O ja, sehr O meistens O manchmal
O selten O sehr selten

Fühlen Sie sich von Ihrem Vorgesetzten gerecht beurteilt?

O ja, sehr O meistens O manchmal
O selten O sehr selten

Wie beurteilen Sie das Führungsverhalten des Chefs Ihres Vorgesetzten?

O sehr gut O gut O zufriedenstellend
O schlecht O sehr schlecht

Mitarbeiterbefragung

Wie beurteilen Sie das Betriebsklima in Ihrer Abteilung?
O ja, sehr O meistens O manchmal
O selten O sehr selten

Wie arbeiten die Kollegen Ihrer Abteilung/Gruppe mit Ihnen zusammen?
O ja, sehr O meistens O manchmal
O selten O sehr selten

Finden Sie, dass Ihre Arbeit leistungsgerecht bezahlt wird?
O ja, sehr O ja O teilweise
O nein O gar nicht

Welche Leistungen sind Ihnen persönlich besonders wichtig?
O Gewinnbeteiligung O Belegschaftsverkauf/-rabatte
O vermögenswirksame Leistungen O Kantine/Verpflegungszuschüsse
O Gesundheitsfürsorge (betriebsärztlicher O Jubiläumsgeschenke, Geschenke
Dienst, Sanitätsdienst) aus besonderem Anlass
O Weiterbildung O Fahrtkostenzuschuss
O Urlaub O Betriebsfeiern/-ausflüge
O betriebliches Vorschlagswesen

Personaldaten		
Geschlecht:	☐ weiblich	☐ männlich
Haben Sie eine Führungsfunktion?	☐ nein	☐ ja
Wenn Sie eine Führungsfunktion innehaben, auf welcher Stufe?		
☐ Gruppen bzw. Teamleiter	☐ Abteilungsleiter	
☐ Spartenleiter	☐ Direktionsmitglied	

Wie lange arbeiten Sie in unserem Unternehmen?					
☐ weniger als 6 Monate			☐ 6 Monate bis 2 Jahre		
☐ länger als 2 Jahre			☐ länger als 10 Jahre		
Ihr Arbeitspensum beträgt zur Zeit:					
☐ 20%	☐ 30%	☐ 40%	☐ 50%	☐ 60%	☐ 80%
anderes, nämlich:					
Ihr Alter:	☐ 20-21	☐ 30-39	☐ 40-49	☐ 50-60	☐ über 60
Vorname:			Nachname:		
Hierarchische Stellung:					
Vorgesetzter und Abteilung:					
Eintritt/Dauer der Betriebszugehörigkeit:					
Bemerkungen und Kommentare:					
Datum:					

Mitarbeiterauswahl und -einführung

Eignungstests und Instrumente zur Mitarbeiterauswahl

Schon und oft vor allem bei der Auswahl von Mitarbeitern werden wichtige Weichen gestellt und zwar von der Qualifikation über die Lernbereitschaft bis zu Sozialkompetenzen. Deshalb ist bei Einstellungsentscheidungen und Auswahlinstrumenten vorgängig durchdachten Anforderungsprofilen grösste Bedeutung beizumessen. Nachfolgend stellen wir die Auswahlinstrumente in Kürze vor.

Eignungs- und Testverfahren und ihre Bedeutung

Auswahlinstrumente wie Eignungstests werden in der betrieblichen Praxis eher zurückhaltend und nur situativ in Schlüssel- und/oder Führungspositionen eingesetzt. Die gängigsten Testverfahren sind dabei je nach Position und Selektionsverfahren die folgenden:

Intelligenztests

Umfangreiche Studien zeigen, dass insbesondere die allgemeine Intelligenz oft ein zuverlässiger Indikator für den späteren Berufserfolg ist. Im Grunde genommen ist dies nicht weiter erstaunlich, denn die Intelligenz ist eine Voraussetzung dafür, sich ausreichendes berufliches Wissen aneignen zu können. Gerade in unserer Zeit, in der viele im Laufe ihres Erwerbslebens mehrere Berufe erlernen müssen, oder einen rasanten technologischen Wandel zu bewältigen haben, spielt die Intelligenz nebst der Sozialkompetenz eine bedeutsame Rolle.

Assessment-Center

Hierbei handelt es sich um eine etablierte Methode der Qualifikations- und Eignungsermittlung bei der Personalauswahl. Mit Hilfe von praxisnahen Problemlösungs- und Entscheidungs-Aufgaben werden Situationen simuliert, die verschiedene Fähigkeiten und Verhaltensweisen von den Kandidaten erfordern, z.B. analytisches Denken, Einsatzwille, Organisationsvermögen, Kooperationsbereitschaft, Kommunikations- und Argumentationsstärke.

Persönlichkeitstests

Mit Hilfe dieser Tests sollen Aufschlüsse über Charakter- und Wesens-Eigenschaften des Bewerbers gewonnen werden. Man kann bestimmte Eigenschaften und Ausprägungen messen, z.B. Leistungswille, Durchsetzungsvermögen, Emotionale Stabilität, Gewissenhaftigkeit, Verträglichkeit, Aggression, Labilität. Mitunter soll aber auch ein "Gesamtbild der Persönlichkeit" gewonnen werden, um so über das engere Qualifikationsprofil hinaus tiefgreifende Eindrücke zur umfassenden Beurteilung von Bewerbern zu erhalten.

Leistungstests
Leistungstests sollen Kenntnisse und Fähigkeiten von Bewerbern prüfen, die für die Stellenanforderungen von Bedeutung sind. Leistungstests messen daher häufig Aufmerksamkeits- und Konzentrationsfähigkeiten, manuelle Geschicklichkeit, Kenntnisse in Rechtschreibung, Mathematik, Fremdsprachen und überprüfen den Wortschatz, die Allgemeinbildung, das Fachwissen und vieles mehr.

Arbeitsproben
Ein weiteres Instrument zur Beurteilung der Qualifikation, Fachkompetenz und Berufserfahrung können Arbeitsproben wie journalistische Texte, Diplomarbeiten, Skizzen, Produktmuster, sonstige Materialien, Pläne oder Publikationen sein. Sie geben einen authentischen Einblick in die Fähigkeiten und Fertigkeiten des Bewerbers.

Graphologische Gutachten
Die Graphologie beschäftigt sich mit der Analyse der Handschrift. Dazu muss eine Schriftprobe vorliegen, die das "normale" Schriftbild eines Probanden wiedergibt. Aus vielen Einzelmerkmalen, wie allgemeine Grösse der Buchstaben und deren Grössenverhältnisse, Verzierungen und Schriftstärke kann der Graphologe ein Charakterbild erstellen, das oft verblüffend genau an die Realität herankommt. Dabei sind Aussagen wie Selbstwertschätzung, Einstellung zur Arbeit, Phantasie oder Distanz zu Menschen möglich.

Gliederung eines Vorstellungsgespräches
Grundsätzlich wird ein systematisches Vorstellungsgespräch in folgende Abschnitte gegliedert:

Initiative zur Bewerbung
Was bewog den Kandidaten, sich zu bewerben und was interessiert ihn an der ausgeschriebenen Stelle?

Verhältnis zum vorherigen Arbeitgeber
Welche positiven und negativen Erfahrungen wurden gemacht und welche Weiterentwicklung erhofft sich der Bewerber?

Vorstellung zur angebotenen Position
Welche Vorstellungen, welche Erwartungen existieren, was gab den Ausschlag für die Bewerbung auf diese Stelle?

Lebenslauf
Fragen zur Ausbildung, eventuelle Lücken und Kommentare zur Anstellungsdauer bei bisherigen Stellen.

Fachliche Anforderung
Stärken und Schwächen, Erfahrungen an den vorherigen Stellen und das Einbringen der Stärken und Erfahrungen bei der von Ihnen angebotenen Aufgabe.

Persönliche Eigenschaften
Charakter und Persönlichkeit, vor allem im Hinblick auf das Vorgesetztenverhältnis, die Zusammenarbeit, Kontakte nach aussen und die Teamtauglichkeit.

Der persönliche Hintergrund
Diese Fragen dienen der Klärung und Vervollständigung von Fragen zur Person und deren Verhalten und Präferenzen.

Lohnerwartungen
Gehalt vorher, Vorstellungen des Kandidaten

Gesprächsregeln für Interviews

Strukturiert und systematisch durchgeführte Kandidateninterviews sind erste wichtige Weichenstellung in der Personalentwicklung. In der Praxis zeigt sich immer wieder, dass vor allem den folgenden Punkten gebührend Beachtung geschenkt werden muss:

1. Kontaktherstellung nicht vernachlässigen
Ob man es Smalltalk oder die Aufwärmphase nennen will, eine Ruhe und konstruktive Haltung ausstrahlende Kontaktaufnahme wirkt sich auf das gesamte nachfolgende Gespräch aus und schafft eine Vertrauensbasis, die Ihnen als Interviewer und dem Bewerber hilft.

2. Mit Einfühlungsvermögen auch heikle Punkte angehen
Das Ausklammern wichtiger heikler Punkte kann eine Gesprächsatmosphäre vergiften und das Vertrauen zerstören. Gehen Sie auch heikle Punkte (Gesundheit, Zeugnisaussagen, Widersprüche usw.) an, indem Sie solche Fragen mit Takt, Einfühlungsvermögen, dem Nennen des Grundes der heiklen Fragen stellen und dem Bewerber Spielraum lassen.

3. Nehmen Sie die Gesprächsführung in die Hand
Mit den richtigen Fragen, einem systematischen Gesprächsaufbau und einer guten Vorbereitung sind Sie es, der das Gespräch aktiv in die von Ihnen gewünschte Richtung führt.

4. Antworten sind oft so gut wie die Fragestellung
Fragen sollten nicht zu langatmig und mit vielen Wenn und Abers gestellt werden. Verwirrend können auch suggestive Fragen sein, die die erwartete Antwort schon vorwegnehmen. Umso klarer, kürzer und direkter die Fragestellung ist, desto besser die Antworten der Bewerber.

5. Respekt und Höflichkeit sind das Fairplay des Interviewers
Es zeugt von einem schlechten Interviewstil und hinterlässt einen fragwürdigen Eindruck, Bewerber in die Enge zu treiben. Respekt vor der Persönlichkeit und Höflichkeit schaffen eine lockere und sympathische Gesprächsatmosphäre und lockern das Gespräch auf. Ein Bewerber, der Vertrauen zu Ihnen aufbaut, gibt auch ehrlichere Antworten.

6. Unsicherheiten und Widersprüche sofort klären
Heikle Punkte oder sich aus den Bewerbungsunterlagen ergebene Widersprüche sollten angegangen und geklärt werden, in etwa: "In den Aussagen Ihres Zeugnisses des Arbeitgebers XY und jenen in Ihrem Lebenslauf betreffend XY sehe ich einen Widerspruch. Diesen möchte ich gerne klären, können Sie mir da weitere Informationen zum Verständnis geben?"

7. Ein Interview ist ein partnerschaftliches Gespräch, kein Verhör
Die Art der Fragen, die Gesprächsatmosphäre und die Vertrauensbasis, die hergestellt werden sollte, prägen den Stil eines Vorstellungsgespräches, welches kein Verhör mit einem Bombardement an Fragen sein sollte, sondern ein partnerschaftliches, der Gewinnung von Informationen dienendes Gespräch.

8. Suggestivfragen verunsichern und sind unfair
Suggestive Fragen, die die erwartete Antwort schon vorwegnehmen, sind zu vermeiden, bis auf wenige Ausnahmefälle. Sie verunsichern und manipulieren ein Gespräch zu sehr. (Beispiel: "Ich habe den Eindruck, dass es Ihnen bei den meisten Jobs nicht gefiel, was können Sie mir dazu sagen?").

9. Für ruhige und entspannte Atmosphäre sorgen
Zwischendurch eine Prise Humor, eine sympathische Gesprächseröffnung, eine Einleitung, in der auf den Aufbau und die Dauer des Gespräches hingewiesen wird, keine Telefonate oder eintretende Mitarbeiter und Auflockerung durch Produktbeispiele zum Anfassen, Unterlagen als Beispiele usw. sorgen für eine ruhige und entspannte Atmosphäre.

10. Nachfragen klärt und vervollständigt vieles
Das Nachhaken und Nachfragen ist eine sehr wichtige Form der professionellen Interviewführung, welche wichtige Details vertieft, einen Sachverhalt vervollständigt und objektiviert und den Bewerber dazu bringt, gewissen Themenbereich konkreter, klarer, detaillierter zu beantworten. Dabei kann folgendermassen vorgegangen und formuliert werden:

- *Zu diesem Punkt möchte ich noch mehr zur Ursache wissen...*
- *Können Sie mir diese eine negative Erfahrung noch etwas genauer schildern...*
- *Sie haben mir da etwas Interessantes gesagt, zu dem ich gerne noch mehr erfahren möchte...*

11. Vor allem durch Zuhören gewinnt man Informationen

Aktives Zuhören ist der beste Weg, an interessante Informationen zu gelangen. Mit verschiedenen Feedback-Methoden kann man den Bewerber aus der Reserve locken und das Gespräch auf eine konstruktive Art steuern. Einige Beispiele:

- *Dieser Standpunkt stimmt mit dem unseres Unternehmens genau überein.*
- *Da verstehe ich Sie sehr gut*
- *In dieser Situation hätte ich genau gleich reagiert, da...*
- *In diesem Punkt vertrete ich genau die gleiche Meinung, denn....*
- *Wenn ich Sie also richtig verstanden habe, haben Sie damals gekündigt, weil...*
- *Die von Ihnen genannten Prioritäten stimmen mit den Zielsetzungen unseres Unternehmens voll überein, besonders was ... betrifft.*
- *Sie sagen da etwas besonders Wichtiges, was in den Aufgaben der Stelle deshalb von grosser Bedeutung ist, weil...*
- *Diese spezielle Erfahrung, die Sie mir hier nennen ist bei der von uns zu besetzenden Stelle besonders wichtig, da...*
- Kurze bestätigende Bemerkungen wie *interessant, tatsächlich, ach ja, ist begreiflich, ein wirklich interessanter Standpunkt* usw. begleitet von Mimik, Kopfnicken, einem Lächeln und zugewandter Körperhaltung.

Die Auswertung des Gesprächs

Notieren Sie sich während des Gesprächs wichtige Antworten des Bewerbers. Ein stichwortartiges Gesprächsprotokoll ist angebracht, weil andernfalls wichtige Informationen verloren gehen, welche

- die Gesamtanalyse und -auswertung erleichtern
- Vergleiche mit andern Bewerbern ermöglicht werden
- Drittpersonen sich damit informieren können

Neben der Auswertung der Aussagen des Bewerbers ist es wichtig, auch das Charakteristische der Persönlichkeit zu erfassen:

- Wie drückt sich der Bewerber aus? (Stimmlage, Sprachfluss, Artikulation, Eigenheiten)
- Wie bewegt er sich? (Mimik, Gestik, Haltung)

- Wie steht es um das äussere Erscheinungsbild? (Gepflegtheit, Körperform, Gesicht)
- Wie ist sein Sozialverhalten? (konventionell, eigenwillig, spontan, höflich, ungehobelt...)

Erfahrungen aus der Praxis der Personalarbeit zeigen, dass ein Bewerber einen fragwürdigen Eindruck hinterlässt, wenn er

- desinteressiert ist und unkonzentriert wirkt
- keine Fragen stellt oder keine Details erfahren möchte
- über frühere Stellen und Vorgesetzte nur Negatives berichtet
- sich nicht nach Weiterbildungs- und Entwicklungsmöglichkeiten erkundigt

Die Informationen, die durch die Bewerbungsunterlagen, das Einholen von Referenzen und das Bewerbungsgespräch zusammengekommen sind, erlauben nun eindeutige Antworten auf folgende Fragen:

Verfügt der Kandidat über die notwendige berufliche Qualifikation, die intellektuellen Fähigkeiten sowie die physische und psychische Belastbarkeit? Will er aus Neigung, Interesse und Überzeugung die angebotene Arbeit, und ist er bereit, energisch und selbständig die gesteckten Ziele zu verfolgen? Passt er mit seiner Persönlichkeitsstruktur (Erscheinung, Temperament, Auftreten, Sprache, Sozialverhalten) in das Arbeits-Team?

Personalauswahl von Hochschulabsolventen

Personalentwicklung setzt oft schon dort an, wo es um die Qualifizierung und das Bildungsniveau von Kandidatenzielgruppen geht. Besonderes Augenmerk liegt demzufolge bei Hochschulabsolventen, die sogenannten Highpotentials. Da immer mehr Personen Hochschulstudien abschliessen, hat ein erfolgreicher Abschluss mit guten Noten und Diplomarbeiten nicht mehr die zentrale Bedeutung, wie dies früher der Fall war. Es sind mehr und mehr persönlichkeitsbasierende Faktoren, die im Vordergrund stehen. Gemäss mehreren Befragungen, Untersuchungen und Analysen werden von vielen Arbeitergebern als besonders wichtig eingestuft:

- Ausgeprägte Motivations-, Einsatz- und Lernbereitschaft
- Selbständigkeit, Eigeninitiative und Umsetzungsstärke
- Analytisches und ganzheitliches Denkvermögen
- Sozial- und Problemlösungskompetenz
- Entscheidungsstärke und Mobilität

Um die Zielgruppe der Hochschulabsolventen zu erreichen sind Aktivitäten notwendig, welche diese Personen in den geeigneten Medien in der geeigneten Form ansprechen. Nebst Stellenanzeigen, die den klaren Eindruck eines attraktiven und modernen Arbeitsgebers mit interessanten Aufgaben und guten Entwicklungsmöglichkeiten vermitteln, gibt es auch folgende Möglichkeiten:

- Lernförderliche und gut konzipierte Praktikumstellen
- Fachvorträge und Portraits an Hochschulen
- Tag der offenen Tür speziell für Hochschulabsolventen
- Informative Stände an Hochschulmessen und Jobfairs
- Professioneller und interaktiver Internetauftritt

Dem Internetauftritt – sowohl auf der eigenen Firmenwebsite wie auch bei Stellenangeboten auf externen Onlineplattformen – kommt eine besondere Bedeutung zu. Hochschulabsolventen nutzen dieses Medium intensiv und stellen daran hohe Erwartungen. Sie haben durch dieses Medium die Möglichkeit, Arbeitgeber schnell und einfach zu vergleichen. Es empfiehlt sich daher, beim Internetauftritt auf folgende Punkte zu achten:

- Spezielle Ansprache von Hochschulabsolventen auf eigener Seite
- Informationen zu Schulungsangeboten und Karrieremöglichkeiten
- Generelle Personalentwicklungs-Konzepte
- Betonung von Freiräumen und Eigenverantwortung
- Praktikumstellen und Möglichkeiten für praxisnahe Diplomarbeiten

Nach der Gewinnung von qualifizierten Nachwuchskräften ist deren Bindung an das Unternehmen ein nächster sehr wichtiger Schritt. Hierzu gehört eine umfassende und gut geplante Einführung mit starker Einbindung von Betreuern und Vorgesetzten, die sich der Bedeutung dieser Aufgabe bewusst sind. Es kommen hinzu:

- eine attraktive, klar konzipierte Personalentwicklungspolitik
- fördernde und fordernde Trainee-Programme
- Gewinnung von Erfahrungen und Kompetenzen
- konkurrenzfähige materielle Anreize
- Aufgabenqualität, qualifizierte Vorgesetzte, gutes Arbeitsklima

Mitarbeitereinführung

Der Ablauf

Nach des Vertragsunterzeichnung
- Sind von der Stellenbesetzung involvierte Personen informiert, wurde eine Vorstellungsgrunde im Betrieb organisiert?

- Sind Vorgesetzte und andere Kaderleute informiert und vorbereitet?
- Sind alle administrativen Aufgaben in der Personalabteilung erledigt?

1-2 Wochen vor dem Eintritt
- Sind Aufgaben, Kompetenzen und Verantwortung geregelt und formuliert?
- Ist der Einarbeitungsplan mit personellen Zuständigkeiten erstellt?
- Sieht der Plan genügend aktive Mitarbeit mit Erfolgserlebnissen vor?
- Sind eventuelle EDV-Passwörter und Zugangsberechtigungen veranlasst?
- Sind die Termine zur Einführung mit wichtigen Kontaktpersonen vereinbart?
- Besteht ein Terminplan für die Fortschritts- und Erfolgskontrolle?
- Ist ein die gesamte Einführung begleitender Betreuer bestimmt?
- Ist der Willkommensbrief mit Unterlagen (Firmenbroschüre, News) versandt?
- Information über den neueintretenden Mitarbeiter am Anschlagbrett und in Hauszeitung?

Am Eintrittstag
- Ist die erste Aufgabe mit allen Unterlagen und einem Instruktionsblatt bereit?
- Ist der Arbeitsplatz vorbereitet – eventuell mit einem Blumenstrauss oder mit einer persönlichen Gravur versehener Kugelschreiber?
- Wird möglichst vieles praktisch, anschaulich, zum Anfassen, mit Personen verbunden gezeigt und vorgestellt?

Nach Ankunft des neuen Mitarbeiters
- Empfangsgespräch mit einem Blumenstrauss verbinden
- Vorstellung bei den engen Mitarbeitern, Rundgang im kleineren Kreis
- Information über die Organisation des engeren Bereiches; Erklärung des Organigramms
- Ausführliche Besprechung des Einführungsprogramms und eventuell einiger Komponenten, die gemeinsam entschieden und geregelt werden können.
- Termin für eine spätere persönliche Besprechung vereinbaren.
- Erteilen der ersten Aufgabe mit Instruktion, Abgabe an damit betraute Person.

Kurze Zeit nach dem Eintritt
- Besteht eine Aufgaben- und Erfolgskontrolle mit Terminplan?

- Sind die Hilfsmittel vollständig vorhanden und deren Anwendung klar?
- Wird Anerkennung und Lob ausgesprochen, bekommt der neue Mitarbeiter Feedback?
- Wurde das Einführungsprogramm gemeinsam mit dem Betreuer gestaltet und besprochen?
- Wird auch der neue Mitarbeiter um kritisches Feedback gebeten?

Nach 1-2 Monaten und nach ca. 3 Monaten
- Wurden Fortschritte, Organisation und Auslastung erneut überprüft und verbessert?
- Wurden Anpassungen am Programm besprochen und erklärt?
- Wurde erfragt, ob die Arbeit den Vorstellungen des Neuen entspricht?
- Sind alle vertraglichen Abmachungen eingehalten?
- Wurde über Führungsstil, Ziele, interne Gepflogenheiten informiert?
- Wurde eine Zwischenbeurteilung zuhanden des Vorgesetzten vorgenommen?
- Hat ein Gespräch mit dem Betreuer über Eindrücke und offene Fragen stattgefunden?
- Sind noch Pendenzen aus dem Vorstellungsgespräch zu erledigen?

Vor Abschluss der Probezeit
- Ist die Stellenbeschreibung nach der Einführung noch aktuell und zutreffend?
- Kennt der neue Mitarbeiter seine Aufgaben, Verantwortungen, Kompetenzen und Ziele?
- Entspricht die Arbeit seinen und Ihren Vorstellungen?
- Sind Erwartungen, Ziele und Leistungen erfüllt?
- Sind Weiterbildungsnotwendigkeiten eventuell schon jetzt angebracht?
- Gemeinsames Besprechen der Probezeit und Veranlassen eines Probezeitberichtes.
- Klarheit über das Bestehen der Probezeit in einem Probezeitgespräch mit Leistungsfeedback und Klärung aller anstehenden Fragen und Änderungen.

Formular zur Beurteilung von Führungsqualitäten						
	Skala					
Persönlichkeitskompetenz	1	2	3	4	5	6
Ausstrahlung/Auftreten						
Selbständigkeit						
Vernetztes Denken						
Entscheidungsfähigkeit						
Zielorientierung						
Kommentare und Präzisierungen in Stichworten:						
Sozialkompetenz	1	2	3	4	5	6
Kommunikationsfähigkeit						
Konfliktfähigkeit						
Teamfähigkeit						
Team- und Mitarbeiterakzeptanz						
Verhandlungsfähigkeit						
Kommentare und Präzisierungen in Stichworten:						
Führungskompetenz	1	2	3	4	5	6
Durchsetzungsvermögen						
Delegationsverhalten						
Organisationsfähigkeit						
Kommentare und Präzisierungen in Stichworten:						

Mitarbeiterauswahl und -einführung

	Skala					
Unternehmerische Qualitäten	1	2	3	4	5	6
Unternehmerisches Denken + Handeln						
Kunden- und Serviceorientierung						
Optimierungswille						
Innovationstalent						
Kommentare und Präzisierungen in Stichworten:						
Arbeitsqualitäten	1	2	3	4	5	6
Qualitätsdenken						
Belastbarkeit						
Zielorientierung						
Zuverlässigkeit						
Flexibilität						
Ausdauer						

Kommentare und Präzisierungen in Stichworten:

Festgestellte Defizite

Zielkatalog zur Förderung von Stärken und zur Behebung von Defiziten

Massnahmen und Termine

Muster eines Welcome-Packages für neu eintretende Mitarbeiter

Um die Einarbeitung zu erleichtern und Neueintretenden zu ermöglichen, sich bei uns schnell zu integrieren, haben wir ein sogenanntes Welcome-Package zusammengestellt, welches die wichtigsten Informationsunterlagen und -quellen für den Neueintretenden enthält. Dies sind:

Stellenbeschreibung
Wichtige Informationen zur angetretenen Stelle. Bei Fragen ist der Vorgesetzter oder die Personalabteilung jederzeit behilflich.

Organigramm
Informationen über Abteilungen, Ressorts, über die Geschäftsleitung und die Zuordnung der Abteilung in der Unternehmensorganisation.

Unternehmensleitbild
Das Unternehmen und seine Ziele, Kernleistungen, Visionen und Prioritäten gegenüber Kunden, Mitarbeitern, Lieferanten und Gesellschaft.

Fort- und Weiterbildungsangebote
Das Reglement sowie eine Kurzübersicht der von empfohlenen Institute, Seminaranbieter und Lehrgänge.

Aktuelle Ausgabe der Mitarbeiterzeitschrift
Aktuelle und interessante Themen über Produkte, Projekte, Unternehmen und Mitarbeitende für einen guten Einstieg.

Einführungsplan
Die ersten vier Wochen sind entscheidend, weshalb wir nichts dem Zufall überlassen wollen. Der Einführungsplan verrät, wer dem Neueintretenden, wann, bei welchen Aufgaben, auf welche Weise und mit welchem Zeitaufwand behilflich ist.

Weitere Instrumente, Methoden und PE-Felder

Selbstverantwortliches Lernen

Bedeutung und Stellenwert

Mehr denn je brauchen zukunftsorientierte Unternehmen nicht nur Mitarbeiter, die selbstständig denken, sondern auch solche, die in der Lage sind, selbst zu entscheiden, welches Wissen für sie relevant ist. Unter selbstorganisiertem Lernen versteht man Lernformen, die den Lernenden gegenüber traditionellen Unterrichtsverfahren ein erhöhtes Mass an Selbstbestimmung oder gar völlige Autonomie einräumen. Lernen wird somit von starren Zeiteinheiten und Örtlichkeitsanforderungen entkoppelt und in den Arbeitsprozess eingebunden. Dies gewinnt mit der zunehmenden Veränderungsdynamik immer mehr an Bedeutung und kommt den Anforderungen an permanentes Lernen stark entgegen.

Die rasante Zunahme von technologischen Neuerungen erfordert zudem von Mitarbeitenden und Unternehmen gleichermassen, sich neuen Bedingungen flexibel anzupassen und durch selbstinitiierte Lernprozesse ihr Wissen und ihre Erfahrungen kontinuierlich und autonom aus Selbsterkenntnis heraus weiterzuentwickeln. Die Qualifizierung erfolgt durch Aufgaben- und Arbeitsausführung und durch die Weiterentwicklung der Arbeitsprozesse. Der damit verbundene Anspruch einer modernen Personalentwicklung, "Betroffene zu Beteiligten" zu machen, wird mit diesem Verständnis des selbstmotivierten Lernens erfüllt, da Mitarbeiter so auch stark in die Gestaltung von Arbeitsinhalten einbezogen werden.

Voraussetzungen und Methoden

Malcom Knowles, der Begründer des auch "Self-directed Learning" genannten Lernverständnisses, versteht unter selbstorganisiertem Lernen vor allem einen Lernprozess, der durch die folgenden Gegebenheiten und Voraussetzungen gekennzeichnet ist. Es sind dies solche, bei denen Lernende und Mitarbeitende

- selbst die Initiative ergreifen
- ihre eigenen Lernbedürfnisse diagnostizieren
- ihre Lernziele formulieren
- Ressourcen organisieren
- passende Lernstrategien auswählen
- ihren Lernprozess selbst evaluieren

Selbstorganisiertes Lernen erfordert Instrumente, die dem autonomen und selbstorganisierten Lernen entgegenkommen und nutzt demzufolge eine grosse Bandbreite von Methoden wie

- Lernjournale
- E-Learning-Module
- Lernverträge
- Projektgruppen
- Lernstatt
- Qualitätszirkel

Diese Methoden sollten in kombinierter Form eingesetzt werden, eine einfache Fortschritts- und Selbstkontrolle ermöglichen und einen grossen Anteil von Feedback- und Erfahrungsaustausch-Möglichkeiten in Gruppen und in Workshops aufweisen.

Auch mit länger dauernden, mehrstufigen Weiterbildungen ist selbstorganisiertes Lernen möglich und hat einen weiteren Effekt: Es entstehen Netzwerke von Menschen mit ähnlichen Fragestellungen. Über die Weiterbildungsveranstaltungen hinaus können sie sich gegenseitig beraten und selbstorganisierte Lernstrukturen aufbauen. Dadurch sparen Unternehmen erheblich Kosten für formelle Weiterbildungsmassnahmen und institutionalisieren und fördern nebenbei die Kultur des selbstverantwortlichen Lernens. Periodisch stattfindende, zusammenhängende Workshops verhelfen den Führungskräften dazu, von den Alltagsproblemen Abstand zu nehmen und neue Sichtweisen zu gewinnen.

Anforderungen an die Lernenden

Die Mitarbeiter sollen befähigt werden, dank trainierter Lernfähigkeiten ihr Wissen selbständig erneuern und erweitern zu können. Dies ist eine anspruchsvolle Aufgabe, die gezielter Entwicklungsmassnahmen bedarf und während dieses Lernprozesses eine intensive Betreuung von Vorgesetzten und externen Fachleuten erfordert. Mitarbeitende müssen ferner auch in der Lage sein, einen Bezug zwischen ihren Aufgaben und Arbeiten mit zukünftigen Anforderungen herzustellen, die Verantwortung zu übernehmen und erfahrungsorientiert zu lernen. Selbstorganisiertes Lernen stellt also nicht nur an die PE-Verantwortlichen und die Unternehmenskultur, sondern auch an die Lernenden hohe Anforderungen:

- Bewusstsein der eigenen Lebens- und Lernziele
- Selbstbewusstsein als erfolgreicher Lerner
- Offenheit und starke Motivation für das Lernen
- Initiative, Disziplin und Unabhängigkeit
- Fähigkeiten und Bereitschaft zur Selbststeuerung
- bewusstes Akzeptieren der eigenen Verantwortung
- Kreativität und Problemlösefähigkeit
- Die Fähigkeit, Motivation, Konzentration und Arbeitsdisziplin zu entwickeln
- Strategien der effektiven Informationsrecherche, -aufnahme und –verarbeitung

Selbstverantwortliches Lernen setzt nicht nur Disziplin und ein hohes Mass an Motivation voraus, sondern auch Kenntnisse über die Faktoren des erfolgreichen Lernens und der damit verbundenen Spiel- und Verhaltensregeln. Die neuesten Erkenntnisse aus der Lernpsychologie und Lernforschung sind in der nachfolgenden Tabelle im Überblick zusammengefasst. Die Tabelle eignet sich übrigens in Form eines Merkblattes auch gut als Abgabe an Lernende in Ihrem Betrieb.

Merkblatt für erfolgreiches und effizientes Lernen	
Lernumgebung	Emotionen und Wohlbefinden haben Einfluss auf den Lernerfolg. Lernen in guter Stimmung mit angenehmem Licht, einladenden Farben und stimmungsvollen Räumen hat Einfluss auf den Lernerfolg.
Arten der Wissensaufnahme	Permanent gleiches Wissen auf die gleiche Weise einhämmern ist ineffizient. Verschiedene Methoden wie Lesen, Hören, Lernsoftware, Diskussionen, Videoreportagen, praktisches Handling sind ergiebiger und "gehirngerechter".
Beispiele statt Theorien	Theorie ist auch für das Gehirn grau und langweilig. Fallbeispiele, Geschichten, Bezüge zu persönlichen Erfahrungen und zu Erlebtem machen die Wissensaufnahme einfacher und erfolgreicher.
Keine Angst vor Fehlern	Keine Angst vor Fehlern, diese als (notwendigen) Teil des Lernprozesses akzeptieren und sie als Fortschrittskontrollhilfe bewusst einbeziehen. Achtung: Fehlerangst kann blockieren!
Praxisnähe und Zusammenhänge	Was persönlichen Bezug zu eigenen Erfahrungen, Kenntnissen, Vorlieben, Aufgaben und Talenten hat, wird eher aufgenommen als trockene, theoretische Details. Die Verbindung des Lernstoffes mit eigenen Erfahrungen und Arbeitssituationen verbessert die Behaltensquote und das Verständnis wesentlich.
Wiederholung	Die Werbung weiss es, der Lernende muss es ihr gleich tun. Was systematisch wiederholt wird – je nach Stoff drei bis fünf Mal – wird vom Gehirn besser aufgenommen und besser behalten.
Pausen und Fitness	Jede Stunde eine Pause – möglichst an frischer Luft und in anderer Umgebung – ist wichtig. Pausen sollten besonders beim Wechsel zwischen den Themen des Lernstoffs gemacht werden. Genug Schlaf ist ebenso wichtig, da sich Gelerntes im Schlaf vertieft und ausreichend Schlaf eine wichtige Voraussetzung für Konzentration ist.
Aktivieren des Lernstoffes	Was aktiv verarbeitet wird, wird vom Gehirn wesentlich besser verstanden und behalten. Lernstoff sollte also umgesetzt, angewendet, diskutiert, erprobt und in der Praxis zum Beispiel mit Beobachtungen und Erfahrungen erforscht, vertieft und in Beziehung gebracht werden.
Dauer und Häufigkeit	Kurze aber häufige Lerneinheiten sind besser als stundenlanges Lernen und "Durchnächtigen" ohne oder mit zu wenig Pausen und Unterbrüchen.

Coaching als Führungs- und PE-Instrument

Durch die Betrachtung von aussen mittels Coaching erhalten Ratsuchende ein Feedback, das hilft, ihren Blickwinkel zu erweitern und somit Lösungsansätze zu finden. Situationen können wichtige Management-Trainings, Outplacements, Karriereberatungen, Konfliktsituationen sein. Ein entscheidender Vorteil beim Einsatz eines Coaches ist seine Neutralität. Er läuft nicht Gefahr, betriebsblind an bestimmte Fragestellungen heranzugehen, sondern sieht die Situation von aussen, weil er nicht selbst involviert ist.

Grundhaltung im Coaching

Für ein erfolgreiches Coaching ist die Grundhaltung - die Lebensanschauung - des Coachs von grosser Bedeutung. Er muss sich seines ethischen Verständnisses bewusst sein, da dies massgeblich die Qualität der Gespräche bestimmt. Das Menschenbild des Coachs ist das Fundament auf dem sich das Coaching entwickelt.

Jeder Mensch hat aufgrund individueller Fähigkeiten seine ganz besondere Aufgabe. Ein Coach muss wissen, dass jeder Mensch mit konstruktiven Anlagen zur Welt kommt, die ihn befähigen zu wachsen und sich als Person zu verwirklichen. In der Art und dem Wesen des Menschen findet sich seine Aufgabe und damit sein Potential, seine Chancen. In der Praxis bedeutet das: Der Coach weiss um die Entwicklungsmöglichkeiten jedes Menschen und respektiert diesen in seiner Eigenart. Dieses positive Menschenbild und ein ausgeprägtes Einfühlungsvermögen mit starken Motivationsfähigkeiten sind für einen Coach zentral und letztlich stärker zu gewichten als Ausbildungsaktivitäten.

Der Coach darf keine Entscheidungen "abnehmen" oder ihm anvertraute Personen aus der Verantwortung für ihr Handeln entlassen. Es gibt Menschen, die sich einen Coach als eine Art Guru oder gar Therapeuten suchen. Dieser soll ihnen dann sagen, was richtig oder falsch, gut oder schlecht sei; was sie tun sollen; wie sie sich verhalten sollen. Dieses Guru-Verhältnis darf nicht zugelassen werden, da sich ein Mitarbeiter - aus der Verantwortung entlassen - in die Abhängigkeit zu einer Person begeben würde.

Was zeichnet Coaching aus?

Coaching wird oft einfach und treffend als ein Prozess bezeichnet, bei dem die Führungskraft Mitarbeitenden hilft, zu lernen, wie diese Aufgaben und Probleme selber lösen können. Es gibt einige griffige Merkmale des Coachings, die diese populäre Methode sehr exakt charakterisieren und definieren. *Coaching*

- zielt auf eine dauerhafte Verbesserung der Arbeitsresultate ab,
- heisst "Fordern und Fördern" und nicht "Liebsein und Verwöhnen",
- ist Hilfe bei der Umsetzung einer Problemlösung, also im Kern Hilfe zur Selbsthilfe,
- will einen Prozess des Noch-Besser-Werden-Wollens auslösen,
- ist ein Instrument, das von der Führungskraft am Arbeitsplatz genutzt wird.
- Grundlage ist eine partnerschaftliche Beziehung zwischen Vorgesetztem und Mitarbeitendem.

Internes Coaching und Coaching für Führungskräfte

Coaching kann als fachmännische Begleitung und Unterstützung von Arbeitnehmern durch externe Berater bei bestimmten Problemen wie Restrukturierungen, Stress, Führungsproblemen und mehr erfolgen. Dabei kann es im Laufe der Beratung vorkommen, dass neben externen dann auch betriebsinterne Berater – Vorgesetzte oder Personalfachleute – eine Coachingrolle übernehmen.

Internes Coaching kann auch als Bestandteil einer Unternehmenskultur betrachtet und als ein Instrument der Personalentwicklung genutzt werden, bei dem Führungskräfte Mitarbeitern helfen, zu lernen, wie sie Aufgaben und Probleme selbständig bewältigen und lösen können. Grundlage und Voraussetzungen dafür sind eine partnerschaftliche Beziehung, ein positives Menschenbild und eine überdurchschnittlich hohe Sozialkompetenz. Einbezogen werden sowohl Fertigkeiten und Fähigkeiten als auch Faktoren auf der Persönlichkeitsebene wie Selbstvertrauen und Motivation, die vor allem in Beziehung und Kommunikation zum Tragen kommen.

Coaching für Führungskräfte

Am häufigsten wird Coaching gewöhnlich von Führungskräften in Anspruch genommen. Das heisst nicht, dass ein Coaching für Mitarbeiter ohne Führungsaufgaben nicht geeignet wäre. Der starke Anteil von Führungskräften mag darin begründet sein, dass gerade dieser Personengruppe ein offenes und ehrliches Feedback genauso fehlt, wie der vertrauensvolle Austausch im Unternehmen. Hinzu kommt, dass der Entwicklungsbedarf einer Führungskraft häufig in der persönlichen Weiterentwicklung und einer Reflexion ihrer Gesamtsituation liegt. Dies kann aber kaum in einem Seminar geleistet werden. Auch ein "Feinschliff" im Verhalten, der dazu führt, dass die vorhandenen Kompetenzen besser zum Tragen kommen, wird in einem Seminar kaum erfolgen. Hier ist Coaching die richtige und zum Ziel führende Massnahme.

Die verschiedenen Coaching-Varianten

Einzel-Coaching

Hier wird eine Person durch einen Coach beraten. Typische Klienten sind normalerweise Personen mit Führungsverantwortung und Managementaufgaben sowie Selbstständige. Beim Einzel-Coaching als Führungsaufgabe ("Vorgesetzten-Coaching") werden Mitarbeiter von ihrem Vorgesetzten entwicklungsorientiert geführt. Themen und Inhalte sind durch die vorgegebene, starre Rollenverteilung stark eingeschränkt.

Gruppen-Coaching

Gruppen-Coaching bedeutet, dass sich der Coaching-Prozess auf eine Gruppe von Personen bezieht, die zunächst in keinem bestimmten Funktionszusammenhang stehen müssen. Das Gruppen-Coaching ist teilweise (als "Einzel-Coaching unter Zeugen") umstritten, da es oftmals kaum von herkömmlichen Team-Entwicklungs-Methoden unterschieden wird. Oft macht ein Gruppen-Coaching daher nur Sinn, wenn es durch Einzel-Coachings für die Gruppenmitglieder ergänzt wird.

Coaching durch Vorgesetzten

Der Vorgesetzte fungiert als Coach, indem er seine Mitarbeiter im Rahmen eines Personalentwicklungskonzepts zielgerichtet und entwicklungsorientiert führt. Ein häufig gesetzter Schwerpunkt liegt hier in der Führung und Betreuung der neu in die Organisation eingetretenen Führungskräfte. Der Vorteil eines Coachings durch Vorgesetzte wird hauptsächlich darin gesehen, dass es zu den Aufgaben der Führungskräfte gehört, bei Problemen ihrer Mitarbeiter unterstützend einzugreifen. Die dazu notwendige Beziehung zwischen dem Vorgesetzten und dem Mitarbeiter kann als Grundvoraussetzung für jegliche konstruktive Führungsarbeit gesehen werden.

Projekt-Coaching

Projekt-Coaching ist wiederum ein Spezialfall des Team-Coachings. Hier helfen Coachs bei der Durchführung von Projekten und arbeiten oft mit mehreren in einem Funktionszusammenhang stehenden Personen zusammen. Dies kann in Form von Einzel- und Gruppen-Coaching geschehen und ist von dem jeweiligen Projekt und den Anforderungen der Projekt-Mitglieder abhängig. Daher werden im Rahmen vom Projekt-Coaching auch verschiedene Settings kombiniert, z.B. Coaching-Massnahmen die in Zusammenarbeit von externen und internen Spezialisten konzipiert und durchgeführt werden.

Anlässe für Coachings aus der betrieblichen Praxis

Der wohl wichtigste Grund, Coaching in Anspruch zu nehmen, ist prinzipiell ein Mangel an Rückmeldung über das eigene Verhalten, was in einem unrealistischen Selbstbild, beruflichen Orientierungsschwierigkeiten und allen darauf aufbauenden Problemen münden kann (Führungsprobleme, Konflikte, Karrierestillstand, Motivationsdefizit, Burnout, Leistungsabfall und vieles mehr.). Ein typisches Beispiel für die Auswirkung von mangelndem Feedback ist der verschrobene Chef, dessen veralteter und autoritärer Führungsstil wohl allen Mitarbeitern bekannt ist, der aber nie thematisiert werden kann. Ein solcher Versuch ist oft auch riskant, da Feedback - wenn es Wirkung zeigen soll - , auch akzeptiert werden und zu Veränderungen führen muss.

Der Feedback-Mangel entsteht, weil Führungskräfte oftmals von abhängigen und in die Problematik involvierten Mitarbeitern, konkurrierenden Kollegen und Erfolg erwartenden Vorgesetzen umgeben sind; zum anderen, weil Ehepartner und Freunde – sofern der Kontakt zu ihnen noch nicht ganz der Karriere geopfert wurde – meist überfordert sind, da ihnen für eine kompetente Beratung das betriebswirtschaftliche und psychologische Fachwissen fehlt.

Konkrete Gründe, sich für ein Coaching zu entscheiden, können sein:

- Verbesserung der sozialen Kompetenzen, der Management- und Führungs-Kompetenzen
- Abbau von Leistungs-, Kreativitäts- und Motivationsblockaden, z.B. "Innere Kündigung"
- Umgang mit persönlichen Sinnkrisen, wie mangelndes Selbstvertrauen
- Überprüfung der Lebens- und Karriereplanung
- Unterstützung bei akuten Konflikten, z.B. bei Beziehungskonflikten mit anderen Personen
- Organisatorisch bedingte Probleme wie der Umgang mit neuen Rollen, Integration neuer Mitarbeiter, veränderter Umgang nach Reorganisation
- Vorbereitung auf neue Aufgaben und Situationen
- Unterstützung bei Einführung/Veränderung eines Führungsstils
- Förderung von Teamarbeit, bereichsübergreifenden Arbeitsgruppen und Projekten
- Konfliktbearbeitung für Einzelne oder innerhalb von Gruppen
- Bearbeiten von Diskrepanzen zwischen formulierter Unternehmenskultur und effektivem Verhalten der Mitarbeiter

Weitere Instrumente, Methoden und PE-Felder

Anforderungen an einen Coach	
Die nachfolgenden Merkmale und Beurteilungspunkte helfen, die Qualifikation und Eignung eines Coaches systematisch und in den entscheidenden Punkten ganzheitlich zu beurteilen.	
Frage	**+ / -**
Wie steht es um Ausstrahlung und Charisma?	
Wie lange arbeitet er als Coach?	
Welche Lebenserfahrung hat er?	
Wie empathisch, glaubwürdig, kritisch und diskret ist er?	
Wie steht es um seine Kommunikationsfähigkeiten?	
Wie konfliktfähig schätze ich ihn ein?	
Wie ist die Art der Fragen, die er stellt?	
Konkrete Coaching-Erfahrung und allfällige Spezialisierung?	
Branchen-, Betriebs- und Führungserfahrung?	
Welche Zusatzinformationen kann er geben?	
Methodenvielfalt; Transparenz und Erklärbarkeit der Methoden?	
Besteht ein Handlungskonzept?	
Wie steht es um die diagnostische Kompetenz?	
Besteht die Fähigkeit zur Selbstreflexion?	
Kann er sich selbstkritisch hinterfragen?	
Was liegt punkto Referenzen vor?	
Welche Ausbildungen oder spezielle Erfahrungen hat er?	
Was tut er für seine Selbst-Erfahrung?	
Nach welchem Coaching-Konzept geht er vor?	
Ist eine regelmässige Kontrolle des Erreichten vorgesehen?	
Hat er in meinem Bereich von Thema/Zielperson Erfahrungen?	
Wie lange arbeitet er schon als Coach?	
Welche Lebenserfahrung hat er?	
Welche Persönlichkeitsmerkmale erachtet der Coach als wichtig?	

Zielvereinbarungsgespräche

Das Zielvereinbarungsgespräch ist ein modernes und wichtiges Führungsinstrument. Es bezieht Mitarbeitende aktiv in das Unternehmensgeschehen ein und beteiligt sie direkt am Zielfindungsprozess. Der Mitarbeiter bekommt so Frei- und Gestaltungsräume, um die Ziele des Unternehmens umzusetzen, was eine starke Motivationswirkung zur Folge hat. Zu diesem Zweck findet üblicherweise jährlich ein Gespräch zwischen dem Mitarbeiter und dem direkten Vorgesetzten statt, in dem Ziele für das nächste Jahr vereinbart werden.

Diese Ziele orientieren sich an den Unternehmens- und Abteilungszielen, die der Mitarbeiter mit dem Vorgesetzten zusammen auf seine persönliche Arbeitssituation "herunterbricht". So partizipiert der einzelne Mitarbeiter aktiv an der mittel- und langfristigen Entwicklung des Unternehmens, was nebst Motivationssteigerung und Erhöhung der Eigeninitiative auch einen erheblichen Einfluss auf die Leistungsqualität hat.

Anforderungen an Ziele

Ziele sollten spezifischen Kriterien und Anforderungen folgen, um Wirkung zu haben. Dies ist auch deshalb wichtig, weil Zielvereinbarungen eine Messgrundlage für die Mitarbeiterbeurteilung sind. Können Mitarbeiter sich an klaren Zielen orientieren, wissen sie jederzeit, woran sie gemessen werden und was man von ihnen erwartet, was wiederum eine gewisse Selbstkontrolle und Selbsteinschätzung gestattet. Damit Ziele diese Wirkung aber entfalten können, müssen sie folgende Charakteristiken aufweisen. Ziele sollten

- spezifisch, möglichst präzise, verständlich sein und umsetzbare Handlungsanweisungen enthalten
- konstruktiv und positiv formuliert werden
- messbar sein, weil nur messbare Ziele auch überprüfbar und motivierend sind
- fordernd und fördernd sein, denn je anfordernder ein Ziel ist, desto grösser die Herausforderung
- realistisch und terminlich schriftlich festgehalten und gebunden wird der Verpflichtungscharakter verstärkt

Stellenwert von Zielvereinbarungen und Zielarten

Zielvereinbarungsgespräche nehmen im Zusammenhang mit Beurteilungssystemen in Unternehmen einen wichtigen Platz ein. Die Zielvereinbarung wird oft auch im Rahmen eines Beratungs-, Förder- oder Jahresgesprächs eingesetzt. Vorgesetzter und Mitarbeiter legen qualitative und quantitative Ziele gemeinsam fest, stellen in regelmässigen

Weitere Instrumente, Methoden und PE-Felder

Abständen (meist einmal pro Jahr) den Zielerreichungsgrad fest und vereinbaren gemeinsam Personalentwicklungs-Massnahmen. Die Ergebnisse dieses Feedback-Gespräches können auch Eingang in das Beurteilungssystem finden und in die Ergebnisbewertung bei Qualifikationen. Wichtig ist, dass Mitarbeiter in regelmässigen Abständen Feedback darüber erhalten, ob und wie gut sie ihre Ziele erreicht haben. Man kann Ziele in verschieden Kategorien aufteilen:

- Standartziele
- Problemlösungsziele
- Innovationsziele
- Persönlichkeitsziele

Standardziele gehören zum routinemässigen Pflichtenheft und zu den regelmässig zu erfüllenden Aufgaben. Dies können in einer Verkaufsabteilung Umsätze oder in einer Qualitätskontroll-Abteilung die Erfüllung von Qualitätsstandards sein. Bei Problemlösungszielen geht es um Verbesserungen oder um die Optimierung einer Situation wie zum Beispiel die Reduktion einer Ausfallquote bei Produktionen. Innovationsziele bezwecken die Schaffung neuer Vorgehensweisen oder Produkte. Sind sie im Pflichtenheft eines Stelleninhabers, zum Beispiel bei einem Product Manager, so stellen sie höhere Ansprüche, verbessern aber die Arbeitsqualität.

Eine mitarbeiterorientierte und moderne Personalentwicklung wird aber auch Persönlichkeitsziele einbeziehen, die im Interesse der Person des Mitarbeitenden festgelegt werden. Dies können Massnahmen im Rahmen einer Persönlichkeitsentfaltung sein oder sie können der Steigerung der Arbeits-Sinngebung dienen. Es lassen sich unterschiedliche Arten von Zielen benennen:

Unternehmensziele	Ziele eines Teams	Individual-Ziele
Erfolgsziele Leistungsziele Sicherheitsziele Umweltschutzziele	Qualitätsziele Projektziele Kostenziele Produktivitätsziele Methodenziele Kooperationsziele	Persönliche Entwicklungsziele Verhaltensziele Führungsziele Lernziele Leistungsziele Qualitätsziele

Ablauf eines Zielvereinbarungsgesprächs

Das Gespräch unterteilt sich in sechs Phasen. Nach einem möglichst positiven Einstieg wird beurteilt, ob die Ziele des letztjährigen Gesprächs erreicht wurden und wenn nicht, warum. Dann berichtet der Mitarbeiter wo er sich in dem nächsten Jahr sieht, wie er sich entwickeln möchte. Der Vorgesetzte berichtet daraufhin von den Unternehmenszielen und sucht mögliche Anknüpfungspunkte. Im gemeinsamen Dialog werden dann die Ziele formuliert und schliesslich am Ende vertraglich festgehalten und unterschrieben.

Schon beim Einstieg in das Gespräch sollte der Mitarbeiter das Gefühl bekommen, ernst genommen zu werden und als gleichwertiger Gesprächspartner akzeptiert zu werden. Deshalb wird der Einstieg in das Gespräch dem Mitarbeiter überlassen, er soll von Anfang an erkennen, dass ein Dialog und nicht ein Monolog des Vorgesetzten geführt wird. Wichtig in dieser Phase sowie während des ganzen Gesprächs ist, dass die Redezeiten in etwa gleich verteilt sind. Als Vorgesetzter sollte man dem Mitarbeiter aktiv zuhören und immer wieder Zusammenfassungen des vom Mitarbeiter Gesagten liefern. Selbstverständlich sollten während des Gesprächs keine Telefonate oder sonstigen Störungen stattfinden.

Zielbeurteilung
Dieser Teil des Gesprächs dient dem Rückblick über das vergangene Jahr: Welche Ziele wurden letztes Jahr vereinbart, sind sie erreicht worden? Wenn sie nicht erreicht wurden, was sind die Ursachen dafür? Wichtig sind auch Fragen nach Unter- bzw. Überforderung des Mitarbeiters und wie die Zusammenarbeit beispielsweise mittels neuer Arbeitshilfsmittel oder sonstiger Fördermassnahmen verbessert werden könnte. Den Abschluss bilden Fragen nach den Stärken und Schwächen des Mitarbeiters und wie diese gefördert bzw. beseitigt werden könnten.

Ziele des Mitarbeiters und des Unternehmens
Im nun folgenden Teil hat der Mitarbeiter Gelegenheit, seine Vorstellungen für das nächste Jahr mitzuteilen. Idealerweise wurden ihm eine Woche vor dem Gespräch die Unternehmensziele erklärt, so dass er sich auf das Gespräch vorbereitet hat und nun darstellen kann, wie er persönlich diese Ziele bei seiner Arbeit umsetzen könnte.

Kompromiss und Dialog
In diesem Gesprächabschnitt sollen Gemeinsamkeiten der Ziele gefunden, mögliche Abweichungen diskutiert, Veränderungen eingebracht und die Mitarbeiter- und Unternehmensziele zusammengeführt werden. Am Ende sollte der Mitarbeiter drei bis fünf Ziele für das nächste Jahr formuliert haben, die möglichst konkret, messbar, herausfordernd, realistisch und termingebunden sind. Ausserdem sollten Meilensteine vereinbart werden, an denen kontrolliert wird, ob das Ziel erreicht werden wird oder nicht. Durch solche Meilensteine ist es möglich, relativ frühzeitig umzusteuern, wenn die Zielerreichung gefährdet ist.

Die Vorteile von Zielvereinbarungen

Das Instrument der Zielvereinbarung dient letztlich dazu, eine Ausrichtung auf den Gesamterfolg des Unternehmens auf eine verpflichtende und partnerschaftliche Art und Weise zu erreichen. Der Mitarbeiter wird über die Zielsetzung des Unternehmens informiert und gleichzeitig dazu angehalten seinen persönlichen Beitrag zum Unternehmenserfolg zu leisten. Im Zentrum stehen dabei die folgenden Erfolgsfaktoren:

Motivation	Zielvereinbarungen können zur Motivation und Leistungsoptimierung beitragen, da der Mitarbeiter zu Partizipation und Verantwortungsübernahme angehalten wird. Der Mitarbeiter wird in die Unternehmensprozesse integriert, seine Vorschläge werden diskutiert und seine Bedürfnisse berücksichtigt. Da er für seine Ergebnisse selbst verantwortlich ist, steigert dies die Eigenverantwortlichkeit.
Kommunikation	Der Vorgesetzte würdigt im Gespräch die persönlichen Leistungen des Mitarbeiters. Dies führt in der Regel auch zu einer verbesserten beiderseitigen Kommunikation und Zusammenarbeit. Eine Basis für gegenseitiges Feedback wird geschaffen.
Personalplanung	Die Zielvereinbarung kann als Eckpfeiler einer qualitativen Personalplanung dienen: Die Vorgehensweise der Mitarbeiter kann sowohl bei der Zielvereinbarung als auch bei der Umsetzung der Ziele Aufschluss über die Stärken und Lernfelder der Beteiligten geben.
Weiterentwicklung	Hinzu kommt, dass auch die soziale oder fachliche Weiterentwicklung als Zielvereinbarung formuliert wird. Dementsprechend kann z.B. die Weiterbildung des einzelnen sowohl das Ziel selbst sein, welches verfolgt wird, als auch der Weg dahin, d.h. Weiterbildung erfolgt durch die konsequente Umsetzung der Ziele.

Die Potentialanalyse

Die Bedeutung des Mitarbeiterpotentials

Das Potential ist grundsätzlich das Leistungsvermögen eines Mitarbeiters oder einer Führungskraft, das sich in seiner Gesamtheit aus diversen Kenntnissen, Fertigkeiten und Wertorientierungen ergibt. Dabei sind "Schlüsselqualifikationen" diejenigen Elemente des Potenzials, die es dem Mitarbeiter ermöglichen, sein eigenes Potenzial weiterzuentwickeln und dieses optimal in den Dienst des Unternehmens stellen zu können.

Die Ziele der Potenzialanalyse

Im Zusammenhang mit der Laufbahnplanung und –beratung wird beim Arbeitnehmer zum Beispiel eine ausführliche Standortbestimmung durchgeführt. Dies beinhaltet eine Auseinandersetzung mit Berufs-, Arbeits- und Lebenszufriedenheit. Tests zur Erfassung von Neigungen und Begabungen, das Erkennen der Belastbarkeit, angestrebte Weiterbildungen und persönliche und berufliche Ziele und Entscheidungen werden vorgenommen und besprochen. Eine umfassende Potenzialbeurteilung strebt an, Fach-, Methoden-, Sozial- und Persönlichkeitskompetenz einzubeziehen, also insbesondere nicht nur die Leistung in der Vergangenheit.

CD ROM-Assistenz	Auf der beiliegenden CD-ROM unterstützt Sie die unten genannte Exceldatei mit bis zu 30 Beurteilungspunkten aus den Hauptbereichen Leistungs- und Sozialverhalten und Lernfähigkeiten mit Abweichungs- und Totalberechnung und grafischer Darstellung. Dateiname: *Potenzialbeurteilung.xls*

Die Potenzialbeurteilung umfasst aber auch die Bewertung des Potenzials von Mitarbeitern oder Bewerbern, um die Eignung für die künftige Verwendung zu beurteilen. Es ist wichtig, gezielte und bedarfsgerechte Instrumente zur Mitarbeiterentwicklung einzusetzen, die auf die Ziele, die Kernkompetenzen, die Entwicklungschancen und den Entwicklungsbedarf des Unternehmens und die Bedürfnisse der Mitarbeitenden ausgerichtet sind. Wichtig ist auch die Zukunftsorientierung einer Potenzialanalyse, da sich verändernde oder neue Anforderungen beispielsweise in einer kurz- und mittelfristigen Personalentwicklungsplanung niederschlagen müssen. Die Kriterien einer Potenzialanalyse sind:

Kriterien von Potenzialanalysen	
Durchsetzungsvermögen	Unternehmerisches Denken und Handeln
Belastbarkeit	Flexibilität und Anpassungsfähigkeit
Selbständigkeit	Lernfähigkeit und Lernbereitschaft
Generelle Sozialkompetenzen	Urteils- und Entscheidungsfähigkeit
Kooperationsfähigkeit	Initiative und Innovationsgeist

Potenzialanalyse-Assessments für Führungskräfte

Erfolgreiche Unternehmen legen besonderes Gewicht auf die Stärken der Kader und deren Entwicklungsbedarf. Welche Fähigkeiten und Stärken und welches Wissen sie heute und morgen benötigen, hängt von den gegenwärtigen und zukünftigen Herausforderungen des Unternehmens ab. Die Vision des Unternehmens und seine strategische Ausrichtung müssen ebenso Bestandteil von Potenzialanalysen sein, wie die zu erwartenden Marktveränderungen und auf das Unternehmen zukommenden Herausforderungen. Im Rahmen des Potenzialanalyse-Verfahrens werden exakt diejenigen Fähigkeiten und Stärken herausgearbeitet und überprüft, die für die Zukunft eines Unternehmens ausschlaggebend sind. Die unternehmensspezifischen Fähigkeiten und Stärken nehmen innerhalb des Potenzialanalyse-Assessments eine Schlüsselfunktion ein. Je nach spezifischer Situation und Zielsetzung eines Unternehmens und seiner Führungspolitik und Unternehmenskultur können beispielsweise Motivation und Engagement, Teamfähigkeit oder bei international tätigen Unternehmen Kenntnisse anderer Kulturen von besonderer Wichtigkeit sein und demzufolge als Kernkompetenzen definiert werden.

Es ist für den Erfolg ausschlaggebend, Aufgabenstellungen zu massschneidern und auf die aktuellen und künftigen Bedürfnisse auszurichten. Das Potenzial der Führungskräfte bezüglich der Kernkompetenzen wird mittels unterschiedlicher Aufgabenstellungen erfasst und überprüft, die dann mit unternehmensnahen Inhalten ausgestattet sind. Potenzialressourcen lassen sich anhand von Einzelübungen sowie von Gruppenübungen ermitteln. Das Potenzialanalyse-Assessment beinhaltet Elemente wie Meetings, Projektanalyse, Treffen von Führungsentscheidungen und Einzelgespräche.

Assessment-Center-Training

In Kleingruppen, aber auch in intensiven Einzeltrainings trainieren die Kandidaten die Selbstpräsentation und den richtigen Umgang mit Gruppendiskussionen, Postkorbübungen und anderen Testverfahren. Dabei lernen sie anhand praktischer Beispiele den Hintergrund der einzelnen Bausteine zu verstehen und adäquat zu reagieren. Die Trainings werden auf die individuellen Bedürfnisse der Kandidaten abgestimmt und mit Spezialisten durchgeführt.

Die Grundsätze und Charakteristiken von Assessment-Centers
Eine etablierte Methode der Qualifikations- und Potenzialbeurteilung und der Personalauswahl im Rahmen der Führungskräfteentwicklung sind Assessment-Centers. Mit Hilfe von praxisnahen Problemlösungs- und Entscheidungsaufgaben werden Situationen simuliert, die von den Kandidaten verschiedene Fähigkeiten und Verhaltensweisen erfordern, z.B. analytisches Denken, Einsatzwille, Organisationsvermögen, Kooperationsbereitschaft, Kommunikations- und Argumentationsstärke. In der Regel werden Aufgaben gestellt, die bei den Teilnehmern eine gewisse Arbeitsweise provozieren, welche von Experten beobachtbar ist und bei einer zu besetzenden Vakanz als Voraussetzung für eine erfolgreiche Aufgabenerfüllung gilt. Hilfsmittel sind Beobachtungsbögen und Checklisten, mit denen die relevanten Verhaltensweisen und Reaktionen erhoben und die Eindrücke festgehalten werden. Am Ende des Assessment-Centers erfolgen Auswertung, Vergleich, Kommentierung und Bewertung der Beobachtungen als Grundlage für Empfehlungen zur Einstellung oder Förderung der entsprechenden Kandidaten.

Die Ziele eines Assessment-Centers
Grundsätzlich verfolgt ein Assessment-Center zwei Ziele. Es soll einerseits dazu beitragen, Fach- und Führungspotential zu erkennen und zu analysieren und andererseits die Entwicklungsfähigkeit dieses Potenzials mit den geeigneten Förder- und Bildungsmassnahmen zu ermöglichen. Diese beiden gleichzeitig eruierbaren Ziele machen Assessment-Centers für die Personalentwicklung interessant.

Einzel-Assessments
Für Positionen, bei denen es nur wenige hochkarätige Bewerber gibt, bietet sich ein Einzel-Assessment an. Anhand von Tests, Übungen und gezielten Explorationen wird ein Profil des Bewerbers erstellt und mit dem Anforderungsprofil verglichen. Hier geht es neben der fachlichen Eignung auch um die Frage, inwiefern der Kandidat auch in die Unternehmenskultur und das entsprechende Team passt. Die Gestaltungsmöglichkeiten von Einzel-Assessments sind vielfältig und orientieren sich in der Hauptsache an den Anforderungen der in Frage stehenden Position: Neben Präsentationen und Rollenspielen können verschiedenste weitere Verfahren wie Interviews, Fallstudien, Computersimulationen sowie Leistungs- und Persönlichkeitstests eingesetzt werden. Der Einsatz von weiteren Verfahren kann zusätzliche Aspekte

beleuchten oder im Sinne einer konvergenten Validierung Ergebnisse anderer Verfahren bestätigen oder aber auch in Frage stellen.

Laufbahnplanung

Die Laufbahnplanung kann auch als individuelle Entwicklungsplanung für Mitarbeitende betrachtet werden und bezieht sich auf die berufliche Weiterentwicklung und die damit verbundenen Zielsetzungen sowohl des Mitarbeitenden wie auch des Unternehmens bzw. des betreffenden Vorgesetzten. Eine solche Laufbahnplanung muss nicht unbedingt eine hierarchiemässige "Karriereleiter-Entwicklung" sein, sondern kann auf eine Kompetenzerweiterung innerhalb der bestehenden Position, auf eine Projektleitungsaufgabe oder auf einen Auslandaufenthalt mit einer besonderen Herausforderung ausgerichtet sein.

Grundsätzlich legt eine Laufbahnberatung fest, welche Positionen und Aufgaben Mitarbeitende im Laufe ihrer beruflichen Entwicklung im Betrieb voraussichtlich einnehmen könnten und welche Entwicklungsmassnahmen dafür notwendig sind. Grundlage dazu ist der Mitarbeitende mit seinen Fähigkeiten und Entwicklungsbedürfnissen.

Laufbahnberatung als Motivationsmittel

Eine persönliche Laufbahnberatung und –planung ist ein hervorragendes Motivationsmittel. Erkennt ein Mitarbeitender konkrete Aufstiegs- und Weiterentwicklungsmöglichkeiten, steigert dies die Arbeitsqualität und Zukunftsaussichten und zeigt ihm damit auch Wertschätzung, dass seine Entwicklung dem Unternehmen etwas bedeutet. Ein besonderer Vorteil der Laufbahnberatung ist ihre Flexibilität: Es kann sowohl auf die persönliche Situation und die Bedürfnisse sowie individuellen Fähigkeiten und Stärken des Mitarbeiters eingegangen werden als auch auf die betrieblichen Anforderungen und aktuellen Gegebenheiten. Unterschieden werden können:

Fachlaufbahn

Eine Weiterentwicklung mit oder ohne Führungsaufgaben, bei der eine Fachaufgabe oder eine Expertenposition im Mittelpunkt steht. Dies kann sinnvoll sein für Mitarbeitende, die kein Interesse an einer Führungsposition haben oder für eine solche nicht in Frage kommen.

Projektlaufbahn

Eine temporäre Massnahme mit zeitlich begrenzen Expertenaufgaben in einem bestimmten Fachgebiet. Solche Projektlaufbahnen können den persönlichen Interessen und denen des Unternehmens gleichermassen entgegenkommen, da sie sehr ziel- und praxisorientiert sind und hervorragende Entwicklungsmöglichkeiten bieten können.

Führungslaufbahn
Eine karriere- und hierarchieorientierte Führungslaufbahn, die in verschiedenen Stufen erfolgen kann.

Die Folge einer Laufbahnplanung können neue Tätigkeitsfelder, andere Positionen, Verantwortlichkeiten oder eine Job Rotation auf gleicher hierarchischer Ebene sein. Diese Art der Planung sollte zeitlich absehbar sein und keine falschen, unrealistischen Karriereerwartungen wecken. Es sind vor allem Hochschulabsolventen und Studienabgänger, die oft von den Unternehmen Entwicklungsperspektiven in Form einer Laufbahnberatung erwarten oder verlangen. Laufbahnpläne können besonders bei Kaderleuten motivierend wirken und neue Perspektiven aufzeigen.

Der Nutzen einer Laufbahnberatung für das Unternehmen
Eine Laufbahnberatung ist bei weitem keine "Luxus-Dienstleistung am Mitarbeiter", wie dies auf den ersten Blick vermutet werden könnte. Besonders erfolgreich ist eine Laufbahnberatung dann, wenn die Schulung eng mit den individuellen Fähigkeiten und Entwicklungswünschen einerseits und mit der betrieblichen Personalplanung andererseits verbunden wird. Eine systematisch durchgeführte Laufbahnberatung hat auch für das Unternehmen selber einige überzeugende Vorteile:

- Verstärkung der Mitarbeiterbindung zum Unternehmen
- Erhöhung der Identifikation mit Unternehmen und Aufgaben
- Bei Vakanzenbeschaffung schnelle, sichere Kandidatenentscheide
- Vorbereitung auf neue Aufgaben und kommende Entwicklungen
- Transparenz über vorhandene Potenziale im Unternehmen

Der folgende Mitarbeiter-Entwicklungsplan zeigt die mögliche Gliederung und Systematik, mit der eine Laufbahnplanung mit einem Mitarbeitenden angegangen werden kann.

Laufbahn-Entwicklungsplan

Name: Abteilung: Stellung: Eintritt: Datum:

MA = Mitarbeiter / VG = Vorgesetzter / UNT = Unternehmen

	MA	VG	UNT
Planziel O Leistungssteigerung und -optimierung O Berufliche Weiterentwicklung **Zeithorizont** O kurzfristig O mittelfristig O langfristig			
Stärken/Kerntalente des Mitarbeiters			
Schwächen/Defizite des Mitarbeiters			
Entwicklungsziele			
Entwicklungsmassnahmen			

Bedürfnisse Mitarbeiter
O Fachlaufbahn
O Projektlaufbahn
O Führungslaufbahn

Sicht des Unternehmens und des Vorgesetzten

Nachfolgeplanung

Stellenwert der Nachfolgeplanung
Die Nachfolgeplanung in Unternehmen gestaltet sich gerade bei kleineren Betrieben oft deshalb so schwierig, weil viel zu spät begonnen wird oder man sich der Bedeutung des Problems gar nicht bewusst ist. Die Nachfolgeplanung ist ein Spezialgebiet der Personalentwicklung. Hier hat das Unternehmen das jeweils hoch einzustufende Ziel, wichtige Schlüsselpositionen rechtzeitig und anforderungsgerecht zu besetzen. Dies wird grösstenteils durch die Laufbahn- und Karriereplanung erreicht – bei welcher der Fokus auf den Entwicklungsbedürfnissen der Mitarbeiter liegt.

Koordination von Laufbahn- und Nachfolgeplanung
Laufbahn- und Nachfolgeplanung sollten also von der Zeitplanung und von den Qualifizierungsmassnahmen her sorgfältig und unternehmensweit aufeinander abgestimmt und in Einklang gebracht werden. Erreicht werden damit wichtige Ziele und Anliegen seitens des Unternehmens und der Mitarbeitenden:

- Sicherstellung der Deckung des zukünftigen Personalbedarfs
- Erhalt der unternehmerischen Kernkompetenzen
- Transparenz in der Karriereförderung und -politik
- Motivationssteigerung und Verstärkung der Mitarbeiterbindung
- Kostenvorteile durch Wegfall teurer Rekrutierungskosten

Die Nachfolgeplanung muss letztlich Klarheit schaffen zur entscheidenden Frage, *welche* Stellen *wann* vakant werden und von *wem* mit welchen *Qualifikationen* besetzt werden sollten.

Die sechs Schritte einer Nachfolgeplanung
Das nachfolgend in klare sechs Schritte gegliederte Vorgehen stellt eine systematische und lückenlose Nachfolgeplanung sicher und hat sich in der Praxis bewährt.

Schritt 1: Prinzipien der Nachfolge festlegen
Hier müssen Grundsatzfragen geklärt werden. Haben interne Besetzungen Vorrang vor externer Suche oder ist dies von bestimmten Voraussetzungen abhängig. Gilt ausschliesslich das Leistungsprinzip oder sollen auch Elemente des Senioritätsprinzips einbezogen werden (Anrecht verdienter, älterer Mitarbeiter auf Nachfolgepositionen).

Schritt 2: Bestimmung der Schlüsselpositionen
Für welche Positionen und Stellen im Unternehmen werden Nachfolgeplanungen realisiert. Welche Unternehmensbereiche, welche Positionen, welche Expertenstellen und welche Träger speziellen Fach-Know-hows und besonderer Kernkompetenzen sind dies. Dabei spie-

len auch Kriterien wie die Grösse von Verantwortungsbereichen, die Relevanz im Rahmen der strategischen Unternehmensausrichtung und die Rekrutierungschancen auf dem Arbeitsmarkt eine Rolle.

Schritt 3: Anforderungen und Qualifikationsbedarf
Das Anforderungsprofil sollte aufgrund bestehender Umstände sowie mittel- und langfristiger Erwartungen erstellt werden. Stellenbeschreibungen, Qualifikationen des Stelleninhabers und die Entwicklung des Aufgaben-, Verantwortungs- und Kompetenzenbereiches sind dabei wichtig. Auch die Dauer der Betriebszugehörigkeit, das Alter, die Gewichtung von Erfahrungen und die Kernkompetenzen sollten miteinbezogen werden.

Schritt 4: Ermittlung und Suche der Nachfolger
Hier sollten Führungskräfte frühzeitig informiert und die Geschäftsleitung miteinbezogen werden. Personalentwicklungs-Gespräche, Potenzialanalysen und Qualifikationen sind einige Selektionsinstrumente zur Nachfolger-Ermittlung. Ein intensiver Einbezug des momentanen Stelleninhabers mit Hilfe von Gesprächen und Aufgabenstellungen für potentielle Nachfolger sind ebenfalls wichtig. Zudem ist immer auch die Vakanz zu berücksichtigen, die durch die Selektion des betreffenden Nachfolgers entsteht.

Schritt 5: Qualifizierungs- und Schulungsmassnahmen
Diese lassen sich ableiten vom Anforderungsprofil und von den Stärken und Defiziten des potentiellen Nachfolgers im Persönlichkeits- und Fachbereich. Die Gegenüberstellung von

- Anforderungen der neuen Stelle und der Entwicklungsziele
- Eignungs- und Qualifikationsprofil des Nachfolgers
- Handlungsbedarf und Massnahmen aus Abweichungen

Diese Massnahmen ermöglichen eine systematische und zielgerichtete Vorgehensweise bei der Festlegung von Qualifizierungs- und Schulungsmassnahmen für den Nachfolger. Auch in dieser Phase ist der Einbezug des momentanen Stelleninhabers von grosser Bedeutung.

Schritt 6: Vorbereitung und Einführung des Nachfolgers
Im Idealfall wird der Nachfolger schritt- und stufenweise in die neue Stelle eingearbeitet und im Falle von Kernaufgaben und aktuellen Problemstellungen einbezogen. Ein Einführungsplan mit Terminen, Zuständigkeiten und Zielen stellt die Systematik und Sorgfalt einer umfassenden Einführung sicher. Man muss sich bewusst sein, dass es in dieser Phase je nach Charakteren und Umständen zu Spannungen kommen kann (Alter, Führungsstil, Profilierungswünsche usw.) die möglicherweise durch erfahrene Coaches verhindert oder abgeschwächt werden können.

Lern- und Bildungsmethoden in Kürze

Nutzung der grossen Vielfalt und Auswahl

Ein modernes Unternehmen, welches Personalentwicklung professionell pflegt und ernst nimmt, muss sich eines breiten Instrumentariums von Förder-, Lern- und Bildungsmethoden bedienen und die bestehenden Möglichkeiten gezielt nutzen. Nicht alle nachfolgend genannten Lernmethoden müssen dabei erprobt oder gar eingesetzt werden. Aber es sind solche, die grundsätzlich in Frage kommen können und die für Personalentwicklungsziele, Unternehmenskultur, Mitarbeitenden und Führungskräfte von Fall zu Fall die richtige Wahl sein können.

Wir haben uns bewusst um eine grosse Auswahl von Methoden bemüht, die kompakt die Grundidee darstellt und eine Eignungsbeurteilung ermöglicht, aber dabei nicht ins Detail geht. Zur Vertiefung empfehlen wir Ihnen Buch-, Referats- oder Fachartikelrecherchen im Internet, die Nutzung von Suchmaschinen, die Beschaffung vertiefender Unterlagen spezialisierter Institute oder die Kontaktierung externer Aus- und Weiterbildungsexperten.

Anschliessend an dieses Kapitel können Sie mittels einer Tabellenübersicht Eignungen und Einsatzentscheide für Ihr Unternehmen vornehmen und haben alle Methoden und Möglichkeiten nochmals im Überblick.

Konventionelle und etablierte Methoden

Diese Methoden haben den Vorteil, dass sie allgemein akzeptiert sind, keine Risiken mit sich bringen und in ihrer Wirkung mit Vor- und Nachteilen im Allgemeinen sehr gut beurteilt werden können. Auch die Kosten sind gut abschätzbar.

Auslandpraktika und –einsätze

Dies kann je nach Zielsetzung gerade im Zeichen der sich internationalisierenden Wirtschaft eine sehr effektive Massnahme sein, die der Entwicklung persönlicher, kultureller und beruflicher Bereiche dient und Fremdsprachenkenntnisse fördert. Bei kleineren Niederlassungen können Führungsfunktionen oder Projektleitungen übernommen werden. Je nach vertraglichen Regelungen kann dies ein temporärer Auslandeinsatz sein zum Beispiel für den Aufbau einer Abteilung oder Niederlassung oder eine Versetzung, bei der Mitarbeitende für längere Zeit ins Ausland entsendet werden.

Bücher und Fachzeitschriften für das Selbststudium

Autodidaktische Mittel wie Bücher und Zeitschriften können eine sehr gute Ergänzung zu anderen Lernformen sein. Abgesehen von niedrigeren Kosten und der Mehrfachverwendung stellen sie oft eine qualitative Vertiefung mit aktuellen Informationen sicher. Bestimmte Angebote im Internet bilden eine sehr gute Recherchiermöglichkeit auch für internationale Angebote.

Einzelarbeiten und –aufgaben
Selbständiges Verarbeiten von Lernstoff in Form einer klar definierten Aufgabenstellung mit ebenso klaren Lernzielen. Dabei können die Lernschritte je nach Anlage und Ausbilderbetreuung selbst gewählt werden wie auch die Lernmethoden, die zum Beispiel aus einem CD-ROM-Software-Kurs, einem Buch- und Fachzeitschriftenstudium und einer konkreten Aufgabenstellung "on the job" bestehen können.

Erfahrungsaustauschgruppen
Bei dieser Form werden auf Unternehmens- oder Abteilungsebene Erfahrungen und konkretes Wissen ausgetauscht und diskutiert. Diese Form der Wissensvermittlung kann sehr gut als ergänzende Massnahme beispielsweise einer Projektgruppenarbeit oder als Vertiefung und Followup-Massnahme einer Weiterbildungsveranstaltung mit dem Austausch von in der Praxis gemachten Erfahrungen genutzt werden. Referate können ein einleitendes, eröffnendes Element sein.

Fachkonferenzen
Hier moderiert ein Experte eines bestimmten Fachgebietes eine grössere Gruppe von Teilnehmenden im Dialog und in der Diskussion. Es ist Aufgabe des Gesprächsleiters, mit hoher Fachkompetenz und guten Moderationskenntnissen die Teilnehmer durch die richtigen Fragen und Schwerpunkte permanent auf das Ziel der Fachkonferenz hinzusteuern. Je nachdem sind mit Vertiefung, Weiterentwicklung und Gewinnen von neuen Erkenntnissen klare Fortschritte zu erzielen.

Fallbasierendes Lernen
Die Einbettung eines Lernstoffes in eine tatsächliche oder konstruierte Problemstellung wird als fallbasierendes Lernen beschrieben. Der Lernende erwirbt oder festigt neues Wissen, indem er aktiv und selbstgesteuert eine Problemstellung bearbeitet. Damit weist dieses didaktische Modell eine Verwandtschaft zum entdeckenden Lernen auf. Somit wird ermöglicht, dass bereits vorhandenes Vorwissen dazu benutzt werden kann, die Fragestellung in aktiver Art und Weise zu bearbeiten. Der (Online) Tutor bereitet also die zu bearbeitenden Fälle lernzielgerecht auf, betreut sie, ist Ansprechpartner bei individuellen Problemen und gibt Feedback auf die Lernergebnisse des Teilnehmers.

Fallmethoden und Planspiele

Hier geht es darum, ein aktuelles betriebliches Fallbeispiel als Aufgabenstellung heranzuziehen und dann mittels Simulationen und Planspielen beispielsweise Entscheidungsalternativen oder neue Lösungsvarianten zu erarbeiten. Diese Methode setzt voraus, dass die Teilnehmer mit dem betrieblichen Fallbeispiel gut vertraut sind und über die notwendigen Fachkenntnisse verfügen. Diese Methode eignet sich für alle Mitarbeitende, ist sehr praxisnah und kann nebst konkreten Resultaten auch Einstellungsänderungen bewirken und die Anwendung neuer Arbeitstechniken und Vorgehensweisen beinhalten.

Fernunterricht

Eine Weiterbildungsform mit dem Vorteil der Flexibilität punkto Zeitplanung und Lernort, die auch in kombinierter und ergänzender Form eingesetzt werden kann. Ein Betrieb kann sich so auch von einem Teil der innerbetrieblichen Bildungsmassnahmen entlasten und Zeitplanung und Fortschrittskontrollen in Eigenverantwortung an den Mitarbeitenden delegieren. Es sollte darauf geachtet werden, dass nur renommierte und anerkannte Institute evaluiert werden.

Führungsstilanalysen

Die Führungsstilanalyse hat zum Zweck, herauszufinden, wie der Führungsstil der Vorgesetzten von Mitarbeitern beurteilt und wahrgenommen wird, wie er sich auf das Arbeitsklima, die Motivation und die Leistung auswirkt. Für die Selektion geeigneter Lernformen und entsprechender Anbieter von Führungsausbildungen sind solche Analysen sehr empfehlenswert, wenn sie auch streng genommen kein Ausbildungsinstrument darstellen. Diese Analysen sollten keine punktuellen Massnahmen sein, sondern systematisch in Mitarbeiterbefragungen oder Vorgesetztenbeurteilungen zur Sprache kommen. Die Führungsstilanalyse kann ein wichtiger Gradmesser der Führungsfähigkeiten der Vorgesetzten sein und wichtige Hinweise zu Weiterbildungsmassnahmen für Führungskräfte geben.

Förderprogramme

In der Führungskräfte- und Nachwuchsentwicklung werden zum Beispiel Fach- und Führungsnachwuchskräfte während ihrer beruflichen Laufbahn gefördert. Es können strategisch und individuell zugeschnittene Förderprogramme sein, um schneller und zielgerichteter Mitarbeiter mit ausbaufähigem Potenzial auf weiterführende Aufgaben vorzubereiten. Nachwuchsentwicklungs- und Managementprogramme können die Grundlage für diese kontinuierliche Kompetenzentwicklung bilden.

Förderrunden

Welche Stelle passt zu wem? Solche und ähnliche Fragen kann eine Förderrunde beantworten helfen. Sie setzt sich gewöhnlich aus erfahrenen leitenden Mitarbeiterinnen und Mitarbeitern zusammen. Die Förderrunde beobachtet die Entwicklung auf dem internen Stellenmarkt und verschafft sich einen Überblick über geeignete Kandidatinnen und Kandidaten, worauf deren Potenzial eingehend analysiert wird. Aus diesem Kreis stammen dann regelmässig neue Fach- und Führungskräfte. Die Förderrunde kann in einem solchen Modell auch als Sprungbrett für die Karrierenentwicklung eingesetzt werden.

Führungspositionen auf Zeit

Eine Führungsposition auf Zeit kann eine hervorragende Methode sein, im Anschluss an eine Kaderausbildung oder einen Förderkreis praktische Erfahrungen in einer effektiven Führungsposition zu sammeln. Dies geschieht im Idealfall unter einer gezielten Beobachtung eines erfahrenen Kadermannes oder in Kombination mit einem Coach. Ein permanent mit der Kaderausbildung verglichenes Entwicklungsprofil kann zudem Stärken und Schwächen und noch vorhandene Defizite aufzeigen.

Individueller Lernplatz

Die Mitarbeitenden eignen sich mit Hilfe von strukturierten und systematisch geordneten Inhalten und audiovisuellen Medien wie Filmen, Dias usw. selbständig Begriffs- und Faktenwissen zu vorher erarbeiteten Fragestellungen an. Äusserlich betrachtet ist jeder Arbeitsplatz an ausgewählten Informationsständen unmittelbar zugänglich. Ein wesentliches Merkmal eines Lernplatzes besteht darin, dass Wissen gespeichert und strukturiert geordnet ist und in Beziehung zu definierten Aufgabenfeldern steht. Es handelt sich um selbsttätiges Lernen mit Medien, welche die Realität über Texte oder audiovisuelle Mittel abbilden.

Job Enrichment

Das Job Enrichment stellt eine Aufgabenbereicherung dar, bei der neue, qualitativ höherwertige Aufgaben den bestehenden Aufgaben hinzugefügt werden, d.h. es erfolgt eine strukturelle Änderung der Arbeitssituation. Job Enrichment zielt auf eine bessere Arbeitssituation für den Mitarbeiter, führt vielfach zu einer Höherqualifizierung des Mitarbeiters, kann aber gleichzeitig auch eine Höherqualifizierung voraussetzen.

Job Enlargement

Hier wird eine quantitative Tätigkeits- oder Aufgabenerweiterung vorgenommen. Beispiel: Ein Aussendienstverkäufer übernimmt zusätzlich Serviceaufgaben mit dem Ziel, Kundenbedürfnisse praxisorientierter zu verstehen. In der Regel werden die betroffenen Mitarbeiter durch höheren Arbeitsanfall mehr als vorher gefordert; können sie dieser höheren Anforderung dauernd entsprechen, erweitern sie aber ihre Qualifikation.

Job Rotation

Job Rotation ist ein systematischer Arbeitswechsel oder Arbeitsplatzwechsel. Es wird häufig bei Führungskräften zur Einarbeitung praktiziert, damit diese das Unternehmen kennenlernen (Trainee). Der Arbeitsplatzwechsel erfolgt planmässig und umfasst gleichwertige oder ähnliche Aufgaben für den Mitarbeiter. Bei Facharbeitern kann es zur Erreichung von Mehrfachqualifikation dienen. Durch Job Rotation kann die Motivation des Mitarbeiters erhöht werden. Ein Nachteil ist die immer wieder notwendig werdende Einarbeitung.

Kleingruppen-Lerngespräche

Die Mitarbeitenden eignen sich durch strukturierten Informations- und Meinungsaustausch vorwiegend Wissen über persönliche Arbeits- und Projekterfahrungen, Einstellungen und Bewertungen an. Dies erfolgt in kleineren Gruppen von bis zu sieben Personen. Es handelt sich nur um ein Lerngespräch, wenn sich die Teilnehmer ihrer Lernabsicht bewusst sind und eine strukturierte und systematische Wissensvermittlung erfolgt. Die Gespräche laufen nach vereinbarten Spielregeln ab, wobei gegebenenfalls ein Gruppenmitglied die Rolle eines Moderators übernehmen kann. Verwandt damit bzw. spezifische Lernformen sind Selbsterfahrungsgruppen.

Lehrgespräch

Darunter versteht man das zielgerichtete und strukturierte Erarbeiten wichtiger Lerninhalte im Dialog von Ausbilder und Lernenden, oft aufgrund konkreter Fragen und Problemstellungen aus dem Betriebsalltag. In dieser interaktiven Form sind die Lernenden aktiv in einem Team und an der Wissenserarbeitung beteiligt. Das Lehrgespräch stellt hohe Anforderungen an den Ausbilder, der auch passivere Teilnehmer aktivieren und ein Lehrgespräch sehr zielorientiert und mit feinem Gespür für das Gruppenklima führen sollte.

Lehr- und Fachvorträge

Im allgemeinen sind Förder- und Bildungsmethoden, bei denen Wissen allzu passiv konsumiert wird, meistens nicht der ideale und oft sicher nicht der einzige zu empfehlende Weg. Geht es aber um kompakte Einführungen in neue Sachgebiete oder um Zusammenfassung neuer Erfahrungen, kann ein Lehr- und Fachvortrag durchaus ein geeigneter Weg sein. Als Ergänzung zu anderen Methoden oder mit dem Einsatz eines interessanten Medienmixes steigt die Effektivität dieser Lernform zusätzlich.

Leitbildentwicklung

Die Erarbeitung und Implementierung eines Unternehmensleitbildes oder Führungsleitbildes, an dem sich Mitarbeiter täglich bei ihrer Arbeit orientieren können, kann auch eine interessante Personalentwicklungsmassnahme sein. Ein Leitbild beinhaltet Unternehmensziele, Firmenphilosophie und die Vision der weiteren Entwicklung, es erhöht die Identifikation mit dem Unternehmen und unterstützt die Aussen- und Innenkommunikation. Bei der Mitwirkung an Leitbildern setzen sich Mitarbeiter vertieft und grundsätzlich mit dem Unternehmen auseinander und lassen bei der Mitformung die Art und Weise der Identifikation heranwachsen.

Lernkonferenz

Die Mitarbeitenden eignen sich in ein- oder mehrtägigen Treffen durch wechselseitige Vorträge, Diskussionen und andere Beiträge aktuelles Praxiswissen an. Der Zweck einer Tagung oder eines Kongresses ist die Pflege des Teamgeistes, der Informationsvermittlung oder des persönlichen Erfahrungsaustausches. Die Lernkonferenz dient hingegen nur der Wissensvermittlung. Die Dauer, die Anzahl der Teilnehmer und die Rolle des einzelnen Teilnehmers sind sehr unterschiedlich. Die Mitarbeitenden können in zahlreichen Aktivitätsformen tätig sein und organisieren, referieren, moderieren, diskutieren, berichten und zuhören. Es finden zum Beispiel Management-Symposien in dieser Form statt.

Lernstatt

Diese Form des Erfahrungsaustausches führt zur Erkenntnis, wo nicht nur persönliche, sondern auch betriebliche Probleme diskutiert werden. Im Gegensatz zum Qualitätszirkel oder zum Werkstattzirkel können in der Lernstattgruppe ungefähr ein Dutzend Teilnehmer mit einem Moderator auch persönliche Probleme diskutieren. Die betrieblich relevanten Ergebnisse haben dann oft Vorschlagscharakter für die Unternehmensleitung.

Mentoring

Darunter versteht man grundsätzlich die unterstützende Betreuung eines Mitarbeiters, dem Mentee, durch einen erfahrenen Kollegen oder Vorgesetzten, dem Mentor. Bei diesem Konzept, welches vor allem bei der Mitarbeitereinführung verwendet wird, steht einem neuen Mitarbeiter ein erfahrener Mitarbeiter zur Seite, der diesen in die Unternehmensbereiche einweist. Des weiteren kann er im Mentor einen Ansprechpartner für allgemeine berufliche Probleme finden.

Mindmapping
Das Wort „mind" steht für Verstand und unter „map" versteht man eine Karte, unter „mapping" ein Diagramm. Mindmapping ist ein Verfahren, mit dem man Lernstoff als Bild aufbereitet, sozusagen eine Landkarte für den Kopf erstellt. Dies soll helfen, Themen und Inhalte besser zu strukturieren und leichter zu lernen. Man schreibt einen Oberbegriff in die Mitte eines Blattes und beginnt dann Unterüberschriften in Form von Ästen hinzuzufügen. Dann schreibt man zu jedem dieser Äste neue Unterpunkte - so dass sich das Gebilde auf dem Blatt immer mehr verzweigt. Bilder und Farben sind dabei ein wichtiger Bestandteil der Mindmap – man kann also auch in jeder Beziehung gestalterisch tätig werden. Begriffe werden durch die Mindmap als Bild im Gedächtnis abgespeichert und können so besser verstanden und erinnert werden

Organisationsaufstellung
Unter Anleitung eines Moderators platzieren sich Personen, die nicht zum Unternehmen gehören, im Raum. Das Beziehungsgeflecht in der Firma wird also räumlich dargestellt: Weite Entfernungen stehen für lockere Beziehungen. Wer sich einander zuwendet, symbolisiert Verbundenheit. Die ausgesuchten Personen vertreten jeweils einen Mitarbeiter auf dem Spielfeld und erklären ihren Mitspielern, was sie in ihrer Position empfinden. Die Gefühlslage der firmenfremden Stellvertreter spiegelt dabei meist sehr authentisch die Empfindungen der wirklich beteiligten Mitarbeiter und legt so Konflikte offen, die bisher nicht ausgesprochen wurden.

Podiumsdiskussion
Eine Gruppe von Experten oder Vertreter verschiedener Gruppen, die sich den Fragen des Plenums stellen und diese beantworten und/ oder untereinander diskutieren und erörtern. Es handelt sich dabei um eine Mischung von Referat und Diskussion, die gut zum Vertiefen unterschiedlicher Anliegen und Sichtweisen geeignet ist wie zum Beispiel zur Auseinandersetzung mit verschiedenen Technologien oder differierender Führungsstile oder zur Diskussion unterschiedlicher Lösungsansätze.

Potenzialanalyse
Im Zusammenhang mit der Laufbahnplanung und –beratung wird beim Arbeitnehmer zum Beispiel eine ausführliche Standortbestim-

mung durchgeführt. Dies beinhaltet eine Auseinandersetzung mit Berufs-, Arbeits- und Lebenszufriedenheit. Tests zur Erfassung von Neigungen und Begabungen, das Erkennen der Belastbarkeit, angestrebte Weiterbildungen und persönliche und berufliche Ziele und Entscheidungen werden vorgenommen und besprochen. Eine umfassende Potenzialbeurteilung strebt an, Fach-, Methoden-, Sozial- und Persönlichkeitskompetenz einzubeziehen, also insbesondere nicht nur die Leistung in der Vergangenheit.

Problembasiertes Lernen

Problembasiertes Lernen (auch problemorientiertes Lernen, kurz POL, genannt) konfrontiert den Schüler mit praxisnahen Problemstellungen aus dem Berufsalltag. Der Prozess der Problemlösung fördert einerseits fachliche Kompetenz, aber andererseits auch Kreativität. Problembasiertes Lernen eignet sich gut für Gruppenarbeiten, weil mehrere Personen eine grössere Bandbreite an Lösungsvorschlägen erarbeiten können. Die Lösungen selbst lassen sich authentisch beurteilen, indem man sie mit denselben Kriterien bemisst, die in der Realität bei gleichen Problemstellungen eingesetzt werden. Lehr-Lernsituationen mit problembasiertem Lernfokus lassen sich in drei Phasen aufteilen: die Problempräsentation, das Festlegen der Problemlösestrategie und die Bewertung der Ergebnisse und Antworten.

Qualitätszirkel

Unter Qualitätszirkel versteht man Arbeitsgruppen mit einer gemeinsamen Erfahrungs- und Qualifikationsgrundlage, die regelmässig, oft auf freiwilliger Basis, zusammenkommen. Ziel sind Arbeitsanalysen und Problemerkennungen, um geeignete Massnahmen ergreifen zu können. Verbesserungsvorschläge werden innerhalb der Gruppe ausgearbeitet und den Vorgesetzten präsentiert, wobei die Arbeitsgruppe durch einen Moderator betreut werden kann. Durch die Freiwilligkeit soll neben Qualitätsvorteilen auch ein lockereres und ungezwungeneres Arbeitsklima mit besserem Commitment erreicht werden.

Rollenspiele

Eine Trainingsform, die bei der Aus- und Weiterbildung verwendet wird, sei es als Mitarbeitergespräch oder Gesprächssituation mit einer Kollegin oder als Rollenspiel mit anderen Gruppenteilnehmern. Man gewinnt so Erkenntnisse über Beziehungen in Gruppen. Beim Rollenspiel übernehmen die Teilnehmer meistens teilweise bestimmte definierte Rollen im Rahmen simulierter und realer Situationen und Prozesse. Die Zielsetzung ist entweder auf eine einzelne Person ausgerichtet, die ihre Qualifikation entwickeln soll, oder auf eine Gruppe, deren Zusammenarbeit, z.B. in einem Projekt oder bei einer neu gegründeten Abteilung zur Erreichung wichtiger Ziele optimiert werden soll.

Roundtable-Gespräch

Eine häufig angewandte Methode auch bei öffentlichen Veranstaltungen, bei der Experten aktuelle Probleme diskutieren oder Erfahrungen austauschen. Dies kann aber ebenso eine innerbetriebliche Veranstaltung oder eine externe mit Mitarbeitern verschiedener Niederlassungen sein. Der Ausbilder ist dabei oft der Moderator. Die Methode ist verwandt mit dem Lehrgespräch und der Podiumsdiskussion, hat aber den Nachteil, dass Teilnehmende nur am Rande und wenig aktiv miteinbezogen werden.

Spezifische Team-Trainings

Das Ganze ist mehr als die Summe seiner Teile: Das ist die Messlatte für ein funktionierendes Team. Teams arbeiten in jedem Unternehmen, in jeder Abteilung. Doch manche Teams sind erfolgreicher, schneller, effizienter als andere. Ein Hochleistungsteam ist gekennzeichnet durch das reibungslose Ineinandergreifen dieser Aspekte. Ziele eines Teamtrainings können sein: Erarbeiten von gemeinsamen Zielsetzungen - Gemeinsames Verständnis der Ausgangssituation - Gemeinsam getragene Verbesserung der Prozesse, Strukturen und Schnittstellen - Verknüpfung der individuellen Stärken und Nutzung der Potenziale aller Teammitglieder.

Sprachtrainings und Sprachkurse

Hier empfehlen sich kombinierte Lernformen und spezialisierte Themenbereiche, in denen auch die praktische Nutzung der Fremdsprache erfolgt, z.B. Business English für Verhandlungen im Export. So können ein Intensivkurs, ein Konversationszirkel, eine interaktive CD-ROM mit Schwerpunkt Vokabulartraining und ein einwöchiger Sprachaufenthalt im Sprachgebiet zum Beispiel eine ideale Kombination sein, da verschiedenste Formen des Lernens einbezogen werden.

Fremdsprachen, vor allem Englisch, sind in sehr vielen Unternehmen und Branchen schon unabdingbar und die Globalisierung der Wirtschaft wird diesen Trend noch verstärken. Die Internationalisierung vieler Geschäftsprozesse führt dazu, dass sichere Sprachkenntnisse nicht mehr nur von den Führungskräften, sondern von Mitarbeitern aller Ebenen gebraucht werden. Als Personalentwickler sollten – im Idealfall mit Muttersprachlern durchgeführten – Trainings konsequent auf Basis der Arbeitsanforderungen von Mitarbeitern und ihrem Anwendungsumfeld konzipiert und realisiert werden. Das Level sollte gleichermassen die Eingangskenntnisse der Teilnehmer wie auch das angestrebte Niveau berücksichtigen. Dies verkürzt die Trainingszeiten, überwindet Sprechhemmungen und ermöglicht schnelle Lernfortschritte. Anforderungen und Zielgruppen können sein:

- Führungskräfte, die fremdsprachige Teams führen
- Kundenberater, die im Ausland verhandeln und verkaufen
- Mitarbeiter im internationalen Kundenkontakt
- Techniker, die mit fremdsprachigen Kollegen zusammenarbeiten
- Mitarbeiter der Produktion, die fremdsprachliche technische Anleitungen verstehen müssen

Team- und Projektgruppenarbeiten

Dies ist eine sehr bewährte Form des Lernens, da sie in der Kommunikation mit anderen stattfindet, sich an praktischen Aufgabenstellungen und Herausforderungen orientiert, einen erlebbaren Prozess darstellt und mit klaren Terminen und Zielen einhergeht. Das Training und die Entwicklung von Kompetenzen sozialer und persönlicher Art können ebenfalls auf eine sehr wirksame Art einbezogen werden.

Trainee-Programm

Trainee-Programme sind zeitlich begrenzte, berufs- und unternehmensspezifische Einsteigerprogramme, die Hochschulabgänger dazu befähigen sollen, bestimmte Zielfunktionen zu übernehmen. Diese Funktionen können sehr allgemein gehalten oder genau festgelegt sein. In der Regel wird eine überwiegend praktische Ausbildung am Arbeitsplatz mit einer oder mehreren Job-Rotationen verbunden, entweder im ganzen Unternehmen oder auch innerhalb einer Abteilung. Ein Trainee-Programm wird von grösseren Unternehmen für Hochschulabsolventen zwecks Führungsnachwuchs zum praxisorientierten Einstieg in die Berufspraxis angeboten. Die Unternehmen können so ein Reservoir qualifizierter Führungskräfte mit breiten Einsatzmöglichkeiten heranbilden. Ein Trainee-Programm dauert meistens 18 bis 24 Monate und sieht üblicherweise ein bereichsübergreifendes Ausbildungs- und Einarbeitungsprogramm vor.

Training-near-the-job

Aus- und Weiterbildung, welche räumlich und inhaltlich nahe am Arbeitsplatz und den Aufgaben und Tätigkeiten der Mitarbeiter liegen. Anhand von konkreten Aufgabenstellungen wird so die Effizienz und Praxisnähe wesentlich gesteigert. Eingesetzte Methoden sind u.a. Qualitätszirkel, Lernstatt, Mentoring, Coaching, Projektgruppenarbeit, Mitarbeitergespräche und Ausbildungswerkstatt.

Training-off-the-job

Beim Training-off-the-job wird ein Training räumlich und didaktisch von den Aufgaben und Tätigkeiten der Stelle weg in Lehrgängen,

Seminaren, Vorträgen, Workshops und Tagungen gelernt. Es ist das Gegenstück zum Training-on-the-job.

Training-on-the-job

Die Bildung am Arbeitsplatz wird - wie es der Name schon sagt - direkt am Arbeitsplatz vollzogen und daher auch als "Training-on-the-job" bezeichnet, mit dem Vorteil, dass sie in einem realen Umfeld stattfindet. Der Prozess lässt sich in vier Schritten vollziehen:

Vorbereitung:	Erläuterung der Aufgabe, deren Teilschritte und deren Bedeutung durch den Ausbilder
Vormachen:	Demonstration der Aufgabe durch den Ausbilder
Nachmachen:	Die Aufgabe wird durch den Unterwiesenen unter Aufsicht des Ausbilders ausgeführt, Probleme und Fragen werden besprochen
Lernerfolgskontrolle:	Der Unterwiesene arbeitet ohne Aufsicht alleine weiter; der Ausbilder führt Ergebnis-/Lernerfolgskontrollen durch.

Die Vorteile der Vier-Stufen-Methode liegen in der Praxisnähe, den relativ niedrigen Kosten und der anzupassenden Lerngeschwindigkeit.

Werkstattkurs

Dies ist eine Kombinationsform von Kleingruppen-, Projekt- und Workshoparbeit. Während einer eintägigen Veranstaltung wird ein bestimmtes Projekt oder eine bestimmte Aufgabe angegangen und teilweise gemeinsam, teilweise in Gruppenarbeiten realisiert. In kurzen Theorieblöcken werden theoretische Grundlagen vermittelt, die dann anschliessend direkt auf das behandelte Projekt angewendet werden können. Dazu stehen die jeweiligen Kursleiter bei der praktischen Arbeit als Berater zur Seite und geben individuelle Instruktionen und Hilfestellungen.

Verhaltensbeobachtung und -modellierung

Eine Methode, der die intensive und systematische Beobachtung eines Verhaltensmodells zugrunde liegt. Dies kann das Verhalten einer Führungskraft in einer Konfliktsituation oder das Verhalten eines Kundenberaters im Falle einer schwerwiegenden Kundenreklamation betreffen. Anschliessend werden die Effektivität, Konsequenz und Zweckmässigkeit diskutiert, Feedback gegeben und Verhaltensalternativen erarbeitet.

Videotrainings und Simulationen

Diese Lernform ist interessant, weil sie sich selber erlebbar macht und die gesamte Person, also auch deren nonverbale Kommunikation, mit einbezieht. Hinzu kann das Feedback aus einer Gruppe kommen und ein Selbstbild so objektiviert werden. Videotrainings können in Kursen eingesetzt werden, bei denen die Kommunikation oder Persönlichkeitswirkung im Vordergrund stehen, wie z.B. Führungstraining von Mitarbeitergesprächen oder Verhandlung mit Kunden und Lieferanten. Simulationen sind besonders dann wirksam, wenn sie an aktuelle Fallbeispiele anknüpfen oder reale Problemsituationen als Ausgangslage haben.

Neuere und weniger bekannte Methoden

Im Zeitalter des E-Learnings und des Internets, der allgemeinen Medienvielfalt und damit steigender Lernansprüche ist es beinahe eine Verpflichtung, sich auch neuerer Methoden zu bedienen oder diese mindestens zu erproben. Zudem sind sie oft in Kombination mit den traditionellen Formen einsetzbar und können diese je nach Budgets, Lernziel, Teilnehmer und Zeitressourcen sogar auf optimale Weise unterstützen und ergänzen.

Lernmethoden in kombinierter Form

Erfolgreich ist sehr oft eine geschickte auf Lernziel, Teilnehmer und Fachgebiet ausgerichtete Kombination verschiedener Lernmethoden, die sich nach zeitlicher und örtlicher Flexibilität, dem Auszubildenden und seinen Präferenzen, nach den Lernzielen und der dafür zur Verfügung stehenden Zeit richtet. Ein solcher Lernmix ist auch von der didaktischen Wirkung her empfehlenswert. Solche Kombinationsformen sollten Bestandteil eines Personalentwicklungs-Konzeptes sein und die Bedürfnisse der Zielgruppen einbeziehen. Besonders sinnvoll ist dabei eine sehr arbeitsplatznahe Form bzw. Kombinationsmethode, die den Lerntransfer in die Praxis optimal unterstützt. Das nachfolgende Fallbeispiel aus der Praxis demonstriert, wie eine solche Kombinationsform auch im Zusammenspiel mit neuen, digitalen Lernmethoden angegangen werden kann.

Fallbeispiel kombinierten Lernens

Herr Markus R. ist Exportleiter der Firma International AG und sollte in kurzer Zeit seine Englischkenntnisse verbessern. Dafür stellt er in Zusammenarbeit mit der Personalbteilung ein Programm zusammen. Ein Intensivkurs im Businessenglisch in einer Kleingruppe mit Betonung auf Verhandlungs-Englisch ist eine Massnahme. Eine weitere ist ein Sprachtrainer, der Markus R. als Sprach-Coach bei vier wichtigen Verhandlungen begleitet und unterstützt. In einem Online-Training via Internet erweitert er zeit- und ortsunabhängig seinen Wortschatz und tauscht in einem Chatraum Erfahrungen mit Lernenden aus. Da er ein sehr disziplinierter Autodidakt ist, verbessert er sein Englisch durch einen CD-ROM-Kurs und Bücher, womit er das Lernen auch in seine Freizeit einbindet. Über den Fortschritt informiert er die Personalabteilung protokollartig via E-Mail, wo die Informationen und Lernerfahrungen in eine Aus- und Weiterbildungsdatenbank einfliessen.

Baukastensystem mit Lernmodulen
Solche Module sind Teilqualifikationen, mit denen sich Mitarbeitende Schritt für Schritt flexible und vor allem auch auf Praxisanforderungen und Berufsziele ausgerichtete Kompetenzen erarbeiten können. Dabei wird nicht ein teures und lange dauerndes Fachdiplom oder eine mehrjährige Fachausbildung angestrebt, sondern ein punktuelles Vorgehen, welches allerdings sorgfältige Zielsetzung, Planung und Koordination voraussetzt.

Book Abstracts
Solche Book Abstracts sind vor allem seit Bestehen des Internets aufgekommen und erfreuen sich grosser Beliebtheit. Sie sind normalerweise via Einzelbezug und im Abonnement erhältlich. Zusammenfassungen von Sach- und Fachbüchern gibt es online in Form von 10-15seitigen Kurzfassungen. Die Qualität ist allerdings zuweilen recht unterschiedlich und sollte kritisch geprüft werden. Sind solche Abstracts aber kompetent komprimiert, sind sie als Fachinformationen aus Gründen der Zeitersparnis und als Ergänzung zu anderen Massnahmen sehr hilfreich.

Collaborative Learning
Darunter versteht man kooperatives Lernen, also eine Lernmethode, in der Mitarbeiter in Gruppen auf ein gemeinsames Ziel hinarbeiten. Die Mitarbeiter sind sowohl füreinander als auch für ihr eigenes Lernen verantwortlich. Somit verhilft der Erfolg des einen auch den anderen zum Erfolg. Es gibt überzeugende Beweise, dass kooperative Teams ein höheres Leistungsniveau haben als Personen, die für sich alleine lernen. Das gemeinsame Lernen schafft die Gelegenheit, Verantwortung für das eigene Lernen zu übernehmen und das kritische Denkvermögen zu verbessern.

Corporate Volunteering
Übersetzt ist darunter ein gemeinnütziges Unternehmensengagement zu verstehen. Dahinter verbirgt sich die Idee, dass sich Mitarbeiter

eines Unternehmens eine begrenzte Zeit lang freiwillig für eine gesellschaftlich benachteiligte Gruppe engagieren. Das Konzept - bisweilen auch etwas prosaisch als "Praktikum im Leben" bezeichnet - stammt aus den USA, wo das gemeinnützige Unternehmensengagement bereits zu einem selbstverständlichen Bestandteil der Wirtschaftskultur geworden ist. Richten sich die meisten Corporate-Volunteering-Programme an Mitarbeiter aller Unternehmensebenen, so existieren inzwischen auch Projekte, die sich speziell an Führungskräfte wenden. Bei einem bekannten Unternehmen hat sich zum Beispiel ein Sozialpraktikum im Personalentwicklungsprogramm für Führungskräfte als erfolgreich erwiesen. Ziel der Massnahme ist es, dass die Führungskräfte dort ihre soziale Kompetenz - wie beispielsweise ihre Kommunikations- und Konfliktfähigkeit - verbessern und die Erfahrungen dann in ihren Führungsalltag übernehmen.

Distance Learning

Genereller Begriff für alle Möglichkeiten der Verbreitung von Lerninhalten ausserhalb von Klassenzimmern. "Distance Learning" bildet somit den Oberbegriff für alle Lernformen, die ohne die physische Präsenz in einem Klassenraum stattfinden (zum Beispiel Lehrbriefe oder Schulungsvideos). Im Deutschen ist der Begriff am besten mit Fernstudium zu übersetzen.

Doppelfunktion von Einführungsprogrammen

Werden in Schlüssel- oder Führungspositionen für neueintretende Mitarbeiter oder Nachfolger für bestimmte Positionen umfangreiche und interessante Einführungsprogramme entwickelt, so kann bei der Durchführung eine zweite Person miteinbezogen werden um im Sinne einer Job-Enrichment-Massnahme weitere Kenntnisse zu vertiefen und zu erweitern.

Gordon-Training

Als wesentlich für das Führen erfolgreicher Mitarbeitergespräche betrachtet Gordon die Technik des Aktiven Zuhörens und des Sendens von Ich-Botschaften. Dafür sei es wichtig, schweigen zu können. Wenn man zu jemandem spricht, der bereit ist, zuzuhören, fühlt man sich nämlich bereits ermutigt, sich ihm anzuvertrauen. Das Zuhören wird ergänzt durch Signale, die dem Gegenüber verdeutlichen, dass man sich voll und ganz auf ihn konzentriert. Solche Anzeichen sind beispielsweise Blickkontakt, Nicken oder zustimmende Äusserungen wie 'Verstehe...' oder 'Interessant...'. Zum Aktiven Zuhören gehört auch das Zurücksenden von Gefühlen, die zwischen den Zeilen ausgedrückt werden, um sie dem Gesprächspartner bewusst zu machen. Dabei heisst Aktives Zuhören nicht, dass man dem anderen zwangsweise zustimmen muss. Signalisiert wird mit dieser Technik lediglich, dass man sich mit den Gedanken und Gefühlen des Gegenübers ernsthaft auseinandersetzt.

Lern-Netzwerke

Die Mitarbeitenden schaffen meist über innovative Praxis- und Erfahrungsbereiche neues Wissen und vermitteln dieses wechselseitig mit Hilfe von vielfach schriftlichen Mitteilungen. Es handelt sich um eine offene Vereinigung bei der jeder Gebender und Nehmender ist und wechselseitige Hilfe bzw. Unterstützung als Voraussetzungen angesehen werden. Ein Lernnetzwerk besitzt normalerweise keinen hierarchischen Aufbau. Plattformen und Medienträger sind in zunehmendem Masse Diskussionen in Internetforen, Newsgroups und Chatforen, wo ein solcher Austausch sehr effizient und spontan stattfinden kann.

Mentales Training

Das mentale Training beruht auf dem Prinzip, dass alles, was wir glauben oder uns geistig vorstellen können, vom Unterbewusstsein in die Tat umgesetzt wird. Das menschliche Gehirn ist Aktionszentrum und Ausgangspunkt jedes Handelns, Denkens und Fühlens. Ziel des mentalen Trainings ist es, Hindernisse und Begrenzungen zu überwinden, die durch Gewohnheiten, Einstellungen oder bewusste wie unbewusste Ängste dem persönlichen Erfolg im Weg stehen. Diese sind fest im Unterbewusstsein verwurzelt und müssen durch neue, erfolgreichere ersetzt werden. Das Problem: Das Bewusstsein steht wie ein Wächter vor dem Unterbewusstsein und sträubt sich gegen die "Umprogrammierung". Es muss also umgangen werden. Die beste Möglichkeit hierzu ist die Entspannung.

Multiple Management Methode

Dies ist eine "mehrgleisige" Art der Unternehmens- oder Spartenführung. Nebst der bestehenden Geschäfts- oder Ressortleitung wird eine zweite Gruppe von Führungskräften gebildet, die als "Junior-Board" aktuelle vom bestehenden Management zugewiesene Führungs- oder Projektaufgaben übernimmt. Dem trainierenden Managementteam müssen dabei wie dem effektiv bestehenden alle Informationen zur Verfügung stehen. Über die Umsetzung von Massnahmen und die Akzeptanz von Vorschlägen entscheidet jeweils das bestehende, effektiv amtierende Management.

Neuro-Linguistisches Programmieren

Das Neuro-Linguistische Programmieren gilt als Konzept für Kommunikation und Veränderung. NLP wird definiert als die Struktur der subjektiven Erfahrung und untersucht die Muster oder die "Programmierung", die durch die Interaktion zwischen dem Gehirn (Neuro), der Sprache (Linguistik) und dem Körper kreiert wird und die sowohl effektives als auch ineffektives Verhalten produzieren können. Die Techniken des NLP entstanden durch Beobachtung der Muster von Experten aus diversen Bereichen professioneller Kommunikation, unter anderem aus dem Bereich der Psychotherapie, der Wirtschaft, der Hypnose und der Erziehung.

Online-Learning

Beim Online-Learning wird direkt auf Lerninhalte im Internet zugegriffen. Die Nutzung erfolgt dabei über einen normalen Webbrowser. Die wesentlichen Erfolgsfaktoren sind dabei: Verfügbarkeit aktueller Informationen, Möglichkeiten für realistische Simulationen, Motivation durch den Gebrauch neuer, attraktiver und komplexer Präsentationsformen und Einfluss auf die Lerngeschwindigkeit.

Open Space

Open Space ermöglicht es, komplexe Themen bei maximaler Selbstorganisation mit bis zu 750 Menschen zu bearbeiten. Die Tagesordnungspunkte bestimmen die Teilnehmer zu Beginn selbst. Ebenso übernimmt jeder Teilnehmer die vollständige Verantwortung dafür, wo und wann er während der Konferenz mitarbeitet. Einzige Vorgabe einer Open-Space-Konferenz ist ein Generalthema, über das in den folgenden drei Tagen diskutiert werden soll. Das Thema muss den Beteiligten wichtig, von keinem allein zu lösen und ausreichend breit gefächert sein, um Spielraum für Ideen und Kreativität zu lassen. Geeignete Themen sind beispielsweise die Zukunft der eigenen Firma, die Verbesserung der Servicequalität oder die Zusammenarbeit zwischen Abteilungen.

Performance Improvement Management

Im Rahmen dieses Systems werden explizit die Mitarbeitenden und die Teams in ihrem Arbeitsbereich betrachtet. Die Bedürfnisse und Probleme werden hier vor Ort identifiziert und daraus konkrete Ziele definiert. PIM stellt an sich selbst den Anspruch, eine betriebswirtschaftliche Mitverantwortung für das Erreichen der gesetzten Ziele zu übernehmen, da während des Trainings eine strenge Ergebnis- und Leistungsorientierung besteht. Durch diese ganzheitliche Betrachtung werden sowohl die Bedürfnisse der Mitarbeiter als auch die Ziele der Unternehmung berücksichtigt. Die Kernfragen lauten: Welche Veränderungen sind notwendig, um den Leistungsbeitrag der Mitarbeitenden zum Erreichen der Unternehmensziele zu sichern oder zu erhöhen? Wie können die komplexen Zusammenhänge zwischen der Mitarbeiterleistung und den Arbeitsprozessen analysiert sowie Massnahmen zur individuellen Leistungsverbesserung geplant und durchgeführt werden?

Personalportfolio

Darstellung der Qualifikation des Personals mit der Portfolioanalyse, mit den Dimensionen Leistung und Entwicklungspotenzial. Aus der Analyse können Konsequenzen für die Personalentwicklung und weitere gezielte Massnahmen gezogen werden. Eine wichtige Voraussetzung für ein verlässliches Personalportfolio ist die Ausrichtung der Ziele des Personalbereichs auf die Unternehmensziele. Die Planung und das Festlegen von Zielsetzungen und Kontrollinstrumenten im Personalwesen untergliedert sich in folgende entsprechend relevante Teilbereiche und Aufgabenstellungen a) Personalbedarf b) Personalbeschaffung c) Personalumstrukturierung d) Personalentwicklung e) Personalkosten f) Personalwirtschaftlichkeit.

Reframing

Hier geht es um die Umdeutung des Verhaltens oder Erlebens. Durch ein Reframing werden festgefahrene Muster in einen anderen Rahmen gesetzt, der neue Sichtweisen ermöglicht. Im NLP versteht man unter Reframing diverse Veränderungsstrategien, denen als Grundmuster eine Umdeutung gleich ist. Das Reframing geht von der Grundannahme aus, dass Erfahrungen von dem Zusammenhang (dem Rahmen) abhängig sind, in dem man sie sieht. Wird dieser Rahmen umgedeutet, so verändert sich auch die Erfahrung. Ziel ist es meist, für ein Verhalten oder Erleben einen nützlichen Rahmen zu finden.

Selbstorganisiertes Lernen

Dem selbstorganisierten Lernen liegt ein neues Lernverständnis zugrunde. Nicht ein Dozent oder Lehrer entscheidet, wie, wo, wann (was und wozu) gelernt wird, sondern Mitarbeitende und Lernende selbst. Selbstorganisiertes Lernen ist einer komplexer Ansatz, dem wiederum eine Vielfalt an Methoden zugeordnet werden kann. Diese Lernmethode wird oft auch als selbstgesteuertes, selbstorganisiertes, autodidaktisches Lernen oder als autonomes Lernen bezeichnet. Malcom Knowles, der Begründer dieses Lernverständnisses, versteht darunter primär einen Lernprozess, bei dem die lernenden Individuen selbst die Initiative ergreifen, ihre eigenen Lernbedürfnisse diagnostizieren, ihre Lernziele formulieren die Ressourcen organisieren und passende Lernstrategien auswählen.

Supervision

Supervision ist ein Beratungsansatz, der sich an den Zielen und Aufgaben von MitarbeiterInnen und Führungskräften in unterschiedlichen Arbeitsfeldern orientiert und qualifizierte Unterstützung bei der Bewältigung beruflicher Aufgaben bietet. Supervision hat sich seit Jahrzehnten bewährt, um Lern-, Veränderungs- und Entwicklungsprozesse zu begleiten. Supervision als Methode reflektiert und untersucht Arbeitsaufgaben, Arbeitsabläufe, deren Organisationskontext, die Beziehungen zu Kunden und stellt die Frage nach der Qualität von Arbeit in den Mittelpunkt. Supervision kann mit Einzelpersonen, mit Teams oder mit Gruppen stattfinden. Die Aufrechterhaltung und Weiterentwicklung der Selbststeuerung steht dabei stets im Vordergrund.

Szenario-Technik

Die Szenario-Technik erlaubt anhand verschiedener Einflussfaktoren, Annahmen über zukünftige Entwicklungen zu treffen und kann ein modernes Instrument der Aus- und Weiterbildung sein. Es handelt sich um die Beschreibung der zukünftigen Entwicklung des Projektionsgegenstandes bei alternativen Rahmenbedingungen. Wichtige Arbeits-schritte in der Szenario-Technik sind: a) Analyse der gegenwärtigen Situation b) Bestimmung wichtiger Einflussfaktoren c) begründete, alternative Annahmen für Einflussfaktoren mit unsicherer Zukunftsentwicklung d) Entwicklung mehrerer alternativer Zukunftsbilder.

Talent Review Process

In diesem geschäfts- und funktionsübergreifendem gesteuerten Prozess werden gezielt und permanent als institutionalisierte Daueraufgabe die Stärken und der Entwicklungsbedarf der Führungskräfte und die dafür besonders talentierten Mitarbeiter für den Führungsnachwuchs im Unternehmen analysiert. Das Ergebnis ist dann die Basis für die Planung von Weiterbildungsaktivitäten und Karriereschritten. Dazu gehören Jobrotationen, aufeinander aufbauende Inhouse-Programme sowie die Zusammenarbeit mit allfälligen externen Anbietern.

Teamdiagnostik

Wo steht man mit einem Team? Wie sieht es mit dem Teamklima aus und inwiefern sind Arbeitsziele geklärt? Wie sieht es mit Zusammenhalt und Verantwortungsübernahme in unserem Team aus? Solche und ähnliche Fragen stellen sich bei Teams immer wieder. Eine fundierte Teamdiagnostik bietet bei der Entscheidung über den Einsatz und die konkrete Zielrichtung von Massnahmen zur Teamentwicklung Unterstützung. Die möglichen Ziele einer Teamdiagnostik in der Praxis können zum Beispiel sein: Informationen über die gegenwärtige Situation im Team gewinnen, institutionalisiertes Feedback im Rahmen eines umfassenden Qualitätsmanagements, Stärken-Schwächen-Analyse des Teams und die Sensibilisierung der Mitarbeiter für gruppeninterne Prozesse.

Unternehmensplanspiele

Das Unternehmensplanspiel bildet eine interessante Zugangsmöglichkeit zur betriebswirtschaftlichen Praxis. Es stellt eine realistische, modellhafte Abbildung eines Industrieunternehmens dar und bietet damit den Teilnehmern einen schnellen, nachhaltigen und praxisbezogenen Erwerb von betriebswirtschaftlichen Erfahrungen. Das Planspiel ist eine interaktive Lehr- und Lernmethode, bei der die Studierenden die Möglichkeit haben, in Kleingruppen projektorientiert zu arbeiten und in Anschlussaktivitäten das spielerisch Erlernte zu vertiefen.

Weblogs und Lerntagebücher

Weblogs sind Versionen von Lerntagebüchern im World Wide Web mit erweiterten Möglichkeiten. Sie sind chronologisch angeordnet, beinhalten Meinungen, Ideen, Gedanken und der Autor kann den Prozess verfolgen. Bei Weblogs ist es zusätzlich möglich, kostengünstig und schnell mit anderen zu kommunizieren, Tipps und Meinungen einzuholen, auf weitere Webquellen hinzuweisen und Erfahrungen auszutauschen. Diese Art der Kommunikation fehlt bei Lerntagebüchern bzw. Erfahrungsberichten, welche meistens zur Eigenreflexion verfasst und als vertiefendes Followup-Instrument auch zur Selbstkontrolle werden. Aufgrund der freien Zugänglichkeit ist bei Weblogs jedoch auch Vorsicht geboten: viele nicht aussagekräftige Informationen werden in Weblogs veröffentlicht.

Wissensmanagement

Wissensmanagement ist nach strenger Auslegung keine Lernmethode oder Lernform sondern eine Organisationsform von Unternehmenswissen im weitesten Sinne. Es gibt jedoch Fachleute, die aus guten Gründen einen Zusammenhang zwischen Lernen und Wissensmanagement herstellen. Die Wissensgenerierung setzt Lernen voraus und umgekehrt zielt Lernen ausdrücklich auf die Aufnahme neuen Wissens. Es ist der Ansatz, Wissen zu gestalten, zu lenken, zu organisieren und in Neuentwicklungen einfliessen zu lassen. Die Anforderung besteht weniger in der statischen Verwaltung bestehenden Wissens, sondern darin, neues Wissen zu generieren und umzusetzen und es anderen einfach und schnell zugänglich zu machen. Dies umfasst in letzter Konsequenz die Entstehung, Veränderung, Bewahrung und Entsorgung von Wissen.

Wissensmultiplikation

Eine mit dem Wissensmanagement verwandte Form der Weitergabe und Weiterverwendung von Wissen, bei der es im Prinzip darum geht, erworbenes Wissen anderen oder sogar allen Mitarbeitenden zugänglich zu machen. Das vorhandene Wissen und der umfangreiche Erfahrungsschatz in Unternehmen werden oft völlig unzureichend genutzt und dokumentiert. Um dies zu aktivieren, sind nicht zwangsläufig kostspielige Wissensmanagement-Softwaresysteme notwendig. Mitarbeiter können als Wissensträger und Experten ihren Kollegen ausgewählte Themen präsentieren oder gewonnenes Wissen in kompakter Form in Newslettern, Intranet-Beiträgen oder Zusammenfassungen in Mitarbeiterzeitschriften weitergeben. Wichtig ist eine Institutionalisierung, bei der Themenfelder, Zielgruppen, Verantwortlichkeiten und Massnahmen festgelegt werden. Die Beauftragung eines geschulten Mitarbeiters, sein in einer Schulung erworbenes Wissen im Betrieb weiter zu vermitteln, ist ein empfehlenswerter pragmatischer Weg der Wissensmultiplikation, erworbenes Wissen beim Betroffenen zu vertiefen und auf eine effiziente und kostengünstige Art und Weise weiter zu geben.

Zukunftswerkstatt

Die Zukunftswerkstatt ist eine Methode, um Mitarbeitern zu helfen, kreativ nach neuen Lösungen für anstehende Probleme zu suchen. Sie wird vom Moderator nur methodisch, nicht aber inhaltlich angeleitet und folgt einem vorgegebenen Ablauf mit dem Dreischritt: *Kritikphase, Utopiephase, Verwirklichungsphase*. Einsatzmöglichkeiten können die Hilfe bei der Lösung von Problemen einer Abteilung, oder die Entwicklung von Projektideen sein.

Seminarspezifische Lernformen

Diese Methoden und Lernformen werden vor allem bei Seminaren und Workshops eingesetzt und dienen dem Zweck, die Teilnehmer zu aktivieren, die Wissensaufnahme zu erleichtern, die Aufmerksamkeit der Teilnehmer zu erhalten und zu steigern, unterschiedliche Lerntypen anzusprechen und Wissen und Inhalte medien- und teilnehmergerecht zu vermitteln.

Aufgaben-Puzzles

Kleingruppen entwickeln themenspezifische Puzzles zu einem Stoffgebiet und tauschen sie untereinander aus. Offene Fragen und Unklarheiten werden in einem sich an die Gruppenarbeit anschliessenden Plenum besprochen. Die Vertiefung von behandeltem Stoff wird in doppelter Hinsicht erreicht: Erstens durch die Generierung von passenden Puzzleteilen für eine andere Gruppe, zweitens durch die Lösung eines Puzzles einer anderen Gruppe. Beide Teileelemente führen zu einer tieferen Auseinandersetzung mit den behandelten Inhalten, die auf diese Weise wiederholt werden. Im Plenum können Fragen und Unklarheiten anschliessend geklärt und die Korrektheit der Paare überprüft werden.

Gegenseitiges Aufgabenstellen

Kleingruppen entwickeln Aufgabenstellungen zu einem behandelten Themengebiet und tauschen sie untereinander aus, worauf die Antworten im Plenum vorgestellt werden. Die Vertiefung von behandeltem Stoff wird in zweifacher Hinsicht erreicht: 1. Generierung von Aufgaben für eine andere Gruppe, 2. durch die Beantwortung von weitergegebenen Aufgaben in den Kleingruppen. Die Gruppen überlegen sich, welche Fragestellungen im Hinblick auf einen behandelten Stoff sinnvoll sind und bearbeiten die Aufgaben einer anderen Gruppe. Beide Teileelemente dieser Methode führen zu einer tieferen Auseinandersetzung mit dem behandelten Stoff, da die wichtigen Elemente auf diese Weise herausgearbeitet und nochmals wiederholt werden. Im Plenum kann der Seminarleiter die Antworten verbessern oder ergänzen. Die Methode dient dazu, den Lernfortschritt der Teilnehmenden zu beurteilen. Im Plenum wird dadurch auch deutlich, was verstanden wurde und wo es noch Schwierigkeiten und Schwachstellen gibt.

Gruppenpuzzle

In unterschiedlichen Kleingruppen wird Wissen erarbeitet und präsentiert. Ausgehend von der Stammgruppe erhält jeder Teilnehmende die Verantwortung für ein bestimmtes Unterthema, das in der Expertengruppe erarbeitet und anschließend den anderen Teilnehmenden der Stammgruppen präsentiert wird. Im Plenum werden noch offene Fragen geklärt. Diese Methode ist für Gruppenarbeiten geeignet, in denen es um den Erwerb von Wissen durch gegenseitiges Lehren geht. Jeder Teilnehmende wird zum „Experten" für ein bestimmtes Unterthema, mit dem er sich in einer Kleingruppe „Gleichgesinnter" auseinandersetzt. Mit dieser Methode können zahlreiche neue Inhalte eingeführt werden, wobei jeder Teilnehmende von dem „Expertenwissen" der Gruppenmitglieder profitiert.

Kleingruppen

Bei Seminaren werden oft Kleingruppen gebildet, die bestimmte Themen im Dialog und in Gruppenarbeit vertiefen, weiter entwickeln oder mit neuen Aspekten bereichern. Die Zielsetzung einer Aufgabenstellung sollte dabei möglichst konkret formuliert werden. Wenn den Teilnehmern die Chancen der Gruppenarbeit klar ist, motiviert dies und fördert die Kreativität von Eigenleistungen. Gruppenarbeiten werden oft von einem Mitglied präsentiert und im Plenum allenfalls diskutiert und mit weiterem Input versehen. Zu beachten ist ferner, dass ein einfacher Arbeitsauftrag mitunter weniger Zeit benötigt, als ein komplexer, mehrdimensionaler und dass der Zeitaufwand zusätzlich steigt, wenn Arbeitsergebnisse präsentiert werden sollen.

Partner-Kurztausch

Hier tauschen sich Zweiergruppen über die vom Seminar- oder Workshopleiter dargebotenen Inhalte aus, um eine anschliessende Diskussionsrunde besser in Gang zu bringen und zu erleichtern. Damit werden Teilnehmer ermutigt, nach einem Vortrag oder Referat Fragen zu stellen und eine Diskussion zu beginnen. Oft kommen erst im Austausch mit einem Partner und der damit verbundenen tieferen Auseinandersetzung Fragen auf, die dann im Plenum geklärt werden können. Die Teilnehmenden stellen die in den Zweiergruppen aufgetretenen Fragen im Plenum vor und diskutieren gemeinsam mit den anderen Teilnehmenden und dem Referenten.

Plakat-Feedback

Die Teilnehmenden ergänzen in Kleingruppen verschiedene, vom Seminarleiter vorbereitete Plakate mit Satzanfängen zu unterschiedlichen Themengebieten und entwickeln so gemeinsam neue Ideen oder Argumente. Die Plakate werden im Plenum besprochen und können als Grundlage für weitere Diskussionen und Arbeitsgruppen dienen. Diese Methode dient der Produktion von Argumenten und Ideen oder dem Sammeln von Rückmeldungen. Es kann sich hierbei um inhaltliche Ergänzungen handeln, es kann aber auch der Evaluation des Seminars dienen (Uns hat bisher gestört, dass...). Wichtig ist, bei den vorformulierten Stammfragen nicht nur negative und positive Satzergänzungen hervorzurufen, sondern auch Sätze vorzugeben, die Ergänzungen produzieren, die Chancen und Möglichkeiten der Überwindung eines problematischen Sachverhaltes beinhalten.

Pro- und Kontra-Austausch

Gruppenmitglieder arbeiten unterschiedliche Aspekte eines Themas oder einer Fragestellung heraus. In zwei verschiedenen Gruppen werden Argumente gesammelt und anschliessend im Plenum diskutiert. Das Ziel besteht darin, unterschiedliche Aspekte eines Themas zu erschliessen und die Fähigkeit der Teilnehmenden zu fördern, sich in andere Argumente und Standpunkte hineinzuversetzen. Diese Methode bietet sich für kontroverse und konfliktgeladene Themen an. Der Ablauf gestaltet sich wie folgt: Einteilung der Gesamtgruppe in „Pro"- und „Kontra"-Gruppen. Die Mitglieder beider Gruppen denken sich dann in ihre jeweilige Sichtweise ein und nehmen abwechselnd Stellung zum Thema. Im Plenum werden anschliessend gemeinsam die wichtigsten Punkte zusammengetragen und erörtert.

Sandwich-Skript

Vorwissen und Voreinstellungen werden hier aktiviert und reflektiert. Das Sandwich-Skript dient der Gestaltung eines Einstieges bei einer Lernveranstaltung, kann aber auch zugleich den Abschluss einer

Seminareinheit strukturieren. Die Teilnehmenden beantworten zu Beginn der Seminareinheit Fragen zu einem Themengebiet, über das sie anschliessend näher informiert werden. Nach dem inhaltlichen Input reflektieren die Teilnehmenden ihre in der Vorphase gegebenen Antworten. Diese Methode ermöglicht die Einstimmung der Teilnehmenden auf ein neues Themengebiet und aktiviert Wissen, das durch inhaltliche Informationen in einer späteren Phase der Gruppenarbeit ergänzt, verändert oder aufgegeben werden kann.

Skalenabfrage

Bei dieser Gruppenarbeit einer Lern- und Präsentationsform mit ca. 20-25 Personen geht es darum, Beziehungen im System zu visualisieren. Dazu benötigt wird ein Gruppenraum mit freier Fläche und Kreppband als Material. Im Raum wird eine Skala von 0 bis 10 etabliert, mit Kreppband markiert und die zwei Pole der Skala werden definiert, z.B. Ausmass des Vertrauens in der Gruppe oder die Ausprägung eines Problems. Der Gruppenleiter nennt das Thema und alle Teilnehmer positionieren sich auf der Skala entsprechend ihrer Meinung zum Thema. Die Teilnehmer bleiben auf der Skala stehen und sehen sich das Bild an. Extreme Positionierungen werden kurz besprochen. Die Skalenarbeit kann mit Fragen, Alter, Stimmungsbarometer, Stellungnahmen, Geographie und anderen Themen eingeführt werden.

Skriptkooperation

Diese Methode unterstützt das Textverständnis, indem zwei Teilnehmer abwechselnd einen Text lesen und sich gegenseitig die wichtigsten Passagen und Abschnitte daraus erklären. Dies dient in doppelter Hinsicht der Vertiefung des Textverständnisses: Beide Partner lesen den Text mit dem Wissen, ihn im Anschluss zu erklären und die wichtigsten Inhalte wiederzugeben. Dabei soll der jeweils Zuhörende aktiv Fragen stellen und auf Fehler und Auslassungen in den Äusserungen des Partners hinwiesen. Beide Teilnehmenden lernen so den Text zu strukturieren und wesentliche Aspekte herauszuarbeiten.

Arbeitshilfen und Formulare zu Lernmethoden

Die nachfolgenden Übersichtstafeln und Fallbeispiele erleichtern die Selektion, die Eignungs-Analyse und die Stärken-Schwächen-Beurteilung der zahlreichen Methoden in der Praxis.

Lern- und Bildungsmethoden in Kürze

Einflussfaktoren bei Wahl von Bildungs- und Fördermethoden								
Bildungs- oder Fördermethode	Massnahmen-Grund	Kostenaspekte	Lernziele	Teilnehmeranzahl	Zeithorizont	Lernerfahrung	Individualität	Lerntransfereignung
Auslandpraktika								
Collaborative Learning								
Distance Learning								
Einführungsprogramme								
Erfahrungsaustauschgruppen								
Führungsposition auf Zeit								
Führungsstilanalysen								
Lehr- und Fachkonferenzen								
Lehr- und Fachvorträge								
Mentoring								
NLP								
Online-Learning								
Potenzialanalyse								
Qualitätszirkel								
Rollenspiele								
Selbststudium								
Spezifisches Team-Training								
Szenario-Technik								
Trainee-Programm								
Training-near-the-job								
Training-off-the-job								
Training-on-the-job								

Lern- und Bildungsmethoden in Kürze

Eignungsbeurteilung des Methodeneinsatzes	Kommt in Frage ja/nein	Einsetzen ja/nein
Auslandpraktika und –einsätze		
Baukastensystem mit Lernmodulen		
Book Abstracts		
Bücher und Fachzeitschriften für das Selbststudium		
Collaborative Learning		
Corporate Volunteering		
Distance Learning		
Doppelfunktion von Einführungsprogrammen		
Einzelarbeiten und –aufgaben		
Erfahrungsaustauschgruppen		
Fallbasierendes Lernen		
Fallmethoden und Planspiele		
Fernunterricht		
Förderprogramme		
Förderrunden		
Führungspositionen auf Zeit		
Führungsstilanalysen		
Gordon-Training		
Individueller Lernplatz		
Job Enlargement		
Job Enrichment		
Job Rotation		
Kleingruppengespräch		
Lehr- und Fachkonferenzen		
Lehr- und Fachvorträge		
Lehrgespräch		
Leitbildentwicklung		
Lernkonferenz		
Lernmethoden in kombinierter Form		
Lernnetzwerke		
Lernstatt		
Lerntagebücher und Weblogs		
Mentales Training		
Mentoring		

Lern- und Bildungsmethoden in Kürze

Eignungsbeurteilung des Methodeneinsatzes	Kommt in Frage ja/nein	Einsetzen ja/nein
Multiple Management Methode		
Neuro-Linguistisches Programmieren		
Online-Learning		
Open Space		
Organisationsaufstellung		
Personalportfolio		
Podiumsdiskussion		
Potenzialanalyse		
Problembasiertes Lernen		
Qualitätszirkel		
Reframing		
Rollenspiele		
Roundtable-Gespräch		
Selbstorganisiertes Lernen		
Skalenabfrage		
Spezifische Team-Trainings		
Sprachtrainings und Sprachkurse		
Supervision		
Szenario-Technik		
Talent Review Process		
Team- und Projektgruppenarbeiten		
Teamdiagnostik		
Trainee-Programm		
Training-on-the-job		
Training-near-the-job		
Training-off-the-job		
Verhaltensbeobachtung und -modellierung		
Videotrainings und Simulationen		
Werkstattkurs		
Wissensmanagement		
Wissensmultiplikation		
Zukunftswerkstatt		

Fallbeispiel eines Trainingsprogramms für Nachwuchskräfte

Ausgangslage: Die Musterfirma AG konzipiert ein Trainingsprogramm für Nachwuchskräfte, und zwar mit Mitarbeitern mit und ohne Führungserfahrung.

Konzeption: Es gliedert sich in vier Gruppen, die innerhalb eines halben Jahres insgesamt vier Trainingsbausteine mit unterschiedlichen Zielsetzungen und Lernformen absolvieren. Dabei sind sich an aktuellen, praktischen Aufgabenstellungen orientierende Projektarbeiten der wichtigste Bestandteil. Ziel ist es einerseits, eine moderne Führungs- und Projektkultur zu etablieren, zum anderen aber auch Standards und Leitlinien für zentrale Managementkompetenzen herauszubilden. Das Programm steht auf den folgenden drei Säulen:

Standortanalyse: In der Standortanalyse werden für die Teilnehmer die jeweiligen Stärken und Lern- und Entwicklungsfelder herausgearbeitet.

Trainings: Die Trainings finden in vier Bausteinen als jeweils zweitägige Veranstaltungen statt. Es wird fachliches Wissen in den Bereichen Projektmanagement, Kommunikation, Zeit- und Selbstmanagement und Mitarbeiterführung vermittelt, kombiniert mit vier klassischen Führungsherausforderungen, die sich aus Projektarbeiten ergeben.

Projektaufgaben: Darauf folgen die Projektaufgaben, um das Wissen in den Arbeitsalltag zu transferieren (Lerntransfer). Als Dokumentation der persönlichen Weiterentwicklung erhalten alle Teilnehmer nach Absolvierung der Trainingsmodule unter anderem eine Videokassette mit den Sequenzen aus der persönlichen Standortanalyse und den eigenen Präsentationen im Rahmen der Trainings. Es erfolgen ausführliche Feedbackgespräche und ein Berghüttenabend mit der Geschäftsführung. Diese Massnahme belegt die Unterstützung dieser PE-Massnahme durch die Geschäftsleitung. Während der Umsetzung wird im Intranet ein Online-Tagebuch mit Erkenntnissen und Erfahrungen geführt.

E-Learning und digitales Lernen

Bedeutung und Stellenwert des E-Learnings

Eine grosse Anzahl an Fachtagungen und Kongressen sowie Tausende von Treffermeldungen bei Sucheingaben im Internet beweisen, dass E-Learning eine Hochphase durchläuft und die Art und Weise des Lernens revolutionieren könnte. Dabei steht die Erwartung im Mittelpunkt, Wissen zielgerichteter, individueller und vor allem kostengünstiger zu vermitteln. Den meisten Überlegungen zum E-Learning liegt die Annahme eines Paradigmenwechsels zugrunde, dass das E-Learning traditionelle Lernweisen tiefgreifend verändern wird. Grundlage des neuen Lernens wäre die zu entwickelnde Kompetenz, sich im Anlassfall - etwa bei aktuellen Problemen - Informationen und Wissensbestände zu beschaffen, also eher eine Art Aktualisierung von in Datenbanken gespeichertem Wissen als ein "Lernen auf Vorrat".

Wann ist E-Learning die richtige Wahl?

Darauf gibt es keine generelle Antwort. Neue Medien bieten eine Fülle von neuen Möglichkeiten Inhalte darzustellen, Animationen und andere multimediale Anwendungen zu verwenden oder Ton- und Videosequenzen einzubauen. Elektronische Medien machen es verstärkt möglich, Inhalte so aufzubereiten und einzelne Wissensgebiete zu vernetzen, dass sich Lernende ihren eigenen Lösungsweg durch die angebotenen Informationen suchen und sich so Wissen nachhaltiger aneignen können.

Daneben sorgen die vielfältigen Kommunikationsmöglichkeiten, zumindest beim Online-Lernen dafür, dass Lernen nicht sozial isoliert erfolgen muss, sondern ein vielfältiger Austausch mit anderen Lernenden möglich ist. Damit ist E-Learning geeignet, sehr viele verschiedene Wissensgebiete zu vermitteln, vor allem im Bereich der Weiterbildung. Letztendlich hängt es aber überwiegend vom didaktischen Design der jeweiligen Angebote ab, ob sich die verschiedenen Wissensinhalte tatsächlich zielführend vermitteln lassen.

Die ersten Erfahrungen zeigen, dass sich E-Learning am besten zur Vertiefung, Erweiterung und Erneuerung von bereits vorhandenem Wissen, zur Vermittlung von Faktenwissen und zur Vermittlung theoretischer Grundlagen für verhaltensorientierte Inhalte (z.B. Rhetorik, Gruppenprozesse, Motivation) eignet.

Hauptbestandteile von E-Learning-Umgebungen

Die Möglichkeit, individuelle Bedürfnisse und Ziele der Lernenden stärker zu berücksichtigen, als dies bei „traditioneller" Weiterbildung in Form von Seminaren und Kursen möglich ist, ist wohl die grösste Stärke von E-Learning – schon wegen der Zeit- und Ortsunabhängigkeit. Als Hauptbestandteile werden Inhalte in Form von Texten, Bildern, Animationen, Audio, Video, etc. und Kommunikationstools wie Email, Bulletinboard, Chaträume etc. betrachtet. Als Merkmale des E-Learnings gelten:

- Zugang zu Kursinhalten ist zeitlich und räumlich unbeschränkt
- Dynamische, aktualisier- und erweiterbare Inhalte
- Die Inhalte können beliebig vernetzt werden
- Interaktion mit Lehrern und anderen Studierenden
- Verfolgung von Performancewerten und Lernergebnissen
- Anpassung an individuelle Lernstile und Lerngeschwindigkeiten

Die Vorteile des E-Learnings

Das E-Learning ist mittlerweile über das Stadium der Interneteuphorie und Technologiegläubigkeit hinausgewachsen und etabliert sich immer mehr als eine ernstzunehmende Lern- und Wissensvermittlungsform. Dies hat vor allem mit folgenden überzeugenden Vorzügen und Vorteilen zu tun:

- Ort und Zeitpunkt des Lernens und Lehrens können frei gewählt werden.
- Ausbildungsziele und -schritte können selbst bestimmt werden.
- Intelligente Software und Systeme können sich an die Lerngeschwindigkeit anpassen.
- Mitarbeiter unterschiedlicher Fachbereiche können durch Tele-Learning leichter miteinander lernen.
- Multimediale Aufbereitung macht komplexe Sachverhalte verständlicher und fördert die Motivation.
- Multimediale Techniken erleichtern den Zugriff auf Informationen in Datenbanken und bieten zusätzliche Suchfunktionen.
- Wissen kann schneller publiziert, verbreitet und ohne Mehrkosten mehrfach dargeboten werden.
- Die individuelle Messbarkeit und Erfolgskontrolle steigert die Lerneffizienz.

Risiken und Herausforderungen

Dem E-Learning gegenüber in unkritische Euphorie zu verfallen, ist unangebracht. Das Zukunftspotential ist mit Sicherheit vorhanden und die oben genannten Vorteile sind überzeugend. Doch die Einführung der neuen Lernform birgt aber auch Risiken und einige nicht zu unterschätzende Herausforderungen:

- Wissen und Lernen sind keine technologischen Probleme, sondern betreffen auch beim E-Learning Menschen und Veränderungsprozesse.

- Anfangsinvestitionen in die IT-Infrastruktur und Einführungskosten dürfen nicht unterschätzt werden.
- Die Auftragsproduktion von unternehmensspezifischen E-Learning-Angeboten ist teurer als ein Präsenztraining, wenn bestimmte Mindestteilnehmerzahlen nicht erreicht werden.
- Ohne Interaktion und menschlichen Erfahrungsaustausch kann die Lernmotivation sinken - deshalb ist Blended Learning erforderlich, welches E-Learning und konventionelles Training verzahnen.
- Mitarbeiter verlieren das Interesse, wenn die Lernplattformen umständlich und die Lerninhalte nicht ansprechend oder zu technisch und kompliziert aufbereitet werden.
- Ein Übermass an Angeboten kann dazu verleiten, viel zu lernen und überall "reinzuklicken", aber nicht das Richtige zu lernen, wenn Orientierung und Zielsetzung fehlen.
- Trainer können Lernprozesse fördern. Nur richtig qualifizierte Online-Trainer bringen hervorragende Lernergebnisse.
- Ohne Evaluierung von E-Learning können Lernprozesse nicht effizient gesteuert werden.

Kombination von traditionellem Lernen und E-Learning

Oft aber liegen die Antworten auch in der Mitte - in der Verzahnung traditioneller Kursformen mit den Möglichkeiten moderner Medien: Erfolgreich ist E-Learning besonders dann, wenn es mit den vorhandenen Bildungsmassnahmen des Unternehmens kombiniert wird. Das traditionelle Classroom Training bietet wichtige soziale Aspekte, vor allem bei Teamarbeit und Fallstudien. Ebenso bringt eine persönliche Problemklärung anstelle der E-Mail manchmal mehr. Auf der anderen Seite ermöglicht die Technik auch ganz neue Lernerfahrungen. Die überregionale oder sogar internationale Zusammenarbeit im Unternehmen wächst durch gemeinsame Qualifikationsmassnahmen. Die Kontakte gehen dann häufig über die Problemstellungen während des Lernens hinaus. Um die Vorteile von traditionellem Lernen und E-Learning zu kombinieren, setzen die meisten Unternehmen beide Trainingsformen gemischt ein, was auch als "Blended Learning" bezeichnet wird. Beispiele sind Simulationen und Animationen in Präsenzseminaren oder die Vor- und Nachbereitung des Lehrstoffes in Online-Lerngruppen. Voraussetzung ist jedoch ein Gesamtkonzept, das den Unternehmensanforderungen gerecht wird und die Angebote inhaltlich sowie didaktisch intelligent verzahnt.

Die Bedeutung der Inhalte beim E-Learning

E-Learning läuft oft Gefahr, "technologisiert" zu werden, wodurch die Möglichkeiten der didaktisch-kreativen Aufbereitung nicht oder nur ungenügend genutzt werden. unter Nutzung von Vorteilen der Interaktivität leiden. Je besser die Inhalte aufbereitet sind, desto höher ist der Lernerfolg. Lernen am Bildschirm ist aber für viele noch ungewohnt und mit Berührungsängsten verbunden und Online-Lernen braucht eine gewisse Selbstdisziplin. Der gut aufbereitete Inhalt hilft, den Lernenden zu fesseln und zu faszinieren und ihn zum Lernen zu motivieren.

Anforderung an Inhalte

Lerninhalte sollten logisch strukturiert sein. Dabei ist ein modularer Aufbau entscheidend, der ermöglicht, Lerninhalte flexibel einzusetzen und gegebenenfalls aus verschiedenen Modulen ein neues Training zusammenzustellen. Guter Content bietet stets auch verschiedene Lernwege an und sollte auch verschiedenen Lerntypen gerecht werden. Bestimmte Mitarbeitende eignen sich Wissen zum Beispiel eher explorativ an, andere bevorzugen eine multimedial angereicherte Story oder ein Fallbeispiel während andere prägnantes Faktenwissen präferieren. Prinzipiell gilt aber: Das Training muss soviel Interaktion und Integration des Lernenden wie möglich beinhalten.

Die Notwendigkeit professioneller Unterstützung

Guter E-Learning-Inhalt bedeutet mehr als Trainingsunterlagen einfach nur ins Netz zu stellen. Die Inhalte aus den Präsenztrainings müssen unter mediendidaktischen Gesichtspunkten ganz neu aufbereitet, strukturiert und durchdacht werden. Dazu können zum Beispiel ausgebildete und erfahrene Medienpädagogen oder spezialisierte Unternehmen und Dienstleister eingesetzt werden. Experten besitzen fundiertes Wissen im Bezug auf Benutzerführung und Software-Ergonomie und kennen die Anforderungen der Implementierung und Einführungsschulung aus deren Praxis. Hinzu kommen hohe Medienkompetenz, Kenntnisse zum Medieneinsatz, technisches Wissen und die Möglichkeiten der Aufbereitung von Lerninhalten.

Erfolgsvoraussetzungen für E-Learning

Erste praktische Erfahrungen von Unternehmen, die E-Learning über längere Zeiträume einsetzen, rücken folgende praktischen Erfolgsvoraussetzungen für E-Learning in den Vordergrund:

- Verschiedener Lernstile wählen und wechseln
- Der Lernende soll individuell und kooperativ lernen
- Betreuung durch menschliche Mentoren und Tutoren
- Lernende sollten phasenweise aktiviert und werden
- Der Lernstoff sollte multimedial und inhaltsgerecht gestaltet sein
- Lernstoff sollte sinnvoll intern und sparsam extern verlinken
- Jederzeitiges Überprüfen des Wissensstandes
- Alle 20 bis 30 Minuten Einbringung eines Erfolgserlebnisses
- Aktueller Lernstoff mit Beispielen, die dies belegen

- Es müssen eigene Wissensbausteine erstellt werden können
- Lernfortschritt mit gezielten Feedbacks dokumentieren

Formen und Möglichkeiten des E-Learnings

E-Learning wird aller Voraussicht nach infolge der effizienten Wissensvermittlung, neuer didaktischer Möglichkeiten und des riesigen Kostensenkungspotentials zunehmend an Bedeutung gewinnen. Es gibt mittlerweile zahlreiche Formen und Methoden, von den wir nachfolgend auszugsweise, aber nicht vollständig, einige vorstellen.

Web-Based Training und E-Learning-Softwareprogramme

Web-Based Training umfasst die internetgestützte Form des Fernlernens mit und ohne Betreuung durch Tutoren. Der Computer sollte also mit einem Browser ausgestattet und an ein Netzwerk angeschlossen sein. Vorteil dieses Angebots ist, dass unterstützend zum Kurs Diskussionsgruppen und Chats angeboten werden können. Anstatt nur in Interaktion mit dem Computer zu stehen, kann man sich so also mit anderen Lernenden austauschen.

Die Ausgestaltung eines WBT kann dabei von einfachen Multiple-Choice-Fragen bis hin zu komplexen Simulationsspielen reichen. Falls dabei zusätzlich Kommunikationsdienste wie Chatforen oder Newsgroups zur Verfügung stehen, können Lerngemeinschaften gebildet oder die Unterstützung eines Referenten beigezogen werden.

Im Zusammenhang mit E-Learning ist oft auch vom Blended Learning die Rede. Dies bezeichnet Lehr-/Lernkonzepte, die eine didaktisch sinnvolle Verknüpfung von 'traditionellem Klassenzimmerlernen' und virtuellem Lernen über das Internet auf der Basis neuer Informations- und Kommunikationsmedien anstreben.

E-Lecture

Traditionelle Vorlesungen und Seminare mit Kursteilnehmenden vor Ort werden live via Internet übertragen – multimedial, interaktiv und kooperativ, wobei Kursteilnehmende online Fragen stellen und an Diskussionen teilnehmen können.

Virtual Academy

Die Virtual Academy ist eine virtuelle Abbildung einer Ausbildungsstätte im Internet und ermöglicht umfassende Kommunikationsmöglichkeiten mit den Referenten und unter den Lernenden. Virtual Academies haben umfassende Informations- und Beratungssysteme und ermöglichen den Zugang zu Bibliotheken, Wissensdatenbanken, Fachgruppen usw.

Virtuelle Kursräume

Hier finden die Lernenden Zugang zu verschiedensten Formen von Ausbildungsveranstaltungen wie Vorlesungen, Seminare, Praktika, Prüfungen oder Übungsgruppen usw. Zur Unterstützung stehen umfassende Kommunikationsmöglichkeiten mit Referenten und anderen Lernenden zur Verfügung. Zudem besteht die Möglichkeit zur aktiven Teilnahme an virtuellen Lerngruppen.

Fernlehre oder Telelearning

Räumlich unabhängiges Lernen, hier lernt man alleine ohne die Anwesenheit einer Lehr- bzw. Betreuungsperson. Wird zur Zeit immer mehr digital in von Kursleitern moderierten Chaträumen oder Diskussionsforen unterstützt, in denen Lernende den Stoff autonom weiter verarbeiten und vertiefen.

Blended Learning

Hierunter versteht man die Mischung von Präsenzunterricht und dem Lernen mittels digitaler Medien. Einfachste Form ist der Einsatz eines Datenbeamers oder von Powerpointfolien während eines Vortrages und der gleichzeitige Einsatz des Internets für Online-Recherchen. Je nach Situation kann auch ein Wechsel von Frontalunterricht zu computergestützten Lerneinheiten vorgenommen werden.

Online-Vorlesung und virtuelles Seminar

Dies sind live übertragene Vorlesungen, oft mit einem Rückkanal. Virtuelle Seminare oder Onlineseminare sind Wissensvermittlungen, in denen ein Grossteil online mit meistens interaktiven Elementen und Möglichkeiten der Erfolgskontrolle erledigt wird. Häufig mit einer Anfangs- und Endpräsenzveranstaltung (um die Anonymität zu brechen). Meist mit tutorieller Unterstützung.

Eigenständiges Lernen

Hier findet ein Einsatz von Lernsoftware oder Online-Materialien ohne externes Feedback statt. Dies kann ein CD-Rom-Fremdsprachkurs oder ein online ablaufender Call-Center-Kurs sein, in dem ein Argumentationstraining multimedial stattfindet.

Kooperatives oder netzwerkgestütztes Lernen

Lernform zusammen mit anderen Personen, kann bei Präsenzveranstaltungen, durch eine Online-Kommunikation gestützt oder rein virtuell stattfinden. Selbstlerngemeinschaften arbeiten dabei autonom ohne eine Unterstützung durch Lehrpersonal aber nach genauen Zielen, mit definierten Lerneinheiten und oft auch mit Erfolgscontrolling.

Arbeitsplatzbezogenes Lernen
Lernen am Arbeitsplatz. Hier können von der Arbeitszeit Zeiträume für das Lernen bereitgestellt werden oder es kann just-in-time, z. B. beim Auftauchen von Problemen oder praktischen Fallbeispielen gelernt werden.

Vicarious Learning
Jemanden bei der Arbeit oder einer Tätigkeit beobachten und ihm über die Schulter sehen und daraus lernen. Das können zum Beispiel Filme sein, in denen einzelne Schritte einer Softwarenutzung aufgezeichnet wurden und die dann kommentiert abgespielt werden.

Frontalunterricht Face-to-Face
Hiermit ist häufig der klassische Frontalunterricht oder sogenannte Präsenzunterricht mit allen Teilnehmerinnen in einem Raum, unter der Anwesenheit einer Lehr- bzw. Betreuungsperson gemeint.

Die Evaluation von E-Learning-Angeboten

Die Qualität von E-Learning-Angeboten ist meistens sehr unterschiedlich und nicht einfach zu beurteilen. Genaue Information über das jeweilige Angebot ist daher unbedingt notwendig. Das kann auch helfen, falsche Erwartungen bereits im Vorfeld auszuräumen. Qualitätsbewusste Weiterbildungsanbieter werden versuchen, in ihren Informationsmaterialien, auf ihren Webseiten und während der Beratungsgespräche möglichst umfassende Informationen zu geben. Sollten dennoch Unklarheiten bestehen, sollten Sie auf jeden Fall Auskunft und Klärung verlangen oder allenfalls einen neutralen Berater hinzu ziehen.

Die nachfolgende Prüfliste soll bei der Evaluation und Qualitätsprüfung von E-Learning-Angeboten behilflich sein.

E-Learning und digitales Lernen

Prüfliste zur Evaluation von E-Learning-Angeboten

- ☐ Veranstaltet der Anbieter auch herkömmliche Weiterbildungsmassnahmen?
- ☐ Werden Demoversionen, Schnupperkurse oder Testzugänge angeboten?
- ☐ Gibt es ausführliche Informationen auf einer Webseite des Anbieters?
- ☐ Gibt es ausführliches schriftliches Informationsmaterial?
- ☐ Gibt es Referenzen, die zum konkrete Angebot Aussagen treffen können?
- ☐ Kennen Sie Erfahrungsberichte von früheren TeilnehmerInnen?
- ☐ Beschreibt der Anbieter detailliert das Konzept des Kurses?
- ☐ Sind die Methoden zur Vermittlung der Lehrinhalte ersichtlich?
- ☐ Ist klar, ob das angebotene Konzept Ihren Bedürfnissen entspricht?
- ☐ Gibt es eine tutorielle Begleitung beim Lernen?
- ☐ Sind Möglichkeiten zur Selbstkontrolle des Lernerfolgs vorgesehen?
- ☐ Sind andere Möglichkeiten zur Überprüfung des Lernerfolgs vorhanden?
- ☐ Ist ein Austausch mit anderen TeilnehmerInnen vorgesehen?
- ☐ Werden Projekt- oder Gruppenaufgaben gezielt als Methode eingesetzt?
- ☐ Ist im Detail beschrieben, was im Kurs vermittelt wird?
- ☐ Ist klar, ob das Angebot inhaltlich interessant ist?
- ☐ Sind Aussagen über Zielgruppen und Teilnahmevoraussetzungen klar?
- ☐ Wie steht es um Lerntyp, Lernerfahrungen, Medienkompetenz, etc.?
- ☐ Gibt es Informationen über notwendige Vorkenntnisse und das Lernniveau?
- ☐ Gibt es die Möglichkeit eines kostenlosen Einstufungstests?
- ☐ Wie gross ist der Zeitaufwand zur Nutzung und Einführung?
- ☐ Gibt es einen festen Zeitrahmen, in dem der Kurs abläuft?
- ☐ Besteht freie Zeiteinteilung beim Selbststudium der Lernmaterialien?
- ☐ Ist klar, wie lange Materialien oder Lernplattformen zugänglich sind?
- ☐ Macht der Anbieter detaillierte Angaben zur technischen Ausstattung?
- ☐ Sind Voraussetzungen Ihrer IT-Infrastruktur und PC-Performance klar?
- ☐ Werden Anforderungen an Ihren Internetzugang gemacht (Bandbreite)?
- ☐ Gibt es einen technischen Support bzw. eine „Service-Hotline"?
- ☐ Ist geregelt, wann und wie der technische Support erreichbar ist?

Qualitätsprüfung von Online-Kursen und -schulungen

Konzept und Struktur	Besteht ein methodisches Konzept zum Online-Lernen? Ist im Detail und in klaren Strukturen beschrieben, was vermittelt wird, oder finden sich nur ein paar grobe Stichworte?
Lernkontrollen	Online-Lernen braucht eine hohe Eigenmotivation, da trotz gegebener Kommunikationsmöglichkeiten selbständig gelernt werden muss. Welche Möglichkeiten sieht der Anbieter vor – Selbsttests, Korrektur von Aufgaben durch den Tutor, Diskussion mit anderen Teilnehmern?
Tutoren und gemeinsames Lernen	Macht der Anbieter Angaben zur fachlichen Kompetenz seiner Tutoren, steht der Kursleiter für Fragen zur Verfügung und wird eine persönliche Betreuung angeboten, bei der individuelle Lernbedürfnisse berücksichtigt werden?
Nutzung von Onlinemöglichkeiten	Wird etwas über die konkrete Funktion von Diskussionsforen und Chats gesagt, oder werden diese lediglich als Kommunikationsmöglichkeiten offeriert? Dienen diese zum Beispiel grundsätzlich zur Diskussion von Aufgabenlösungen? Werden beim Chat konkrete Termine und Themen vorgesehen, oder bleibt es dem Zufall überlassen, ob Sie hier jemanden antreffen?
Zielgruppen	Sind die Aussagen zu Teilnehmervoraussetzungen und Zielgruppen eindeutig? Dies ist für das Lernniveau und einen adäquaten Austausch der Teilnehmer von grosser Bedeutung.
Zeit und Kosten	Beschreibt der Anbieter genau, wie viel Zeit Sie in die Weiterbildung investieren müssen, oder wird nur die Freischaltdauer zum Kursmaterial ausgewiesen? Wird etwas darüber ausgesagt, ob Sie Teile des Kurses offline bearbeiten können? Es ist zu bedenken, dass die Online-Zeit über die Kursgebühren hinaus Kosten verursacht.
Technik	Werden die technischen Voraussetzungen genau beschrieben? Wird ein technischer Support während des Kurses angeboten? Entstehen zusätzliche Kosten durch Anschaffung von weiterer Software? Und: Wie bedienerfreundlich ist die Handhabung des Kurses z.B. in der Demoversion?

Didaktik und Wissensvermittlung

Bedeutung und Stellenwert der Didaktik

Viele Unternehmen halten Inhouse-Seminare gelegentlich selber ab, führen eigene Workshops durch oder organisieren Trainings in Zusammenarbeit mit externen Fachleuten, welche aber didaktisch nicht unbedingt immer geschult sind. Daher ist es wichtig, auch über praxisrelevante Kriterien erfolgreicher Wissensvermittlung und Lernmethoden informiert zu sein und einige Grundregeln professioneller Wissensvermittlung zu kennen. Dies nicht zuletzt auch deshalb, um externe Anbieter und Dozenten dadurch noch kompetenter und ganzheitlicher beurteilen zu können. Es geht dabei um folgende Themen:

- Gründliche und umfassende Vorbereitung
- Festlegung von Lernstrategien
- Förderung der Informationsaufnahme
- Lernklima und Lernmotivation
- Der Lerntransfer in die Praxis
- Die Mittel und Formen des Medienmixes
- Festigung des Gelernten durch Wiederholung

Gründliche und umfassende Vorbereitung

Die umfassende Vorbereitung und die Abklärung erfolgsrelevanter Umstände unterscheidet den professionellen Wissensvermittler vom Amateur. Im Zentrum stehen dabei die Lernzielgruppe und deren Bedürfnisse, der Auftrag und die Erwartungen des Unternehmens und die Definition der Lernziele.

Auftrag und Erwartungen des Unternehmens

Es ist einerseits die Aufgabe des Auftraggebers oder des Managements, die Erwartungen zu formulieren und andererseits aber auch diejenige des Anbieters, das Machbare und Vermittelbare sowie Chancen und Grenzen aufzuzeigen. Um so klarer und realistischer, möglichst auch messbar die Bedürfnisse sind, desto zielgerechter können ein Kurs oder ein Seminar konzipiert oder abgehalten werden.

Ausrichtung auf die Lernzielgruppe

Ein Unternehmen ist nur dann erfolgreich, wenn es die Bedürfnisse seiner Zielgruppen genau kennt und seine Produkte konsequent auf diese ausrichtet. Sehr ähnlich verhält es sich mit der Wissensvermittlung: Nur wer seine Teilnehmer und Zuhörer kennt, weiss, was sie erwarten und welche ihre Bedürfnisse sind. Ein Dozent kann sich via Stellenanzeigen und Berufsbilder informieren, einen halben Tag bei und mit der Zielgruppe arbeiten oder Zielgruppen mündlich oder schriftlich befragen.

Definition der Lernziele

Lernziele sollten konkret, nachvollziehbar, erreichbar sowie quantitativ und qualitativ formuliert werden. Nur so kann der Wissensvermittler Lernmethoden und Lerninhalte genau bestimmen, der Lernende seine Motivation und Orientierungshilfe haben und das Unternehmen eine verlässliche Erfolgskontrolle vornehmen. Eine positive Formulierung von Lernzielen – also nicht Problemvermeidung und Fehlerreduktion sondern Lösungen und Optimierungen – und deren Priorisierung sind ebenfalls wichtig. Zudem beeinflussen Rahmenbedingungen wie Gruppengrösse, Lernort, Lehrmaterialien und Lernorganisation die Lernziele.

Definition und Erarbeitung von Lehrstrategien

Als Lehrstrategien bezeichnet man die jeweils unterschiedlichen Vorgehensweisen beim Lehren. Es ist eine absolute Voraussetzung, sich mittels verschiedener Arten von Lehrstrategien Aufmerksamkeit und Konzentration der Lernenden zu gewinnen und zu erhalten.

Einbezug von Zugangsweisen

Man weiss aus der Lernpsychologie, dass es visuell und abstrakt orientierte Lernende gibt und solche, die eher mit rationalen oder mit emotionalen Argumenten angesprochen werden können. Dies bedeutet, dass Texte mit Bildern verknüpft werden sollten, Sachverhalte mit gefühlsbetonten Geschichten veranschaulicht und Strukturen mit Zahlen und Symbolen verbunden werden sollten.

Einbezug von Lernmotivatoren

Untersuchungen haben gezeigt, dass die Motivationen, etwas zu lernen – eine absolute Grundvoraussetzung für den Lernerfolg überhaupt – unterschiedlicher Art sind. Man kennt *Problemlerner*, die primär auf der Suche nach Lösungen sind und unter einem gewissen Druck stehen, *Zukunftslerner*, die für den Fall, dass... gewappnet sein wollen, *Informationsinteressierte*, die Wissen, Neues und Fakten geradezu sammeln und *Anwenderlernende*, die Handlungsanleitungen für die Umsetzung wünschen. Für Dozenten ist es von Vorteil, abwechselnd alle vier Motivationsebenen anzusprechen, also einmal Wissenshäppchen und Faktenartiges für Informationshungrige und ein andermal den für die Zukunftsbewältigung nützlichen Aspekt eines Sachverhaltes für den Zukunftslerner hervorzuheben.

Einbezug von Lebensbereichen und Wertvorstellungen

Vielfach kann Gelerntes in sehr unterschiedlichen Lebensbereichen angewandt werden und jeder Mensch verfügt über andere Gewichtungen von Glaubenssätzen und Wertvorstellungen. Wenn unterschiedliche Lebensbereiche und Wertvorstellungen einbezogen werden, steigen das Interesse und die Aufmerksamkeit. So kann Verkaufskommunikation im Beruf Regeln haben, die genau so für den privaten Bereich von Ehen und Freundschaften gelten und auch so erläutert werden können. Bei Glaubenssätzen können es Erfolg, Spannung, Beziehungen, Harmonie oder Ehrgeiz sein, die bei Menschen unterschiedliche Gewichtungen haben. Demzufolge sollte man Beispiele und Vergleiche heranziehen, die möglichst viele solche Glaubenssätze ansprechen.

Lernformen und Lerntypen

Die Form der Informationsaufnahme beeinflusst in entscheidendem Ausmass die Behaltensquote. Dabei geht es um die Aufbereitung und Berücksichtigung verschiedener Lerntypen, die Aufrechterhaltung der Konzentration, um den kombinierten und vielfältigen Einsatz verschiedener Vermittlungs- und Lernformen sowie um das aktive Einbeziehen der Teilnehmer in die Erarbeitung eigenen Wissens und Erkennens.

Mittel zur Förderung der Informationsaufnahme

Einige Methoden und Mittel zur Förderung der Informationsaufnahme nachfolgend in Kürze:

- Verschiedene Lerntypen mittels verschiedener Darstellungsformen bedienen
- Einbezug der Teilnehmer mit Fragen und Vorschlägen
- Fazite und Zusammenfassungen von Dozenten und Teilnehmern
- Wechsel von passiven Referieren und aktiver Eigenerarbeitung
- Gutes Pausentiming mit Kurz-, Kaffee- und Erholungspausen
- Tendenziell am Vormittag Theorien anspruchsvolleren Inhalts und nachmittags eher Vertiefungen und Übungen
- Anschauungsmaterial und "Handfestes" zirkulieren lassen

Die 10-Minuten-Regel

Man weiss aus Untersuchungen und Forschungen, dass bereits nach 10 Minuten gleichförmigen Lehrens oder Monologisierens die Aufmerksamkeit nachlässt. Im Zehn-Minuten-Rhythmus für Abwechslung und Aktivitäten zu sorgen, ist daher ein gutes Mittel für den Wechsel von Aussagen, Darbietungen, Lernformen, Arbeitsformen, Zusammenfassungen oder Diskussionen.

Lernklima und Lernmotivation

Eine trockene, von Neid und Misstrauen geprägte Lernatmosphäre macht den besten Dozenten und den spannendsten Lerninhalt zunichte. Ein Lernklima des Vertrauens, der Motivation und der Neugierde für das kommende Wissen und Lernen hingegen schafft eine ausgezeichnete Voraussetzung für eine erfolgreiche Wissensaufnahme in entspannter und positiver Atmosphäre. Wie dies in der Praxis erreicht werden kann, erfahren Sie nachfolgend mit einigen erfolgserprobten Methoden.

Das Vertrauen der Teilnehmer gewinnen

Der erste Eindruck entscheidet – dies gilt auch für einen Dozenten oder Referenten, der sein Seminar eröffnet und beginnt, bereits in den ersten 10 Minuten. Dies gelingt, indem man sich als Trainer und Mensch humorvoll oder emotional sympathisch vorstellt. Beispiele, welche die Kompetenz beweisen sowie das Vermitteln von Wertschätzung und Respekt sind Möglichkeiten. Auch die Befähigung, sich in die Lage der Teilnehmer zu versetzen, kann Vertrauen und Verbindung schaffen wie zum Beispiel "Auch ich war einmal wie Sie heute in der Situation, schnell viel Neues über XYT lernen zu müssen. Unsicherheit und Zweifel plagten mich dann, ob..."

Spannung und Neugierde wecken

Die Abwechslung, die Überraschung, die Konzentration auf die Bedürfnisse der Zuhörer und das Erkennen von verschiedenen Lerntypen sind wichtige Mittel. Auch der Humor – im besten Fall eine spannende "aus dem Leben oder aus dem Betriebsalltag gegriffene Geschichte " – kann Wunder bewirken. Metaphern, bildhafte Vergleiche und Beispiele sind sehr gute Mittel, die Aufmerksamkeit der Zuhörer zu gewinnen. Auch eine provokative Frage an die Teilnehmer oder eine sehr überraschende Information im Stile von "Wussten Sie, dass..." bewirkt Spannung und Aufmerksamkeit. Vor allem der Zehn-Minuten-Rhythmus für Abwechslung und Aktivitäten sorgt als Faustregel dafür, dass keine Langeweile aufkommt und Spannung aufrechterhalten wird.

Orientierung und einen Rahmen bieten

Damit erreicht man, dass die Marschroute sowie Sinn und Zweck einer Lernveranstaltung mit aller Klarheit bewusst sind und bleiben. Dies können konkret sein: aktuelle Ereignisse und Hintergründe als Anlass der Weiterbildungsveranstaltung, faktenorientierte Ziele und Gründe, konkrete Fertigkeiten und Erkenntnisse für die Praxisumsetzung und eine zuweilen aufgezeigte Lernstruktur oder ein Lernweg, und die Information, in welcher Phase man sich befindet, welche Themen absolviert wurden und welche im Laufe des Seminars noch zu bearbeiten sind.

Partnerinterview: Die Vorstellungsrunde

Wer kennt sie nicht, die obligaten "Vorstellungsrunden" zur Eröffnung eines Seminars. Doch sie haben durchaus ihre Berechtigung, da sie wesentlich zu einer Vertrauensatmosphäre beitragen und das Eis schmelzen lassen. Es kann zum Beispiel die Interviewform zwischen zwei Personen angewandt werden oder die persönliche Vorstellung kann mit Zielen und Erwartungen an den Kurs verknüpft werden, die auf einer Karte formuliert an der Pinwand angebracht werden.

Der persönliche und individuelle Nutzen

Lernmotivation entsteht in starkem Ausmasse auch dadurch, dass Teilnehmer und Lernende ihren persönlichen Nutzen erkennen, der ihnen eine Lernveranstaltung stiftet. Dieser kann beispielsweise bei der Vorstellungsrunde via Kartenattachment an der Pinwand eruiert werden, abschliessend mit der Aufforderung einer konkreten Formulierung an die Teilnehmer erfragt werden und zusätzlich vom Dozenten mit konkreten Fallbeispielen früherer Teilnehmer auf glaubwürdige Art und Weise mit Fakten bewiesen und belegt werden.

Der Lerntransfer in die Praxis

Gerade in der betrieblichen Praxis ist Wissensvermittlung erst dann erfolgreich und hat erst dann ihren Zweck erfüllt, wenn sie zu Verhaltensänderungen führt und im Berufsalltag sowie in Arbeitssituationen auch wirklich angewendet wird. Forschungen und Untersuchungen zeigen folgendes klar: Ob Gelerntes in der Realität zur Anwendung kommt steht in einem nachweisbaren Zusammenhang damit, wie das Gelernte erworben wurde.

Theorie im Teilnehmer-Praxisumfeld vermitteln

Diese Voraussetzung ist äusserst wichtig und hängt auch stark mit einem klaren Lernziel und einer sorgfältig selektieren Teilnehmerschaft zusammen. Zahlreiche Forschungen und Untersuchungen beweisen, dass eine arbeitsplatz- und realitätsnahe Wissensvermittlung den Lerntransfer stark beeinflusst. Wird also ein Seminar zur Kommunikation organisiert und sind die Branche, das Produkt, die Kundensituationen, Fallbeispiele und Aufgabenstellungen aus der eigenen Betriebspraxis enthalten, fällt vermitteltes Wissen auf viel fruchtbareren Boden. Die thematisch präzise Wahl eines Seminars, die Vorbereitung mit solchen Beispielen, die Selektion des Dozenten und aktuelle Fragestellungen aus den Tätigkeitsbereichen der Teilnehmer sind konkrete Möglichkeiten, dies sicherzustellen.

Lernende mit kreativen Eigenerarbeitungen aktivieren

Passiv konsumiertes Wissen ist nicht dazu angetan, Veränderungen zu bewirken. Wird ein Stoff aber selber erarbeitet, werden eigene Beispiele entwickelt oder Situationen kreiert, beeinflusst dies den Erfolg nachhaltig. Ein dafür sehr geeignetes Mittel ist die Kleingruppenarbeit, in der Inhalte selber erarbeitet und mit realitätsnahen Aufgaben verknüpft werden.

Gelerntes in Gruppe austauschen und diskutieren lassen

Das Berichten eigener Erfahrungen oder Lösungsvorschläge, das In-Fragestellen bisheriger Praktiken, Entscheidungsfindungen für aktuelle Probleme, der Austausch von Erfahrungen, das Diskutieren neuer Ansätze – dies sind konkrete Möglichkeiten, Gelerntes und Wissen in der Gruppe aktiv zu verarbeiten. Man bezeichnet diese Formen des Lernens auch als kooperative Lernmethoden.

Kleingruppenarbeiten als bewährte Methode

Es sind insbesondere Kleingruppen, die diesen aktiven Wissensaustausch möglich machen. Dabei ist die Art der Aufgabenstellung wichtig, damit möglichst verschiedenartige Erkenntnisse auch wirklich aktiv erarbeitet werden können und Neuigkeitswert haben. Die ideale Gruppengrösse liegt bei ungefähr fünf Teilnehmern. Unterschiedliche Aufgabenstellungen und eine gute Beobachtung, regelmässiges Coachen der Gruppen und eine anschliessende Präsentation durch ein Gruppenmitglied sind empfehlenswert.

Besonders wichtig ist bei Kleingruppenarbeiten, dass die Aufgabe nur durch eine koordinierte Zusammenarbeit aller Teilnehmenden sinnvoll gelöst werden kann. Das trifft zum Beispiel zu, wenn die Teilnehmenden über unterschiedliches Wissen verfügen, das zur Erfüllung der Aufgabe integriert werden muss. Dies verhindert, dass nur einige an der Aufgabe beteiligt sind. Gruppen sind Einzelpersonen bei der Bearbeitung von Lernaufgaben überlegen, wenn es darum geht, Ideen zu sammeln, unterschiedliche Aspekte eines Themas aufzugreifen, mehrere Lösungswege und -möglichkeiten für ein Problem zu finden sowie Thesen und Vorschläge miteinander zu vergleichen.

Die Mittel und Formen des Medienmixes

Der möglichst vielfältige, auf Teilnehmer, Lernziel und Thema abgestimmte Mix von Lerninstrumenten und Lernmedien beeinflusst den Lernerfolg ebenso.

Die Pinwand

Dazu gehört zum Beispiel die Pinwand, welche selber Erarbeitetes auf Karten mit Farbbedeutungen zusammenfassen lässt. Kursteilnehmer können hier Zusammenfassungen und Kernpunkte selber erarbeiten und präsentieren, wobei Wichtiges visualisiert und in der Gruppendiskussion vertieft werden kann.

Flipcharts

Flipcharts sind im Büroalltag auch sonst weit verbreitet und als unkompliziertes und mobiles Mittel sehr beliebt. Der Referent ist vom Standort des Mediums unabhängig, die Seitenzahl ist eigentlich unbegrenzt. Hier können Teilnehmeräusserungen visualisiert werden, Kernbegriffe schräg oder farbig ins Zentrum gerückt werden oder mit Scribles ergänzt werden. Auch bei einem Brainstorming leistet der Flipchart gute Dienste oder kann als Vorbereitung mit einer Struktur durch Live-Aussagen von Teilnehmern ergänzt werden.

Folien und Beamer

Die einen langweilen sich mit zum wiederholten Mal vorgeführten und textlastigen Standard-Powerpoint-Folien - andere verstehen sie als wahre didaktische Meisterwerke einzusetzen. Wichtig ist ein ausgewogenes Verhältnis von Visualisierungen und Texten, der dezente Einsatz von Animationen, die Fragenformulierung von Hauptüberschriften und ein einheitlicher Auftritt der Informationsgestaltung der Folien. Humor, bekannte und überraschende Personenfotos sowie Karikaturen bewirken Abwechslung. Ferner sollte der Blickkontakt mit den Teilnehmern nicht vergessen werden.

Die nachfolgende Aufstellung zeigt, dass es natürlich wesentlich mehr Medieninstrumente gibt, als die oben vorgestellten, welche eingesetzt werden können. Die nachfolgende Tabelle kann zugleich als Planungsmittel benutzt werden.

Medienübersicht in der betrieblichen Weiterbildung

Veranstaltungsart und Ausbildungsthema:
Teilnehmer:
Lernziel in Stichworten:

Instrument/Medium	Bedeutung		Einsatz	
	gross	gering	ja	nein
Visuelle Medien				
Flipchart				
Karten				
Folien				
Beamer				
Schautafeln				
Diagramme und Grafiken				
Arbeitsblätter und Anschauungsmaterial				
Projektionswand				
Pilottypen				
Overheadprojektor				
Arbeitshilfsmittel und -werkzeuge				
Akustische Medien				
Handy				
Sprachlabor				
Tonband				
Kassettengerät				
Audiovisuelle Medien				
Tonfilm				
Tonbildschau				
TV- und Video-Filme				
Elektronische und digitale Medien				
Beamer mit Internet- u. Notebook-Anschluss				
Browser/Websites				
Notebooks				
Organizers				
Digitalkameras mit Direktanschluss				
MP3 Player				
Personal Digital Assistenten				

Erhöhung der Behaltensquote durch Wiederholung

Man weiss aus der Psychologie, der Werbung und aufgrund von eigenen Erfahrungen, dass das Wiederholen eine äusserst wichtige Bedeutung für die Gedächtnisleistung hat. Dazu nur soviel: Normalerweise sind drei bis zehn Wiederholungen notwendig, bis Gelerntes behalten wird, bei kooperativen Lernformen genügen jedoch ein bis zwei. Wichtig ist ferner eine abwechslungsreiche Gestaltung von Wiederholungen – zum Beispiel für visuell, auditiv und rational orientierte Teilnehmer -, die unmittelbar nach der Wissensvermittlung stattfinden sollte. Nachfolgend in Kürze einige praktische Methoden:

Schriftliche oder mündliche Fazite

Fazite auf einem Flipchart, mündliches Hervorheben von Schlüsselaussagen oder Strukturen und Checklisten sind dafür geeignet. Auch eine abschliessende Plenumsdiskussion zum Nutzen des Gelernten oder ein Selbsttest können Schritte auf dem richtigen Weg sein. Auch die Aufforderung von Teilnehmern, die Quintessenz des Gelernten in wenigen Sätzen zusammenzufassen, ist eine Möglichkeit.

Folgeveranstaltungen

Dies können eigene Erfahrungs- und Anwendungsberichte aus der Praxis sein, Rollenspiele, bei denen das Wissen vorausschauend bereits angewendet wird, Kartenabfragen im Plenum oder Aufgabenstellungen für die Praxis, die dann im Betrieb eine Woche später präsentiert werden.

Einzelarbeiten als Commitments

Hier können sich Lernende selber einen Brief oder "Vertrag" schreiben, indem sie das Gelernte als Erlebnisbericht verfassen und sich auf eine verpflichtende Weise schriftlich vornehmen, welche Aspekte sie anwenden und umsetzen wollen.

Schlussaktivitäten mit vorhandenen Inhalten

Zentral wichtige Flipchartseiten oder Folien können nochmals aufgelegt und zusammengefasst werden, interessante Karten einer Pinwand nochmals in Erinnerung gerufen werden. Empfehlenswert ist auch ein gemeinsam ausgearbeiteter Aktivitätenplan mit verbindlichen Terminen und Zuständigkeiten und klaren im Zusammenhang mit deren Lernzielen stehenden Zielsetzungen, der von Verantwortlichen kontrolliert und überwacht wird.

Who trains the Trainer: Die Trainerqualifikation

Qualifizierte Kursleiter, Dozenten und Referenten sind heutzutage wesentlich mehr als Wissens- und Lernstoffvermittler. Ihre Persönlichkeit beispielsweise im Bereich der Kommunikation und der Ausstrahlung und ihre didaktischen und psychologischen Kenntnisse über das Fachgebiet hinaus sind erfolgsentscheidend. Lernen wird mehr und mehr zum partnerschaftlichen Erarbeiten von neuen Fähigkeiten und Verhaltensweisen in kombinierten Formen und Methoden.

Die Trainerqualifikation entscheidet oft über Erfolg oder Misserfolg von Aus- und Weiterbildungsmassnahmen. Von besonderer Bedeutung ist die methodisch-didaktische sowie die soziale Kompetenz der Trainer und die Fähigkeit, ihr eigenes Fachwissen motivierend und teilnehmerorientiert in Seminaren, Workshops und kollegialen Unterweisungen am Arbeitsplatz oder an Veranstaltungen weiterzugeben. Ein Ausbilder ist aber auch verantwortlich für ein motivierendes und aktivierendes Lernklima und für eine professionelle Vermittlung und Darbietung des Lernstoffes. Auch der Führung einer Gruppe oder Teilnehmerschaft kommt grosse Bedeutung zu im flexiblen Eingehen auf Bedürfnisse, Beherrschung unterschiedlicher Lernformen und einer sicheren Balance zwischen Sach- und Beziehungsebene.

Die Kombination internen Fachwissens der Trainer oder Ausbilder macht die Personalentwicklung im Bereich der internen Weiterbildungsangebote schneller, flexibler und unabhängiger von externer Leistung und erlaubt es, letztere umfassender und sicherer zu beurteilen und zu bewerten. Eine Trainerausbildung kann zum Beispiel folgende Punkte und Bereiche umfassen:

- Das Rollenbild und das Selbstverständnis des Trainers
- Das persönliche Bildungsverständnis
- Handhabung und Einsatz von Lernmedien und -formen
- Motivation und Arbeitsfähigkeit in einer Lerngruppe
- Kommunikation auf der Sach- und Beziehungsebene
- Lernpsychologische Sachverhalte und Erkenntnisse
- Verständnis der Gruppenprozesse
- Die Besonderheiten erwachsenengerechten Lernens
- Die Prinzipien des "gehirnfreundlichen" Präsentierens
- Der situationsgerechte Einsatz von Methoden und Medien
- Das Initiieren und Durchführen von Rollenspielen

Didaktik und Wissensvermittlung

Checkliste zur Trainer-Auswahl

Seminarthema bzw. -name:
Name:
Kontaktdaten:
Alter:
Stärken/Spezialisierungen:

Kurzbeschreibung der Anforderungen:

Beurteilungspunkt	++	+	-	--
Inhaltliche Schwerpunkte und Anforderungen				
Erfahrung in themen- und oder zielgruppenverwandten Schulungen				
Branchen- und Produktbezug oder -kenntnisse vorhanden?				
Trainingserfahrungen und Referenzen				
Schulungs- und Lehrkonzept und Methodik des Vorgehens				
Eingesetzte Lernmethoden und Didaktik				
Ausbildung und Qualifikation				
Flexibilität in der Ausrichtung auf unsere unternehmensspezifischen Bedürfnisse				
Nachbearbeitung und Erfolgskontrolle				
Ausstrahlung und Persönlichkeit				
Schwerpunkte der Teilnehmererfahrungen (Alter, Funktionen, Lehrerfahrung usw.)				

Aufnahme in engere Wahl oder Trainerwahl mit Begründung

O ja o nein o eventuell, weil

Die Phasen einer Kurs- und Lernveranstaltung

Eine professionell durchgeführte Wissensvermittlung zeichnet sich durch deren Systematik und die verschiedenen Phasen aus.

Einleitung	Stärkung des Selbstvertrauens, Brücken und Beispiele zum Lernthema, Anknüpfung an Bekanntes und Vertrautes mit Auflockerungen.
Zielsetzung	Bekanntmachung des Lernziels in quantitativer und qualitativer Hinsicht mit konkreten und motivierenden Beispielen.
Stoffvermittlung	Gliederung des Stoffes und der Lerneinheiten aufzeigen, Lernformen und Lernmethoden vorstellen und eine klare Programmstruktur mit Zeitplan schaffen.
Training und Übungen	Anwendung und Training des Gelernten mit Rollenspielen, Übungen, konkreten Aufgaben und Gruppenarbeiten mit den geeigneten Medien und Lernformen.
Lernkontrollen	Rückmeldungen, ob Zwischenziele erreicht wurden; Zwischenkontrollen, ob Stoff verstanden und aufgenommen wurde.
Zusammenfassung	Schwerpunkte und das Wichtigste werden zusammengefasst mit Kernaussagen, Gruppenerkenntnissen, Praxisrelevantem, besonders interessanten neuen Erkenntnissen und mehr.
Follow-Ups und Umsetzungs-Vereinbarungen	Sicherstellung der Verarbeitung des Gelernten mit konkreten Aufträgen in der Praxis, Folgeveranstaltungen oder Zielformulierungen für bestimmte Projekte und Aufgaben in der Praxis.

Erfolgreiche Präsentationen und Workshops

Populäre und anerkannte Methoden

Workshops und Präsentationen sind populäre Methoden in Weiterbildungs- und Schulungsveranstaltungen. Ob es um

- Die Präsentation von PE-Strategien vor der Geschäftsleitung
- Präsentationstechniken bei firmeninternen Veranstaltungen
- Beurteilung von Präsentations- und Workshop-Techniken Externer
- Die Organisation und Durchführung interner Workshop-Zyklen
- oder generelle didaktische Wissensvermittlungs-Techniken

geht - die nachfolgenden nach praktischen Gesichtspunkten aufbereiteten Regeln, Hinweise und Empfehlungen aus der Referentenpraxis sind Ihnen in allen obigen Punkten behilflich.

Einflussfaktoren wirksamer Präsentationen

Vorbereitung und wichtige Fragestellungen
Man sollte in einer ersten Phase das Themenspektrum so weit wie möglich öffnen und alle Ideen und Inhalte notieren. Anschliessend ist eine Grobstruktur und auf das Ziel ausgerichtete Konzentration auf die wichtigen zu behandelnden Themen angebracht. Wichtig ist der Zeitplan, denn je kürzer eine Präsentation ist, desto gründlicher sollte die Vorbereitung sein, da jede Folie und jede Aussage an Bedeutung gewinnt. Wichtig sind Materialbeschaffung, Auflockerungen und Ideen der Präsentation wie Grafiken, Fotos, Diagramme, Zeitungsberichte, Fallbeispiele, Cartoons, Zusammenfassungen, Infografiken. Beachten Sie auch Infrastrukturen und Örtlichkeiten:

- Raumgrösse, Raumbeschaffenheit und Infrastruktur
- Materialien wie Beamer, Notebooks, Clipboards usw.
- Mögliche und sinnvolle Sitzordnungen
- Stromanschlüsse und Hauswart-Zuständigkeiten
- Ersatzmaterialien (Akkus, Leuchtstifte, Flipchartpapier usw.)

Halten Sie mindestens auszugsweise eine Probepräsentation vor ein bis zwei Bekannten und bitten Sie diese um Verbesserungsvorschläge. Auch eine Kurzbefragung per E-Mail zu interessierenden Themen oder Schwerpunkten bei Teilnehmenden kann eine hilfreiche Orientierung für die inhaltliche Konzeption sein.

Stoffplanung und Inhaltsgliederung
Die zentrale Fragestellung lautet immer: Welchen Nutzen erwartet mein Publikum von dieser Präsentation. So sollten Gliederungen vor-

genommen und Überschriften und Fazite gemacht werden. Eine Präsentation lässt sich in die Teile Einleitung, Hauptteil und Schluss gliedern.

Einleitung: Begrüssung, Themenübersicht, Ziel und Zeitplan
Hauptteil: Klare Struktur und Nutzenorientierung plus Fazite
Schluss: Zielerreichung, Kernaussagen, Zitat und Dankeschön

Der erste und letzte Eindruck sind immer entscheidend. Dafür sind nicht primär rhetorische Feuerwerke oder geniale Humoreinlagen notwendig, sondern vor allem überzeugende Fazite, klare Handlungsanweisungen und Unterstreichen des Nutzwertes des Präsentierten - immer auf der Basis von Vertrauen, Glaubwürdigkeit und Überzeugungskraft.

Kenntnisse über die Zuhörerschaft

Bei einer grösseren Gruppe kann es empfehlenswert sein, einen Assistenten zur Seite zu haben. Fragerunden sollten am Schluss gemacht werden. Kriterien wie Alter, Geschlecht, Bildungsniveau, Funktion, Lernerfahrung und Abstraktionsvermögen der Teilnehmer sind wichtig. Besonders klar sollten die Vorkenntnisse der Zuhörerschaft zum Thema sein. Beachten Sie die Betroffenheit und die Wichtigkeit, dass ein Thema auch emotional angegangen werden kann, aktuell sein sollte und der Zuhörer sich im eigenen Erfahrungsumfeld finden sollte.

Visualisierung auf Folien und Charts

Cartoons, Comics, Zitate, beeindruckende Facts und Figures können Abwechslung und Aufmerksamkeit bewirken. Es sollte auf packende Überschriften und kurze Textblöcke und nur ein bis zwei Bildelemente geachtet werden. Steht die vortragende Person wieder im Zentrum, sollte ein Projektor abgeschaltet werden. Effektvoll kann auch eine Live-Präsentation aus dem Internet sein, die Aktualität und Beachtung bewirken kann.

Rhetorische Grundregeln und Sprechtempo

Man spricht tendenziell immer zu schnell. Pro Minute sollte man höchstens 60 Worte sprechen. Bitten Sie Bekannte, dies zu prüfen und legen Sie ein Blatt "Langsam sprechen" vor sich. Bitten Sie jemanden, Ihnen während der Präsentation Hinweise auf das Sprechtempo zu geben. Laut zu sprechen ist wichtig und nebst des Verstandenwerdens immer auch ein Zeichen des Selbstvertrauens. Sprechpausen sind Erholungen für alle – diese sollten unbedingt eingesetzt werden, wobei fünf bis zehn Sekunden durchaus in Ordnung sind und vor allem Spannung und Aufmerksamkeit auf das dann Folgende aktivieren.

Wirkung auf das Publikum

Die Körperhaltung, Mimik, Gestik und der Augenausdruck sind nonverbale Kommunikationsformen und wirken mehr als man gemeinhin annimmt. Nutzen Sie Arme und Hände, um Gesagtes zu unterstreichen, auf Zusammenfassungen hinzuweisen oder schreiben Sie Keywords auf Flipcharts. Wichtig ist der Blickkontakt, der von Person zu Person wechseln sollte. Man kann mit gewissen Personen durchaus kurzen Blickkontakt halten.

Einige konkrete Tipps und Möglichkeiten, wie man sein Publikum fesseln und die Aufmerksamkeit von Teilnehmern wach halten und steigern kann, verrät die nachfolgende tabellarische Übersicht.

Spannung erzeugen und Aufmerksamkeit gewinnen	
Provozieren	Plötzlich eine provokative Frage stellen, eine gewagte These oder Behauptung aufstellen oder eine unerwartete oder kuriose Aussage machen.
Humor	Eine humorvolle Einlage, eine ironische Kommentierung, witzige Bemerkung oder Anekdote zwischendurch
Teilnehmer-Aktivierung	Ein bis zwei Personen aus dem Publikum um ein Erlebnis oder deren Meinung bitten, aus A-B-Aussagen die richtige Wahl treffen oder Meinung äussern lassen.
Fazite	Zusammenfassungen machen und kommunizieren: "Nun kommen die 10 Punkte, die Sie sich auf immer und ewig merken sollten..."
Medienwechsel	Wechsel der Lernformen und Medien (Vom Flipchart zum Zuhöreraufruf oder zur Pinwandkarte)
Zum Anfassen	Anschauungsmaterial, unerwartet etwas zum Anfassen und Ansehen präsentieren oder gar zirkulieren lassen
Live-Aussage	Eine Live-Aussage mit Originalstimme zu einer Kernaussage vom Tonträger mittels Kassettengerät oder aus dem Internet, evtl. sogar mit gleichzeitiger Abbildung der prominenten Person oder der Koryphäe auf der Leinwand
Rhetorische Fragen	Rhetorische Fragen stellen, die jedermann klar sind, aber wachrütteln: "Können wir es hinnehmen, dass wir jedes Jahr Tausende von Verkehrstoten haben, nur weil unsere Gesetze zur wenig streng sind..."
Teilnehmermeinungen	Meinungen aus der Teilnehmerschaft als Stichwort auf Pinwand-Karte schreiben, sammeln und dann kommentieren oder Brücke schlagen zu weiteren Informationen.
Testimonials	Fakten, Aussagen, Meinungen, Beweise von Prominenten, Wissenschaftlern, Experten, renommierten Medien und Meinungsführern haben besonderes Gewicht
Storys	Geschichten mit Spannung, Überzeugungskraft, Emotionen, Originalität und Erlebnischarakter lockern immer auf und erhöhen die Aufmerksamkeit sofort

Einflussfaktoren wirksamer Workshops

Anforderungen an eine Workshop-Leitung
Ein Workshop darf nicht als eine Besprechung in Spielwiesenform betrachtet werden. Als Workshopleiter ist man Moderator und zu einer neutralen, nicht wertenden Rolle verpflichtet. Einem im Thema zu stark involvierten Moderator fehlt oft die Distanz und Neutralität weshalb in einem solchen Fall eine Workshop-Moderation nicht übernommen werden sollte.

Teilnehmer eines Workshops
Workshopteilnehmer sollten einen ähnlichen Wissensstand und ein ähnliches Interesse am Thema haben. Vertretungen von unterschiedliche Hierarchien bremsen Workshops erfahrungsgemäss eher. Es ist ratsam, sich vorgängig nach dem Gruppenklima, den aktuellen Problemen und allfälligen Konflikten zu erkundigen. Spannungen können einen Workshop unnötig belasten und konstruktive Ergebnisse verhindern, da ein offenes und engagiertes Kommunikationsklima eine zentrale Voraussetzung ist.

Klare Vorstellungen vom Workshop-Ablauf
Ein professionell geführter Workshop ist keine Diskussionsrunde, die zufälligerweise mit etwas Arbeit versehen ist. Die Dramaturgie eines Workshops wie

- Zeitplanung
- Zielsetzung
- Schlüsselfragen
- Technikeinsatz
- Kleingruppenarbeiten und –organisation
- Pausen
- Lernmedien
- Nutzenstiftungen

ist sehr wichtig. Ein Workshop darf keine fertigen Lösungen haben oder von bereits gefällten Entscheidungen belastet sein. Die Frage nach den konkreten Erwartungen der Teilnehmer darf nie fehlen. Auch das gemeinsame Verständnis über das Workshop-Ziel muss sichergestellt werden.

Workshop-Grösse und Zeitplanung
Ein guter Workshop dauert mindestens drei Stunden und hat im Idealfall eine Grösse von acht bis zehn Personen. Grössere Gruppen

sollten von zwei Personen moderiert werden. Wichtig ist, dass alle Teilnehmer sich aktiv beteiligen und eher passive Menschen zur aktiveren Teilnahme ermuntert werden, indem man sie zum Beispiel aufgrund ihres Fachwissens um ihre Meinung fragt. Zeitplanung ist auch bei Kleingruppenarbeiten wichtig, je nach Komplexität und Workshop-Dauer sollten diese Phasen minimal 45, maximal 90 Minuten dauern.

Die Phasen eines Workshops

Die Einstiegsphase dauert ca. 30 Minuten und enthält die Teilnehmervorstellung, die Organisation, die Spielregeln und die Diskussion zur Erwartungshaltung. Die Arbeitsphase (Hauptteil) umfasst:

1. Stoffsammlung und Klärung der Erwartungshaltung
2. Themenwahl und Themengewichtung im Dialog
3. Bildung von Kleingruppen und Zieldefinition der Aufträge
4. Präsentation der Kleingruppenarbeiten mit Diskussion und Fragen
5. Konkretisierung und Verfeinerung der Arbeitsergebnisse
6. Klärung der Relevanz und der Bedeutung im Praxistransfer

Die Abschlussphase umfasst offene Fragen und Problemkreise, geplante Aktivitäten und Aufträge in der Praxis und eine Zusammenfassung der Erkenntnisse und die Überprüfung der Zielerreichung.

Abwechslung und Medienmix auch im Workshop

Abwechslung in der Medienwahl und in den Lern- und Kommunikationsformen sind auch in Workshops von Bedeutung, denn sie beeinflussen die Konzentration und Aufmerksamkeit erheblich. Diskussionsrunden, Fragestellungen, Pinwandarbeiten, Kleingruppenarbeiten, Präsentationen und Meinungsbefragungen sollten sich abwechseln und das Workshopklima beleben und die Teilnehmer aktivieren.

Das nachfolgende Musterschreiben einer Einladung zu einem Workshop zeigt Ihnen die Struktur und möglichen Inhalte.

Erfolgreiche Präsentationen und Workshops

Einladung zum Workshop "Unsere Kundenzielgruppen"

Liebe Mitarbeiterinnen und Mitarbeiter

Wir freuen uns, Sie zum oben genannten Workshop einzuladen, der ein für Sie und Ihre tägliche Arbeit sowie für unser Unternehmen sehr wichtiges Thema behandelt.

Workshop:	Unsere Kundenzielgruppen: Wer sie sind, welche Bedürfnisse sie haben und wie wir diese optimal befriedigen
Datum:	11.3.20XY
Zeit:	11.30 bis 14.00 Uhr
Ort	Sitzungszimmer Gelb, 3. Stock
Moderator:	Max Muster, Marketingleiter
Ziel:	Verbesserung der Zielgruppenkenntnisse

Für eine aktive und engagierte Teilnahme danken wir Ihnen schon heute. Der Workshop wird Sie befähigen, mehr über unsere Kunden zu erfahren und damit im alltäglichen Umgang mit ihnen mit mehr Sicherheit, Know-how und Ideen argumentieren, verhandeln und kommunizieren zu können.

Es warten spannende Gruppenarbeiten auf Sie, bei denen neue Ideen und wertvolles Wissen in die Praxis umgesetzt werden können.

Freundliche Grüsse
Martina Mühlethaler

Verteiler:
Name, Abteilung

Protokollierung und Präsentation der Ergebnisse

Ein Protokoll fasst die Ergebnisse und Erkenntnisse aus einem Workshop zusammen und kann auch die für die Praxis relevanten Folgearbeiten und Aufträge enthalten. Eine Ergebnispräsentation vor der Geschäftsleitung oder eine Kurzzusammenfassung für alle Führungskräfte können das Thema und die Workshoparbeit als solche verankern und andere Stellen des Unternehmens für das Workshopthema sensibilisieren. Die Dokumentation der Teilnehmer ist natürlich ebenso wichtig und sollte vor allem auch später erfolgende Umsetzungen in die Praxis enthalten, was wiederum die Akzeptanz von Workshops verstärkt.

Zusammensetzung von Kleingruppen

Stellen Sie Kleingruppen sorgfältig und ausgewogen zusammen. Wichtig ist dabei, dass Know-how-Träger und in der Präsentation von Arbeiten erfahrene Personen dabei sind, die Gruppe aber in sonstigen Persönlichkeitsmerkmalen gemischt ist. Personen, die gerne und überall Führungsrollen an sich reissen, können in solchen Situationen auch zurückgebunden werden. Notwendig sind klare Arbeitsanweisungen, die folgende Informationen enthalten sollten:

Die Chancen der Aufgabe aufzeigen:
Warum bearbeiten wir diese Aufgabe mit der Methode der Gruppenarbeit? Wie werden wir mit den Ergebnissen weiterarbeiten?

Die Aufgabe schriftlich festhalten:
Der Arbeitsauftrag sollte während der Bearbeitung präsent sein (Plakat, Folie oder Arbeitsblatt), damit die Teilnehmenden bei Unklarheiten die Aufgabenstellung nochmals lesen können.

Die Aufgabe sollte kurz und prägnant formuliert sein:
Ausführlich erklärte Arbeitsaufträge verwirren meist, deshalb handlungsanleitend formulieren, so dass klar ist, was genau zu tun ist.

Die Zeit vereinbaren und visualisieren:
"Wir machen um 10.30 Uhr weiter" (denn Startzeit wird oft vergessen). Oft ist es sinnvoll, die Zeitvereinbarung den Teilnehmenden zu überlassen, dabei bekommt die höchste Zeitangabe den Zuschlag. Auf Folie oder Plakat sollte die vereinbarte Zeit sichtbar festgehalten werden.

Probleme im Gruppenklima sofort angehen

Störungen, Konflikte und Spannungen auf der Beziehungsebene belasten die Arbeit und Kreativität eines Workshops und können diesen gar zum Scheitern bringen. Deshalb sollte die Zusammensetzung des Workshops dies schon vorher klären und eruieren. Störenfriede sollten in Pausen angesprochen oder entfernt werden oder weniger belastende Konflikte allenfalls auch offen zur Diskussion gestellt werden.

Das nachfolgende Konzept kann als internes oder externes Workshop- oder Seminarkonzept oder in leicht variierenden Formen auch für weitere Schulungs- und Weiterbildungsveranstaltungen genutzt werden.

Achten Sie dabei vor allem auf die Vielfalt der eingesetzten Lernmethoden und das detaillierte Transferprogramm mit klaren Massnahmen, Zielsetzungen und Ideen.

Seminar- oder Workshop-Musterkonzept

Titel der Veranstaltung
Wirkungsvoll präsentieren mit Powerpoint

Kurzbeschreibung
Powerpoint ist in unserem Betrieb bei Kundenpräsentationen und internen PE-Informationen ein wichtiges Arbeitsinstrument. Dieses Seminar vermittelt Grundlagen der Handhabung und verhilft zu wirkungsvollen, individuellen und ansprechenden Folien und Präsentationen.

Zielsetzung
Beherrschung von Powerpoint, effiziente Arbeitsweise und Nutzung aller Funktionen für die Erstellung wirksamer Präsentationen unter Berücksichtigung unserer individuellen betrieblichen Bedürfnisse. Der Erstellungsaufwand soll sich um 20% reduzieren und die Wirkung von Präsentationen nachhaltig steigern und verbessern.

Inhalte und Programm
- Handling und Kennenlernen aller wichtigen Funktionen
- Anwendung wichtiger Gestaltungsregeln
- Realisierung einer betrieblichen, aktuell wichtigen Anwendung
- Nutzungsumfeld Projektor, Notebook und Internet
- Integration von Exceltabellen, Fotos, Grafiken usw.
- Erstellung einer Corporate Design-gerechten Mastervorlage
- Organisation und Verwaltung der Inhalte und Dateien

Lernmethoden und Lerninstrumente
- Pinwand welche Erfahrungen und Ideen festhält
- Gruppenarbeiten mit einsatzbereiten Präsentationen
- Test zum Funktionsumfang
- Praktisches Arbeiten an vier Personal-Computern
- Podiumsdiskussion Gestaltungsideen zum CD-Layout
- Live-Präsentation eines Grafikers an einem Folienbeispiel

Erfolgskontrolle mit Transferprogramm
Die Erfolgskontrolle wird durch ein umfassendes Transferprogramm sichergestellt, für welches die jeweiligen Vorgesetzten verantwortlich sind. Das aus sechs Massnahmen bestehende Paket umfasst folgende Schritte:

1. Während zwei Monaten werden insgesamt vier kunden- und betriebsrelevante Powerpoint-Präsentationen erarbeitet, die dann effektiv zum Einsatz kommen und beurteilt werden.
2. In wöchentlichen Kurzpräsentationen werden diese in Workshops demonstriert, die von einem IT-Zuständigen und vom Marketingleiter moderiert werden.
3. Einmal pro Woche ist ein IT-Zuständiger im Rahmen eines Trainings-on-the-Job voll verfügbar und anwesend.
4. Eine Folgeveranstaltung mit dem Anbieter vertieft die Kenntnisse und beantwortet Fragen aus der Praxis.
5. Die Präsentations-Arbeiten werden im Intranet publiziert und eine der Arbeiten dann von allen Mitarbeitenden im Rahmen eines Wettbewerbs zur "Präsentation des Jahres" auserkoren - mit dem Hauptgewinn eines Städtefluges nach Rom im Wert von CHF 600.-
6. Der Jahresbericht der Geschäftsleitung wird dann in einem Workshop mittels Powerpoint mit fiktiven Daten erstellt und dieser für den GL-Bericht als Abschlussarbeit symbolisch "überreicht".

Veranstalter, Ort, Zeitpunkt und Dauer

Veranstalter:	Maria Sennwald, Trainerin CompuGrafik
Ort:	Grosses Sitzungszimmer 2. Stock
Infrastruktur	Leinwand, OHP, Pinwand, Flipchart
Dauer und Tageszeit	2 Tage, je von 9.00 bis 16.00 Uhr
Verpflegung:	Mittagessen in der Kantine
Pausen:	9.15 – bis 9.30 und 15.00 bis 15.20
Lernmaterial:	Im Intranet, Probedateien und Ordner

Bei Fragen wenden Sie sich bitte an Frau Ursula Magedorn von der Personalabteilung, welche die Veranstaltung organisiert.

Ursula Magedorn
Telefon intern 3345 66 77
e-Mail: ursula.magedorn@musterfirma.com

Erfolgskontrolle der Personalentwicklung

Ebenen der Erfolgskontrolle von PE-Massnahmen

Erfolgskontrollen sollen sich bei der Personalentwicklung primär auf die Effektivität und den Nutzen der eigentlichen Weiterbildungs- und Schulungsmassnahmen konzentrieren, es geht also um die Qualitätskontrolle. Die tatsächliche Effizienz des Personalentwicklungs-Prozesses und einige grundlegende Kostenaspekte gehören allerdings ebenfalls zu einer ganzheitlichen Betrachtungsweise der Erfolgskontrolle von PE-Massnahmen.

Massnahmenebene

Auf dieser Ebene handelt es sich um direkte Bewertung der Effektivität von Massnahmen. Zu Resultaten gelangt man durch Bewertungen der Teilnehmer und durch die Auswirkungen auf die Qualität der Leistungen immer dann, wenn vorgängig auch eine Zielsetzung definiert wurde.

Return on Investment-Berechnung

Damit wird ein quantitativer Kosten-Nutzenvergleich angestrebt. So können Weiterbildungs- und Trainingsmassnahmen im Verkauf durch eine Steigerung des Absatzes oder der Abschlussquoten entsprechend klar und gut gemessen werden.

Prozessebene

Hier wird die Effizienz des Personalentwicklungs-Prozesses analysiert, z.B. was den Know-how-Transfer in die Praxis betrifft oder wie aufwändig Wissensvermittlungen traditioneller Methoden gegenüber digitalen Lernmethoden im E-Learningbereich sind.

Erfolgskontrolle im Lern- und Arbeitsumfeld

Eine weitere Unterscheidung ist der Ort der Kontrolle, der das Lernen selber oder dessen Anwendung und Umsetzung zur Aufgabe hat.

Erfolgskontrolle im Lernumfeld

Hier geht es um die Eindrücke, das Befinden und die Bewertungen von Lernenden, von denen wichtige Hinweise und Verbesserungsvorschläge aus Kursveranstaltungen gewonnen werden können. Dies kann eine anschliessende Diskussion von Spontaneindrücken oder das Ausfüllen eines strukturierten Seminarbeurteilungsbogens sein. Erfolgskontrolle im Lernumfeld betrifft auch den Lernerfolg des Ausbilders, seine Kurskonzeption und den Lernprozesses als ganzes. Als weitere Lernkontrolle kann man Tests und Prüfungen einsetzen, welche zeigen, inwieweit Lernziele erreicht wurden und welche Fertigkeiten effektiv erlernt wurden. In der Praxis konzentrieren sich Erfolgskontrollen oft zu sehr auf Seminarbeurteilungen und zu wenig auf Erfolgskontrollen im Arbeitsumfeld.

Erfolgskontrolle im Arbeitsumfeld

Bei der Erfolgskontrolle im Arbeitsumfeld ist der Transfer des Gelernten in die Praxis und den Arbeitsalltag gemeint. Wichtig sind hier besonders die praxisnahe Kurskonzeption, die Motivation der Teilnehmenden und Vorgesetzten und deren Einbezug in Neuerungen und Veränderungen. Kontrollen über den Schulungserfolg im Arbeitsumfeld sind nicht einfach, da die Schulung losgelöst von anderen Einflüssen und Faktoren oft schwer zu bestimmen ist und objektive Messkriterien je nach Lernstoff und Lernziel nicht immer einfach zu finden sind. Klar formulierte Lernziele, Kennziffern der Aufgabenstellungen und Leistungskomponenten sowie beobachtbare Verhaltensänderungen sind dennoch Möglichkeiten zur Messung des Schulungs- und Lernerfolges.

CD ROM-Assistenz Auf der beiliegenden CD-ROM unterstützt Sie die unten genannte Exceldatei mit einem mehrere Positionen umfassenden Weiterbildungsaudit. Dateiname: *Weiterbildungsaudit.xls*

Qualitäts- und Erfolgscontrolling

Die Etablierung eines aussagekräftigen Bildungscontrollings ist für jedes Unternehmen, das Weiterbildung ernst nimmt, ein absolutes Muss. Personalentwicklung und insbesondere die betriebliche Weiterbildung sollte zielgerichtet eingesetzt werden und sich dadurch aber auch jederzeit einer kritischen Überprüfung stellen. Daten für ein aussagekräftiges PE-Controlling sind meist bereits vorhanden; sie sind allerdings in der Systematik und Ganzheitlichkeit so zusammenzuführen, dass folgende Fragen beantwortet werden und eine breit abgestützte Erfolgs- und Kosten-Nutzen-Analyse möglich ist:

- Aktivitäten für wen zu welchen Kosten = Kostenkontrolle
- Resonanz der Weiterbildung = Zufriedenheitserfolg
- Was haben die Teilnehmenden gelernt = Lernerfolg
- Was wird konkret umgesetzt = Praxistransfer
- Nutzen für das Unternehmen = Ergebnisse
- Wirtschaftlichkeit/Aufwandrechtfertigung = Return on Investment

Qualitätsprüfung von Seminarangeboten

Seminare sind die häufigste Form von Aus- und Weiterbildungsaktivitäten, zugleich verursachen sie aber auch hohe Kosten. Um so wichtiger sind daher eine Qualitätskontrolle und eine systematische Evaluation geeigneter Anbieter, wobei diese Checkliste helfen soll:

- Welche Informationen werden zu den Seminarinhalten gegeben:
- Werden Lernziele benannt? Werden die Inhalte deutlich formuliert?
- Werden die Unterrichtsmethoden angegeben?
- Gibt es einen Abschluss, wenn ja, welchen und wenn ja, Anerkennung durch wen und mit welchem Marktwert?
- Welche Informationen werden zur angesprochenen Zielgruppe gegeben? Wie einheitlich ist die Zielgruppe?
- Welche Teilnahmevoraussetzungen bestehen?
- Welche Referenten/Lehrkräfte werden eingesetzt und werden Aussagen zu den Qualifikationen der Referenten gemacht?
- Werden Angaben zu dem Erfahrungshintergrund der Referenten gemacht?
- Welche Lehrmittel und Ausstattung gibt es und welche Kursunterlagen werden bereitgestellt?
- Bei Kursen, wo technische Ausstattung erforderlich ist: verfügt der Anbieter über die notwendige Ausstattung (z.B. für jeden Teilnehmer einen PC)?
- Welches Kundenverhalten zeigt der Anbieter? Berät er Sie? Ist er bereit, auf Ihre Wünsche einzugehen?
- Führt der Anbieter eventuell auch bedarfsgerechte, firmeninterne Kurse durch?
- Welche Firmenphilosophie hat der Anbieter? Stimmen Sie mit dieser Philosophie überein?

- Welche Informationen über den Veranstalter werden mitgeteilt bzw. sind Ihnen bekannt und wie sind die Rahmenbedingungen?
- Besitzt das Bildungsinstitut bereits Erfahrungen in dem Bereich, in dem es schult?
- Wie lange werden bereits Kurse in diesem Bereich angeboten?
- Wie leicht ist der Veranstaltungsort erreichbar und wie sind die zeitlichen Rahmenbedingungen?
- Ist der Anbieter bereit, auf Ihre Branche bzw. Ihre Unternehmensbedürfnisse einzugehen?
- Kann man die Seminarordner und Unterlagen einsehen – wie ist deren Qualität, Umfang und Praxisausrichtung?

Vor- und Nachbereitung von Seminaren
- Was erwartet der Mitarbeiter vom Seminar?
- Welche Erwartungen setzt der Vorgesetzte in die Seminarteilnahme konkret?
- Entspricht das Seminar den Personalentwicklungszielen und -anforderungen?
- Was soll durch die Teilnahme verändert/verbessert werden?
- Vereinbaren Sie direkt einen Termin für ein Nachbereitungsgespräch.
- Nachbereitung: Was waren die zentralen Eindrücke und Erkenntnisse durch das Seminar?
- Was will der Mitarbeiter nun umsetzen? Bis wann? Welche Unterstützung wird dafür benötigt?
- Welche Ideen, Anregungen für die Abteilung, das Unternehmen hat der Mitarbeiter von dem Seminar mitgenommen? Was passiert damit?
- Welche anderen Mitarbeiter sollten über die Erkenntnisse aus diesem Seminar informiert werden? (Multiplikatoreneffekt)

CD ROM-Assistenz   Auf der beiliegenden CD-ROM unterstützt Sie die unten genannte Exceldatei mit einem Seminarcontrollingbogen mit grafischem Profil und Soll-Ist-Werten und deren Abweichungen. Dateiname: *Seminarcontrollingbogen.xls*

Kostenkontrolle und Kostenvergleiche

Personalentwicklung sollte wie andere Unternehmensbereiche auch nebst der Erfolgskontrolle der Massnahmen auch einer Kostentransparenz und Kostenkontrolle unterliegen. Allerdings sollte man sich bewusst sein, dass nicht alle Entscheidungen in der Personalentwicklung ausschliesslich unter ökonomischen Gesichtspunkten getroffen werden dürfen und können.

Kostenarten der Personalentwicklung

Nachfolgend zeigen einige Kostenarten die Bandbreite entstehender Kostenpositionen auf:

- Arbeitsentgelt für Mitarbeiter und Vorgesetzte
- Kosten für Räume und Materialien
- Honorare für externe Referenten
- Zeitanteilige Kosten für Personal- und Fachabteilungen
- Kosten für ausgefallene Arbeitszeiten
- Reisekosten und Fahrtkosten
- Kosten für Unterhalt und Verpflegung

Das Problem der Kostentrennung

Je nach Veranstaltung und Lernformen kann in vielen Fällen keine exakte Trennung zwischen den Kosten der reinen Förderung und Weiterbildung einerseits und den Kosten für dennoch erbrachte Arbeitsleistungen vorgenommen werden. So enthalten Projektgruppen oder Förderkreise als Lernmethoden vermutlich hohe Anteile erbrachter Arbeitsleistungen, während bei Seminaren mit Schwerpunkten Rollenspiele und Diskussionen der Leistungsanteil geringer ausfällt.

Kosten für ausgefallene Arbeitszeit

Eine der bedeutenden Kostenpositionen sind in der Weiterbildung die Kosten für die ausgefallenen Arbeitszeiten. Oft wird diese Kostenart in der Praxis allerdings nicht in die Berechnung einbezogen. Dies aus zwei Gründen: Aus der Überlegung heraus, dass ähnlich wie Krankheitsabsenzen der Betrieb auch bei Weiterbildungsveranstaltungen weiter funktioniert und gewisse Befürchtungen, dass bei Einbezug der hohen Arbeitszeitausfall-Kosten bei der Geschäftsleitung mit grösseren Widerständen gerechnet werden muss. Dennoch muss berücksichtigt werden, dass eine Wirtschaftlichkeitsrechnung erhebliche Lücken

aufweist, wenn die Arbeitszeitausfall-Kosten völlig ausklammert werden.
Die Formel für die Berechnung des Ausfallkostensatzes pro Stunde:

$$\frac{\text{Jahreslohn + Sozialleistungen}}{\text{durchschnittliche Jahresarbeitstage x tägliche Arbeitszeit}}$$

Kostenvergleich interne und externe Durchführung
Kostenvergleichsrechnungen sind in der Personalentwicklung oft notwendig, um interne und externe Veranstaltungen vergleichen zu können sowie um Unterschiede in den Teilnehmergrössen und beispielsweise in den Methoden wie E-Learning und traditionelle Methoden eruieren zu können. Allerdings darf der Kostenaspekt nie für sich allein in die Überlegungen einbezogen werden, da die Qualifikation eines externen Trainers oder ein wesentlich besserer Lerntransfer in die Praxis durch bessere Lernmethoden oft die wichtigeren Entscheidungskriterien sind. Das nachfolgende Beispiel zeigt eine Vergleichsrechnung zwischen der internen und der externen Durchführung einer Veranstaltung.

Kostenvergleichs-Beispiel interne - externe Veranstaltung		
Kostenpositionen/Kostenart	*Interne* **Durchführung**	*Externe* **Durchführung**
Ausgefallene Arbeitszeiten	9000	11000
Überstunden für Vorbereitung und Organisation	450	450
Honorar für den Gastreferenten	5000	-
Seminarkosten	-	12000
Planung wie Bedarfserhebung, Einladungen usw.	1200	1200
Kostenanteile für die Personalabteilung	700	700
Reisekosten	-	1500
Raumkosten und Verpflegung	450	700
Arbeitsunterlagen	300	-
Sonstiges (Telefone, Porti, Organisationsmaterial)	120	120
Lernmaterialien	1200	-
Followup-Massnahmen	700	700
Erfolgskontrolle	300	300
Total Kosten	**19 420**	**28 670**
Mehrkosten		**9 250**

Systematik der Erfolgskontrolle mit Beispielen

Die Erfolgskontrolle in der Arbeitspraxis muss schon im Konzept einer PE-Aktivität enthalten und bei der Lernzielfestsetzung und Veranstalter-Evaluation ein wichtiger Bestandteil sein.

Die konkreten Ziele	Was konkret umschrieben und definiert erreicht werden soll, auch im Bezug auf Unternehmenszielsetzungen *Beispiel*: Eine Reduktion der Fehlerquoten, Steigerung der Kundenzufriedenheit oder professionelle Handhabung einer Office Software.
Wo und bei wem sollen die Massnahmen wirken	Bei welchen Kadern, bei welchen Mitarbeitern oder Abteilungen oder bei welchen Funktionen soll dies erreicht werden? *Beispiel*: Oberes Kader, Mitarbeiter mit Kundenkontakt oder das kaufmännische Personal.
Woran sind die Lernauswirkungen erkennbar	Quantitative und qualitative Merkmale und Beobachtungskriterien *Beispiele*: Reduktion von Reklamations-, Fehler- und Ausfallquoten, bessere Resultate in Befragungen vorher-nachher, Zunahme von Verbesserungs-Vorschlägen usw.
Wer stellt die Effekte wann fest	Es muss eine Person bestimmt werden, welche die Fortschritte beobachtet, misst, festhält, vergleicht und bespricht, wöchentlich oder monatlich innerhalb eines halben Jahres. *Beispiele*: Projektleiter, Abteilungs- oder Teamleiter, GL-Mitglieder oder Fachperson aus der Personalabteilung.
Wie wird der Lernfortschritt gemessen und der Fortschritt beobachtet	Wann sollen welche Effekte spürbar, beobachtbar, erlebbar oder messbar sein? *Beispiele*: Nicht immer sind diese quantifizierbar, z.B. im Falle der Kundenberatungsqualität in einem Call Center. Doch auch eine Stimmung, ein Teamklima oder Erfolgserlebnisse können gespürt, gefühlt oder beobachtet werden.

Budgetierung von Weiterbildungskosten

Auch im Personalentwicklungs-Bereich sollte ein Budget die Kontrolle der Wirtschaftlichkeit von betrieblichen Weiterbildungsaktivitäten ermöglichen. Es geht dabei darum, einerseits die Mittelverwendungen aufzuzeigen und andererseits nach Ablauf der Budgetperiode Abweichungen feststellen und begründen zu können. Zudem sind Budgets eine geeignete Grundlage, um jeweils Aktivitäten aufgrund von Erfahrungswerten und Kostenverschiebungen genauer planen zu können.

Die Ermittlung des Budgets

Budgets werden in der betrieblichen Praxis je nach Konzept, Zielsetzungen, Gewichtung der Personalentwicklung und Unternehmenskultur auf verschiedene Weise erhoben:

Qualitative Zielsetzung nach Bedarfssituation

Diese Methode geht vom jeweils aktuellen Bedarf aus, ohne andere Werte heranzuziehen. Eine sehr empfehlenswerte Methode, da sie sich am effektiven Bedarf orientiert und nicht in Zusammenhängen mit zu starker Kostensicht, die mit der eigentlichen Bedarfssituation in keinem logischen Zusammenhang steht.

Prozentsatz der Lohnsumme oder des Jahresgehaltes

Es werden entweder die Einkommenshöhe auf Mitarbeiterebene als Basis genommen oder die gesamtbetriebliche Lohnsumme. Die Grundlage der Einkommenshöhe läuft klar auf eine sich auf Führungskräfte ausrichtende Budgetvergabe hinaus.

Durchschnittsbetrag pro Mitarbeitenden

Eine eher pauschale und wenig differenzierende Methode. Es können je nachdem Gewichtungen pro Abteilung oder Unternehmensbereich vorgenommen werden.

Ein fest zugeteiltes Budget

Dieses basiert auf Erfahrungswerten vorangegangener Jahre und wird lediglich den Kostensteigerungen angepasst. Für Sonderbedarf kann hier noch ein Reservenbudget hinzukommen, welches eine gewisse Flexibilität gestattet.

Die Durchführungspläne, Kostenpläne, Kostenkontrollen und Abweichungsbegründungen und –Reportings müssen mit allen Verantwortlichen abgestimmt und gemeinsam geplant werden. Die nachfolgende Tabelle zeigt die möglichen Kostenpositionen eines Weiterbildungsbudgets.

Es ist unter Umständen sinnvoll, für grössere Budgetvorhaben Einzelbudgets zu erstellen und diese nach unterschiedlichen Kriterien wie Mitarbeitergruppen, Unternehmensbereiche, Lernmethoden oder dergleichen zu gliedern.

CD ROM-Assistenz	Auf der beiliegenden CD-ROM unterstützt Sie die unten genannte Exceldatei mit mehreren Budgetpositionen und der Berechnung von Abweichungen, Soll-Ist-Werten und dem jeweiligen Indexstand. Dateiname: *Personalentwicklungsbudget.xls*

Erfolgskontrolle der Personalentwicklung

Mögliche Positionen eines Personalentwicklungs-Budgets					
Ersteller:			Datum:		
Position	Vorjahr	Soll	Ist	Abw.	Index
Personalkosten					
Veranstaltungsteilnehmer					
Dozenten und Lehrkräfte					
Planung und Verwaltung					
Kosten interner PE-Massnahmen					
Seminare					
Materialien und Hilfsmittel					
Nachbearbeitungskosten					
Kosten externer PE-Massnahmen					
Seminarkosten					
Trainerkosten					
Reisespesen					
Hotelunterkünfte					
Verpflegung					
Raumkosten					
Nachbearbeitungskosten					
Eigenentwicklungen und Investitionen					
E-Learning					
Softwareanschaffungen					
Didaktikschulungen					
Lerninstrumente					
Diverses					

Wichtige Kennzahlen zur Personalentwicklung

Die nachfolgenden Kennzahlen erlauben, Entwicklungen, Trends, und Erfolgskontrollen messbar zu machen und sind vor allem in der zeitlichen Entwicklung oder im Branchenvergleich anzuwenden. Es muss aber an dieser Stelle nochmals festgehalten werden, dass die Erfolge und Zielerreichungen in der Personalentwicklung unter quantitativer Betrachtungsweise nur bedingt messbar sind und diese oft auch problematisch sind, da immer mehrere Faktoren auf Leistungsveränderungen einwirken.

Doch in diesem Bewusstsein angewandt und jeweils relativierend kommentiert, sind Kennzahlen und Messinstrumente eine gutes Steuerungsmittel zur Effektivität von strategischen und operativen Massnahmen. Das folgende Beispiel zeigt eine Möglichkeit der Darstellung und Aufbereitung:

Kennzahl	Ist	Soll	Abw.	Abw. %	Trend	Benchmark
Leitungsspanne	7	5	+2	30	steigend	4
WK pro Mitarbeiter	500	500	0	0	stabil	800

Weiterbildungsmassnahmen pro Mitarbeiter
Diese Kennziffer ist vor allem in der Betrachtung eines längeren Zeitraums oder pro bestimmten Mitarbeitergruppen interessant.

Anzahl der jährlichen Weiterbildungsmassnahmen / Anzahl Mitarbeiter

Kosten der jährlichen Weiterbildungsmassnahmen pro Mitarbeiter
Diese Kennziffer berechnet die Personalentwicklungs-Kosten pro Mitarbeiter oder Mitarbeitergruppe. Die Kennziffer kann nach Weiterbildungsarten, internen/externen Veranstaltungen oder Abteilungen verfeinert werden.

Kostentotal der jährlichen Weiterbildungsmassnahmen / Anzahl Mitarbeiter

Leitungsspanne
Aussage zum Führungsaufwand auf Basis der unterstellten Mitarbeiter. Eine Sicht ist dabei die zur Verfügung stehende Zeit der Führungskraft, da mit zunehmender Leitungsspanne der Führungszeitaufwand zunimmt. Die andere Sicht sind die bei hoher Leitungsspanne reduzierten Führungs- und Kontrollmöglichkeiten.

Berechnung: Anzahl Führungskräfte / Anzahl unterstellte Mitarbeiter

Ausbildung, Training und Entwicklung
Hier kann man im Bereich Personalentwicklung die prozentuale Aufteilung nach Themen vornehmen, also wie Ausbildung, Training und Entwicklung an den Gesamtkosten der Personalentwicklungsaktivitäten beteiligt sind. Dies kann Marketing, Software, Arbeitstechnik, Führung usw. betreffen.

Berechnung: Gesamtkosten Personalentwicklung / Kosten des Themas

Anteil der PE-Kosten an den Lohnkosten
Eine solche Zahl ist wiederum in der Zeitraumentwicklung interessant oder im Branchenvergleich. Als Messgrundlage kann auch der Umsatz oder Gewinn herangezogen werden.

Berechnung: PE-Kosten / Total der Lohnkosten * 100

Anteile der Lernmethoden
Eine Kennziffer, die in der Zeitraumentwicklung interessant ist, z.B. was die Zunahme von E-Learning-Massnahmen oder interaktive und neuere Methoden betrifft.

Berechnung: Lernmethoden / Total eingesetzter Methoden * 100

Weitere Kennzahlen und Messgrössen in Kürze
Mit diesen Kennziffern sind Anteile bestimmter Lernmethoden, Mitarbeitergruppen usw. erkennbar, welche Planungs- und Entscheidungsgrundlagen sowie Hinweise auf Korrekturen oder neue Gewichtungen sein können.

Gesamtkosten der Personalentwicklung
Diese können in der Entwicklung und im Jahresvergleich interessant sein, Trends aufzeigen und in ein Verhältnis zu anderen HR-Kosten, wie den Gesamtpersonalkosten oder Unternehmensbereichen gesetzt werden.

Personalentwicklungskosten pro Unternehmenseinheit
Eine Unternehmenseinheit kann zum Beispiel eine Abteilung, ein Ressort, eine Niederlassung sein. Diese Messgrössen können bei Massnahmenbegründungen, anstehenden Veränderungen und Reor-

ganisationen oder Konsequenzen aus strategischen Entscheiden eine wichtige Rolle spielen.

Kostenvergleich nach Methoden
Auch hier ist die Analyse von Entwicklungen und Veränderungen interessant, wie zum Beispiel der Vergleich von Kosten traditioneller Methoden gegenüber E-Learning-Massnahmen oder Kostenunterschiede interner und externer Veranstaltungen.

Schwerpunkte und Zeitbeanspruchung
Die Betrachtung von Anzahl der Veranstaltungen absolut und nach Inhalten aufgegliedert kann eine sinnvolle Analyse für die Planung sein. Ferner ist der Zeitaufwand gesamthaft und nach Methoden ebenfalls eine brauchbare Messgrösse sowie die durchschnittliche Dauer von PE-Massnahmen.

On-the-Job und Off-the-job Massnahmen
Diese Kennzahl ist wiederum in der Entwicklung und im Zeitraum interessant, kann aber auch Aufschluss darüber geben, wie praxisnah und arbeitsplatzorientiert nach Abteilungen oder Teilnehmern PE-Massnahmen ergriffen werden.

Anteile verschiedener Methoden
Hier sind Vergleiche, Analysen und Anteile möglich, die sich an internen, externen oder firmenspezifischen und offenen Veranstaltungen orientieren oder Aufschluss über den Anteil von Programmen und Einzelmassnahmen geben.

Analysen nach Teilnehmern
Eine Möglichkeit ist die Betrachtung der Gesamtanzahl von Teilnehmern im Jahresvergleich, zum Beispiel im Zusammenhang mit Kosten pro Teilnehmer. Wie hoch ist der Anteil der nicht an PE-Veranstaltungen teilnehmenden Personen und wie können diese nach

- Alter
- Funktion
- Hierarchieebene
- Betriebszugehörigkeit
- Führungsebenen

allenfalls näher unter die Lupe genommen werden? Die Altersstruktur und der durchschnittliche Zeitaufwand sind weitere mögliche Messgrössen.

Inhalte und Zusatzleistungen auf der CD-ROM

Inhalte und Zusatzleistungen auf der CD-ROM

Mustervorlagen aus dem Buch zur PC-Verarbeitung

Sämtliche Tabellen, Checklisten, Mustertexte, Handlungsanweisungen und weitere Vorlagen sind auch auf der CD-ROM als MS Word-Vorlagen verfügbar und können so einfach am PC bearbeitet werden. Dadurch haben Sie folgende Vorteile:

- Die Vorlagen können ohne Abtippen sofort in Ihrer Betriebspraxis verwendet werden.

- Mit einigen Anpassungen können Sie diese Vorlagen erweitern, kürzen oder individuell auf Ihre betrieblichen und persönlichen Bedürfnisse ausrichten.

- Zahlreiche Tabellen oder Checklisten können auch für andere Zwecke eingesetzt werden.

- Die Vorlagen eignen sich gut für Recherchen, da Sie mit einer einfachen Stichwortsuche alle Stellen schnell und lückenlos finden, was ein Buch-Inhalts- und Stichwortverzeichnis nicht bieten kann.

Inhalte und Zusatzleistungen auf der CD-ROM

Powerpoint-Präsentation zur Personalentwicklung

Die fast zwanzig Folien umfassende Präsentation von den Grundsätzen und Zielsetzungen über die Instrumente bis zur Erfolgskontrolle zeichnen sich durch einen einheitlichen Aufbau und eine klare Strukturierung aus.

Alle Gestaltungselemente sind bereits enthalten inklusive Beispielsaussagen und Informationen, die aber nach Belieben geändert und angepasst werden können. Damit können Sie vor der Geschäftsleitung oder den Führungskräften Ihres Betriebes wirkungsvoll Ihr Personalentwicklungskonzept präsentieren und mit Angaben aus dem Buch oder Ihrer Aktivitäten ergänzen oder modifizieren.

Die Datei kann unter dem Namen *Vorstellung der Personalentwicklung im Unternehmen.ppt* auf der beiliegenden CD-ROM geöffnet werden.

Eine Beispielsfolie aus der umfassenden Powerpoint-Präsentation zur Personalentwicklung im Unternehmen mit Gestaltung, Strukturen und Mustertexten

Inhalte und Zusatzleistungen auf der CD-ROM

Personalentwicklungs-Konzept

Auf der CD-ROM befindet sich auch ein über 30seitiges Musterkonzept zur Personalentwicklung. Dieses enthält die Kernaussagen aus diesem Buch in Konzeptform und in der Wir-Formulierung aus Unternehmenssicht. Dadurch kann die Vorlage sehr schnell mit wenigen Anpassungen für ein Personalentwicklungs-Konzept in Ihrem Unternehmen eingesetzt, präsentiert und vorgestellt werden.

Das Konzept ist eine sehr gute und geeignete Form, die Leistungen Ihrer Personalentwicklung in Ihrem Betrieb auf ganzheitliche, ansprechende Weise bekannt zu machen, sozusagen den Wert, die Ganzheitlichkeit, die Professionalität einer Personalentwicklung zu verdeutlichen und näher zu bringen. Das Musterkonzept zeichnet sich durch die nachfolgenden Merkmale aus:

- Von A-Z ausformuliert und mit Tabellen und Mustervorlagen angereichert
- Konzentriert auf die wirklich praxisrelevanten Aspekte der Personalentwicklung
- Nicht nur als Konzept, sondern auch als Kompakt-Ratgeber geeignet
- Zahlreiche Ideen und konkrete Aussagen zu Fragen der Personalentwicklung

Vorlagen wie Beurteilung von Führungsqualitäten, Seminarbeurteilungen, Leistungsbeurteilungen, ein Zielvereinbarungsformular und ein detaillierter Massnahmenplan für Personalentwicklungsaktivitäten können auch konzeptunabhängig für eigene bestehende Infrastrukturen eingesetzt werden.

Inhalte und Zusatzleistungen auf der CD-ROM

Excel-Tools für viele PE-Aufgaben

Die nachfolgenden Excelvorlagen finden Sie auf der dem Buch beiliegenden CD-ROM und können mit der entsprechenden Software ab Version MS Excel 2000 oder höher genutzt und variiert werden. Sie sind Ihnen bei der Analyse, Planung, Bewertung, Organisation und Ausführung zahlreicher Aufgabenstellungen zur Personalentwicklung behilflich.

Beachten Sie, dass die Vorlagen einfach individuellen Bedürfnissen angepasst werden können und zudem oft mit nur wenigen Änderungen auch für andere, ähnliche Aufgabenstellungen eingesetzt werden können.

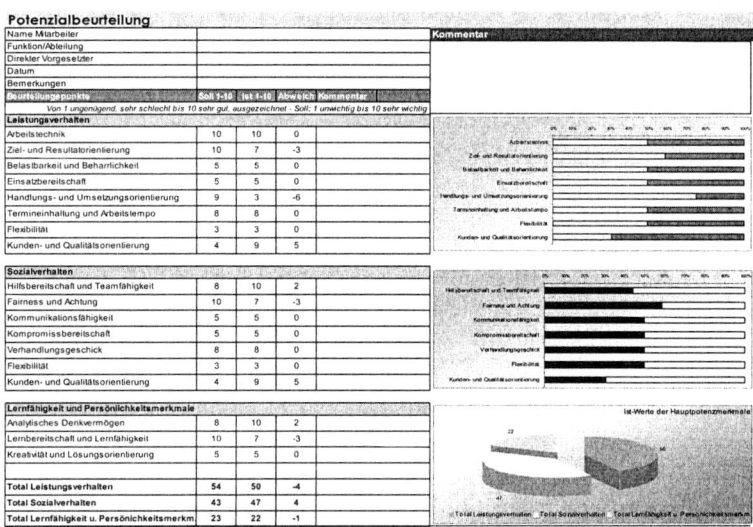

Ein Beispiel der Excel-Vorlagen auf der CD-ROM

Inhalte und Zusatzleistungen auf der CD-ROM

Anforderungsprofil

Spezifikationen auf einen Blick

Software:	MS Excel
Dateiname:	Anforderungsprofil.xls
Elemente:	Grafik, Textfeld, Formeln
Anpassungslevel:	mittel
Hauptnutzen:	Kandidatenvergleich auf einen Blick

Toolportrait

Mit diesem Tool kann einfach und schnell ein Anforderungsprofil mit bis zu 11 Positionen erstellt werden. 11 Beispieleinträge sind schon enthalten. Die Soll-Anforderungen können mit einer Skala von 1-10 definiert werden, bei Gegenüberstellung eines Kandidaten werden die Soll-Ist-Abweichungen automatisch errechnet und auch in einer Grafik dargestellt.

Mitarbeiterbeurteilungs-Auswertung

Spezifikationen auf einen Blick

Software:	MS Excel
Dateiname:	Mitarbeiterbeurteilungs-Tool.xls
Elemente:	Grafik, Textfeld, Formeln
Anpassungslevel:	eher hoch
Hauptnutzen:	Systematische Beurteilungsvorlage

Toolportrait

Ein umfangreicher Bogen mit Personaldaten, über 40 Fragen zu strukturierten Themen (Kenntnisse, Fähigkeiten, Sozialkompetenz, Entwicklungspotential, Arbeitsqualität usw.) und eines grafischen Leistungsprofils mit Kommentarfeld und Soll-Ist- und Abweichungsberechnung.

Weiterbildungsaudit

Spezifikationen auf einen Blick

Software:	MS Excel
Dateiname:	Weiterbildungsaudit.xls
Elemente:	Textfeld und Formeln
Anpassungslevel:	sehr einfach
Hauptnutzen:	Objektive Beurteilungsgrundlage

Toolportrait

Diese Form von Beurteilungs- und Bewertungsform kann für viele Zwecke eingesetzt werden, so z.B. für die Beurteilung von Arbeitshilfsmitteln, Entwicklungschancen, Informationszufriedenheit usw.

Mitarbeiterbefragungs-Auswertung

Spezifikationen auf einen Blick

Software:	MS Excel
Dateiname:	Mitarbeiterbefragungs-Auswertung.xls
Elemente:	Grafik, Textfeld, Formeln
Anpassungslevel:	mittel
Hauptnutzen:	Strukturierte Mitarbeiterbefragung

Toolportrait

Damit können Mitarbeiterbefragungen systematisch ausgewertet, analysiert, dargestellt und präsentiert werden. Mit attraktiver grafischer Darstellung, Vergleichswerten mit konkreten Beispielen und Kommentarfeldern mit Mustereinträgen.

Seminarcontrolling

Spezifikationen auf einen Blick

Software: MS Excel
Dateiname: Seminarcontrollingbogen.xls
Elemente: Grafik, Textfeld, Formeln
Anpassungslevel: mittel
Hauptnutzen: Seminare systematisch bewerten

Toolportrait

Beurteilung und Bewertung aller Weiterbildungsveranstaltungen mit Soll-Ist-Punkten, zahlreichen Beispielskriterien und einem grafischen Profil von Abweichungen plus Kommentarkasten.

Personalentwicklungsaktivitäten pro Mitarbeiter

Spezifikationen auf einen Blick

Software: MS Excel
Dateiname: Personalentwicklungsaktivitäten pro Mitarbeiter.xls
Elemente: Textfeld und Formeln
Anpassungslevel: einfach
Hauptnutzen: Objektiv und systematisch vergleichen

Toolportrait

Protokoll für alle Aktivitäten mit Kosten und Kostentotal-Berechnung, Zielerreichungsprofil, Resultaten und Begründungen.

Potenzialbeurteilung von Mitarbeitern

Spezifikationen auf einen Blick

Software:	MS Excel
Dateiname:	Potenzialbeurteilung.xls
Elemente:	Grafik, Textfeld, Formeln
Anpassungslevel:	eher hoch
Hauptnutzen:	Konzentrierte Potenzialbeurteilung

Toolportrait

Potenzialprofil für Mitarbeiter mit bis zu 30 Beurteilungspunkten aus den Hauptbereichen Leistungs- und Sozialverhalten sowie Lernfähigkeiten mit Abweichungs- und Totalberechnung und grafischer Darstellung und Kommentarfeldern mit konkreten Hinweisen.

Informationsorganisation

Spezifikationen auf einen Blick

Software:	MS Excel
Dateiname:	Matrix zur Mitarbeiter-Informationsorganisation.xls
Elemente:	Grafik, Textfeld, Formeln
Anpassungslevel	mittel
Hauptnutzen:	Wie wird wer wann informiert im Überblick

Toolportrait

Welche Informationsmittel werden eingesetzt? Für wen, wie häufig mit welchem Ziel und wann? Mit dieser Organisationstafel – auch für viele andere Zwecke einsetzbar – ist auf einem Blick die Organisation und Kommunikation Ihres Betriebes ersichtlich.

Kostenvergleich interne externe Veranstaltung

Spezifikationen auf einen Blick

Software:	MS Excel
Dateiname:	Kostenvergleich interne externe Veranstaltung.xls
Elemente:	Textfeld und Formeln
Anpassungslevel:	einfach
Hauptnutzen:	Berechnung der Mehrkosten und einzelnen Positionen

Toolportrait

Mehrere Kostenpositionen wie Dozent, Raum, Lernmittel usw. können im Vergleich von internen und externen Veranstaltungen erfasst werden. Differenzen werden automatisch errechnet und ein Textfeld ermöglicht Kommentare wie z.B. eine Entscheidungsbegründung.

Personalentwicklungsbudget

Spezifikationen auf einen Blick

Software:	MS Excel
Dateiname:	Personalentwicklungsbudget.xls
Elemente:	Formeln und Positionen
Anpassungslevel:	mittel
Hauptnutzen:	Budgetierung der Personalentwicklungskosten

Toolportrait

In mehrere Hauptgruppen gegliedertes Budget mit Berechnung der Soll-Ist-Werte, der Abweichungen und des Indexstandes inklusive Beispielseinträge.

Analyse nach PE-Methoden und Mitarbeitergruppen

Spezifikationen auf einen Blick

Software:	MS Excel
Dateiname:	Analyse Personalentwicklungsmassnahmen.xls
Elemente:	Formeln
Anpassungslevel	mittel
Hauptnutzen:	Übersicht und Anteile nach Methoden und MA

Toolportrait

Hier können die Einsatzanteile nach Methoden (Seminare, Workshops, E-Learning usw.) und Kosten einerseits und nach Abteilungen und Mitarbeitergruppen andererseits (Kader, Produktion, Marketing) festgehalten, analysiert und kommentiert werden.

Schulungs- und Lernplan

Spezifikationen auf einen Blick

Software:	MS Excel
Dateiname:	Schulungs- und Lernplan.xls
Elemente:	Formeln, Positionen, Kommentarfelder
Anpassungslevel:	einfach
Hauptnutzen:	Planung mit den wichtigsten Positionen

Toolportrait

Planungsraster, mit dem Veranstaltungsform, Thema, Ziel, Lernform, Mitarbeiterzielgruppe, Anzahl Nichtkaderleute, Anzahl Kaderleute, Kosten und Datum eingetragen werden und automatisch die Kosten- und Teilnehmertotale gebildet wird.

Analyse von Lernformen und Veranstaltungsarten

Spezifikationen auf einen Blick

Software: MS Excel
Dateiname: Analyse von Lernformen und Veranstaltungsarten.xls
Elemente: Formeln, Positionen, Grafiken
Anpassungslevel: einfach
Hauptnutzen: Welche Lernformen werden eingesetzt

Toolportrait

Hier ist eine Analyse der eingesetzten Lernformen und Veranstaltungsarten (Workshops, Seminare, Coaching, Interne Aktivitäten usw.) nach den Kriterien Einsatzhäufigkeit, Teilnehmer und Kosten möglich. Mit Kommentarfeldern und Grafiken.

Personalentwicklungs-Massnahmen- und Terminplanung

Spezifikationen auf einen Blick

Software: MS Excel
Dateiname: PE-Massnahmenplan.xls
Elemente: Textfeld und Formeln
Anpassungslevel sehr einfach
Hauptnutzen: Objektive Beurteilungsgrundlage

Toolportrait

Bei dieser Personalentwicklungs-Massnahmen- und Terminplanung können die Aktivitäten geplant und erfasst werden nach Dauer, Massnahme der Weiterbildung, Teilnehmer, Anzahl, Methode, Kosten, Ziel und Bemerkungen. Von den Kosten und Anzahl Teilnehmern werden automatisch Totale berechnet.

Stichwortverzeichnis

A

Ablaufplan MA-Beurteilung 122
Aktives Zuhören 99
Analyse PE-Methoden 261
Anbieter-Datenbank 74
Anforderungsprofil 40, 42, 256
Assessment-Center 136, 164
Aufgabenkatalog 61
Aus- und Weiterbildungspolitik 65
Auslandpraktika 172

B

Beamer 216
Bedarfsermittlung 23, 32, 39, 43
Beförderung 90
Behaltensquote 218
Beurteilung Führungsqualitäten ... 145
Beurteilungsbogen 91, 113
Beurteilungsgespräch 111
Bildungsmethoden 52, 171
Budgetierung 244

C

Coach-Anforderungen 158
Coaching 154
Coaching-Varianten 156
Collaborative Learning 184
Corporate Volunteering 184

D

Definition Lernziele 211
Didaktik 209
Distance Learning 185

E

Effizientes Lernen 153
Einzel-Assessments 165
E-Learning 199
E-Learning Evaluation 207
E-Learning Qualitätsprüfung 208
E-Learning, Evaluation 206
E-Learning-Formen 204
Entwicklungsplan 118

Erfahrungsaustausch 173
Erfolgskontrolle 66, 235
Erfolgskontrolle Arbeitsumfeld 237
Erfolgskontrolle Lernumfeld 236
Eruierung Weiterbildungsbedarf.... 39
Excel-Tools 255

F

Fachkompetenz 22, 45, 137
Fachkonferenzen 173
Fähigkeiten 95
Fallbasierendes Lernen 173
Fallbeispiel PE-Plan 49
Fallmethoden 174
Feedback 96, 104, 154
Feedbackmethode 116
Fernunterricht 174
Fertigkeiten 95
Finanzierung 81
Flipcharts 216
Förderprogramme 70, 174
Förderrunden 175
Formular Entwicklungsgespräch.... 92
Fragebogen 129
Führungskompetenz 22
Führungskräfteförderung 69
Führungslaufbahn 167
Führungspositionen auf Zeit 175

G

Gesprächsabschluss 102
Gesprächsauswertung 140
Gesprächsführung 97
Gordon-Training 185
Graphologische Gutachten 137
Grundhaltung 103, 154
Grundsätze 66
Gruppenklima 231

H

Handschrift 137
Hochschulabsolventen 141

I

Individuelle Personalentwicklung... 35

Stichwortverzeichnis

Intelligenztests 136
Internes Coaching 155
Interview 138

J

Job Enlargement 176
Job Enrichment 175
Job Rotation 176

K

Kennzahlen 247
Kleingruppen 192
Kleingruppenarbeiten 215
Kleingruppenzusammensetzung .. 231
Kombiniertes Lernen 183
Kommunikationsregeln 96
Kompetenzbedarfsplanung 70
Konzentrationsförderung 97
Kostenarten Personalentwicklung 240
Kostenbeteiligung 79
Kostenkontrolle 240
Kostenvergleich 240, 260
Kostenvergleichs-Beispiel 242
Kursablauf 221

L

Laufbahn-Entwicklungsplan 168
Laufbahnplanung 166
Lehrgespräch 176
Lehrstrategien 211
Leistungsbeurteilung 114, 121
Leistungstests 137
Leitbild 177
Lernformen 191, 262
Lernklima 213
Lernkonferenz 177
Lern-Merkblatt 153
Lernmethoden 46, 171, 183
Lernmix 26
Lernmotivation 211, 213
Lern-Netzwerke 186
Lernplan 261
Lerntagebücher 190
Lerntransfer 183, 198, 214
Lerntypen 28, 212
Lernziele 27, 211

M

Massnahmenplanung 262
Medienmix 216
Medienübersicht 217
Mentaltraining 186

Mentoring 177
Merkblatt 78
Methoden MA-Befragung 127
methodisch 219
Mindmapping 178
Mitarbeiterauswahl 135
Mitarbeiterbefragung 123
Mitarbeiterbeurteilung 107, 256
Mitarbeiterbeurteilung 360-Grad .. 116
Mitarbeitereinführung 142
Mitarbeitergespräche 87
Mitarbeitergesprächs-Muster 29
Mitarbeiterzufriedenheit 19
Multiple Management 186

N

Nachbereitung Seminare 239
Nachfolgeplanung 169
Nachwuchsförderung 69
NLP 186

P

PE-Aufgaben 64
PE-Bedarf 33
PE-Bestandesaufnahme 38
PE-Beteiligte 61
PE-Budget 246, 260
PE-Funktionen 64
PE-History 76
PE-Instrumente 51
PE-Konzept 68, 254
PE-Planung 44, 48
Personalentwicklungsaktivitäten .. 258
Personalentwicklungsgespräch. 72, 90
Personalentwicklungspolitik 67
Personalportfolio 188
Persönlichkeitstests 136
Pinwand 216
Potentialanalyse 162
Potenzialbeurteilung 259
Powerpoint-Präsentation 253
Präsentationen 223
Praxistransfer 82
Problembasiertes Lernen 179

Q

Qualitäts- und Erfolgscontrolling .. 237
Qualitätskontrolle 47
Qualitätsprüfung Seminare 238
Qualitätszirkel 179

Stichwortverzeichnis

R
Reflexion 104, 155
Reframing 188
Reglement 78
Rollenspiele 179

S
Schlüsselpersonen 36
Schulungsarten 85
Schulungsorte 85
Schulungsplan 50
Selbstverantwortliches Lernen 150
Seminarangebote 55
Seminarbeurteilung Formular 73
Seminarcontrolling 258
Seminar-Musterkonzept 233
Skalenabfrage 194
Sozialkompetenz 22
Spannungsmittel 227
Sprachkurse 180
Stoffplanung 224
Supervision 188
Szenario-Technik 189

T
Talent Review Process 189
Tätigkeitsanalyse 25
Teamdiagnostik 189
Terminplanung 262
Trainee-Programm 181
Trainer-Auswahl 220
Trainerqualifikation 219
Training Nachwuchskräfte 198
Training-near-the-job 181
Training-off-the-job 181

Training-on-the-job 182
Transfergespräch 60
Transferprogramm 233

U
Unternehmenskultur 32, 155
Unternehmensplanspiele 189

V
Verhaltensregeln 96
Videotraining 183
Vorschlagswesen 71

W
Weiterbildungsaudit 257
Weiterbildungskosten 244
Weiterbildungs-Recherche 54
Weiterbildungsvereinbarung 78
Welcome-Package 147
Werkstattkurs 182
Wissensmanagement 190
Wissensmultiplikation 190, 191
Wissensvermittlung 209
Work-Life-Balance 20
Workshop-Einladung 230
Workshop-Musterkonzept 233
Workshopphasen 229
Workshops 223, 228

Z
Zielvereinbarung 113
Zielvereinbarungsgespräch 159
Zugangsweisen 211
Zukunftswerkstatt 191

Informationen zum Praxium-Buchprogramm

Mehr Informationen und das aktuelle Programm mit Zusatzinformationen und ausführlichen Inhaltsangaben finden Sie im Internet auf unserer Verlags-Website unter:

www.praxium.ch

Informationen zum Praxium-Buchprogramm

Arbeitshandbuch für die Zeugniserstellung

Speziell für Schweizer Betriebe entwickelt - Mit zahlreichen Textbausteinen und Formulierungshilfen - Über 90 von A-Z ausformulierte Musterzeugnisse Inklusive Formulare, Checklisten und Arbeitsblätter. Inkl. CD-ROM mit sämtlichen Musterzeugnissen, Textbausteinen und Formulierungshilfen für die effiziente Zeugniserstellung und individuelle Anpassung am PC.

Für Personalleiter, Personalzuständige, Geschäftsführer, Vorgesetzte

wirft das Erstellen von Zeugnissen oft viele Fragen auf: Rechtliche Unklarheiten, Fragen zur Formulierung und zum korrekten Aufbau, Handhabung von Codierungen, problematische Formulierungen, um nur einige Beispiele zu nennen. In solchen und mehr Situationen steht Ihnen dieser neue Praxis-Ratgeber zur Seite.

Dieses Arbeitshandbuch gibt praktische Hilfestellung

zum stil- und rechtssicheren Verfassen von Zeugnissen. Im Mittelpunkt stehen Musterzeugnisse, Beispielstexte, Formulierungshilfen und Textbausteine in den unterschiedlichsten Varianten für viele Berufsgruppen, Leistungsstufen, Hierarchieebenen, Tätigkeiten und Branchen. Zur Sprache kommen besonders auch Formulierungshilfen zu problematischen Leistungs- und Verhaltensbeurteilungen für viele Situationen.

Zahlreiche Mustervorlagen und Hilfsmittel

wie tabellarische Übersichten, Formulare, Checklisten, Zusammenfassungen, Schnellanleitungen auf einen Blick, wichtige Merkpunkte und mehr verstärken die Praxisausrichtung und machen das Buch auch zu einem jederzeit nutzbaren Nachschlagewerk und Ratgeber. Administrative Hilfsmittel und Vorlagen erleichtern Ihnen die Zeugniserstellung zusätzlich.

Autor: Martin Tschumi, ISBN: 3-9522712-0-9, 316 Seiten, gebunden, Preis € 46.-/CHF 69.–

Zu beziehen bei Ihrem Buchhändler oder online bei www.hrmbooks.ch

Informationen zum Praxium-Buchprogramm

Lexikon für das Personalwesen

Wichtige Fachbegriffe aus dem Personalwesen – inklusive Praxistipps und Arbeitsrechtsinformationen.

Was ist ein Sabbatical? Was ist bei Kündigungsfristen zu beachten? Was umfasst flexible Arbeitszeit alles? Was versteht man genau unter Fluktuation?

Wie andere Managementbereiche ist auch der Personal-Fachjargon einem starken Wandel unterworfen. Der Einfluss des Englischen, neue Trends und der zunehmende Stellenwert des Human Resource Managements sind einige Gründe. Mit diesem Lexikon ist man über neue Trends informiert, kann gezielt Wissenslücken füllen oder einen schnellen und aktuellen Überblick zu einem bestimmten Fachgebiet gewinnen. Besonders auch mit den zahlreichen arbeitsrechtlichen Kurzinformationen stiftet dieses Lexikon einen zusätzlichen Nutzen.

Von einem Schweizer Autor für Schweizer Betriebe

Ob es um Arbeitsrecht, Sozialversicherung, Verbände oder gesetzliche Bestimmungen geht – dieses Lexikon ist auf Schweizer Verhältnisse ausgerichtet und für Schweizer Betriebe und Berufsleute geschrieben.

Inklusive Praxisbeispiele, Merkpunkte und Webquellen

Über die Definition der Fachbegriffe hinaus wird oft auch Praxiswissen in Kürze vermittelt. Dies können Kriterien, Abläufe, Vorgehensweisen, Auszüge aus Studien, Fallbeispiele, Merkpunkte usw. sein. Zu wichtigen Themen findet man interessante Websitequellen, die das Gesagte vertiefen.

Aktualität und Arbeitsrecht

Die Aktualität und Relevanz der Begriffe steht durch die starke Berücksichtigung von Trends, neuen Entwicklungen und modernem Sprachgebrauch besonders im Vordergrund. Über 100 arbeitsrechtliche Informationen zu Themen wie Kündigung, Überstunden, Lohnfortzahlung und aktuellen Schwerpunktthemen wie Arbeitszeitmodelle, Personalentwicklung, Sozialversicherungen und mehr wurden besonders berücksichtigt.

Autor: Martin Tschumi, ISBN: 3-9522712-1-7, 288 Seiten, gebunden, Preis € 47.50/CHF 74.–

Zu beziehen bei Ihrem Buchhändler oder online bei www.hrmbooks.ch

Informationen zum Praxium-Buchprogramm

Musterbriefe und Musterreglemente für das Personalwesen

Diese für Schweizer Betriebe von einem Schweizer Autor verfassten Musterbriefe und Musterreglemente sind Ihnen in allen Bereichen der Personalkommunikation mit Formulierungshilfen und Briefideen von der Anrede bis zur Grussformel mit fertig ausformulierten Mustertexten behilflich.

Inkl. CD-ROM mit sämtlichen Musterbriefen, Reglementen und Mitteilungen, Textbausteinen und Formulierungshilfen für die effiziente Brieferstellung und individuelle Anpassung am PC.

Eine Auswahl der Briefthemen:

Korrespondenz mit Bewerbern, Briefe und Mitteilungen zur Mitarbeitereinführung, persönliche Mitarbeiter-Korrespondenz (Kondolenzbriefe, Jubiläum, Geburtstag, Mitarbeiterbegrüssung, Genesungswünsche und mehr), Anerkennungs- und Beförderungsbriefe, rechtssichere Kündigungsbriefe aus verschiedenen Gründen (Fehlverhalten, betriebsbedingte Gründe, mangelnde Leistung, ordentliche Kündigung und mehr), Ermahnungsbriefe zu häufigen und heiklen Situationen, interne Betriebsmitteilungen und Reglemente (Administratives, Qualifikation, Bekanntmachungen, Reorganisation, Arbeitszeiten, personelle Veränderungen und mehr), Musterzeugnisse zu unterschiedlichen Zeugnistypen.

Ihr Nutzen geht weit über die Formulierungshilfen hinaus

Mit diesem Buch profitieren Sie auch von aktuellem Praxiswissen, Rechtsinformationen und vielen Anregungen und Ideen zum Personalwesen allgemein. Zum Beispiel, was ein Welcome Package für einen Mitarbeiter beinhalten kann, in einem Reglement die Informationen zum Einbezug aller Aspekte einer Arbeitszeitflexibilisierung oder rechtliche Klarheit, wenn es um die Begründung einer Kündigungsandrohung geht. Auch aktuelle Themen wie Internet und Arbeitszeitflexibilisierung kommen zur Sprache.

Autor: Martin Tschumi, ISBN: 3-9522712-2-5, 284 Seiten, gebunden, Preis € 46.-/CHF 69.–

Zu beziehen bei Ihrem Buchhändler oder online bei www.hrmbooks.ch

Informationen zum Praxium-Buchprogramm

Formulare und Arbeitsblätter für das Personalwesen

Über 200 praktische Arbeitshilfsmittel und Mustervorlagen für die erfolgreiche Personalarbeit - mit CD-ROM

Mitarbeiterbefragung durchführen – die Einführung eines neuen Mitarbeiters organisieren – ein Leistungs- oder Zielvereinbarungsgespräch vorbereiten – eine Stellenbeschreibung verfassen – mit den besten Interviewfragen vorbereitet sein – die Lohnentwicklung analysieren... . . Dies sind nur einige Beispiele wichtiger Aufgaben im Personalalltag. Zur effizienten und zeitsparenden Erledigung von über 200 Personalaufgaben dieser Art verhilft Ihnen dieser Ratgeber - und gibt erst noch viele neue Anregungen.

Thematische Vielfalt

Besondere Beachtung wird in diesem Handbuch einer breiten und praxisrelevanten Themenpalette geschenkt. Die Arbeitsblätter und Formulare stammen aus den Bereichen Personalbeschaffung, Bewerber-Interviews, Arbeitszeugnisse, Mitarbeitereinführung, Stellenbeschreibungen, Mitarbeiterbefragungen und Mitarbeiterbeurteilungen, Mitarbeitergespräche und Personaladministration.

Einige Beispiele aus den über 200 Vorlagen

Formular zur strukturierten Schritt-für-Schritt-Erstellung von Zeugnissen – Formular für die Beurteilung von Leistungen für Zeugnisse und Bewerbungen – A-Z-Einführungsprogramm für neue Mitarbeiter – Fragebögen und Auswertungsblätter für Mitarbeitergespräche – Bewerberfragen mit Antwort- und Interpretationsbeispielen – Gesprächsleitfäden für Jahres-, Kritik-, Kündigungs-, Verwarnungsgespräche – Formular und Fragebogen zur Gehaltsfestlegung und zu Lohnveränderungen – Klar strukturiertes und ausführliches Zielvereinbarungs-Formular.

Alle Vorlagen auch auf CD-ROM

Alle Formulare und Arbeitsblätter können auf der beiliegenden CD-ROM in Wordvorlagen einfach und schnell angepasst und auf die individuellen Bedürfnisse von Personalabteilungen und Firmen ausgerichtet werden.

Autor: Martin Tschumi, ISBN: 3-9522712-3-3, 240 Seiten, gebunden, Preis € 54.80/CHF 85.–

Zu beziehen bei Ihrem Buchhändler oder online bei www.hrmbooks.ch

Informationen zum Praxium-Buchprogramm

Leitfaden für erfolgreiche Mitarbeitergespräche und Mitarbeiterbeurteilungen

Von A-Z ausformulierte Mitarbeiter-Mustergespräche aus der Personalpraxis mit Formularen auch zur Mitarbeiterbeurteilung – inkl. CD-ROM

Mit diesem neuen, für Schweizer Verhältnisse verfassten Buch können Sie Mitarbeitergespräche schnell vorbereiten und auch in heiklen Situationen mit mehr Sicherheit argumentieren. Das Buch umfasst Mitarbeitergespräche UND die Mitarbeiterbeurteilung zugleich mit CD-ROM und weist folgende überzeugende Vorzüge auf:

Moderne zeitgemässe Themen wie Projektgratulation, Internetmissbrauch, Burnout usw.

Zahlreiche Motivationsgespräche wie Dankeschön-Gespräche für Vorschlag, besonderen Einsatz, Diplomabschlüsse usw. mit konkreten Anerkennungs- und Motivationsideen.

Heikle Konfliktgespräche wie Vorgesetztenprobleme, Kündigungen, sexuelle Belästigung, fehlende Führungsqualitäten, innere Kündigung, Alkoholismus u.m. kommen zur Sprache.

Dutzende von Gesprächstipps mit konkreten Beispielen: Die besten Fragen, gehemmte Mitarbeiter aktivieren, Vielredner stoppen und neueste Erkenntnisse zu Konfliktgesprächen.

Viele Formulierungsideen für deutliche, klare, harte, unmissverständliche Standpunkte.

Kündigungsgespräche und Kündigungsandrohungen aus mehreren Gründen (Leistung, Führungsmängel, Fehlverhalten, wirtschaftliche Gründe usw.) werden ebenfalls angegangen.

Arbeitsrechtliche Informationen (Datenschutz, Kündigung, Freistellung, Kündigungsandrohung, Arbeitszeiten usw.) geben zusätzliche Gesprächs- und Rechtssicherheit.

Über 25 sofort einsetzbare Formulare für die Mitarbeiterbeurteilung und Mitarbeitergespräche. Sämtliche Formulare, Gespräche und Gesprächsbausteine sind auch auf CD-ROM enthalten.

Autor: M. De Micheli, ISBN: 3-9522712-5-X, 332 Seiten, gebunden, Preis € 46.-/CHF 69.–

Zu beziehen bei Ihrem Buchhändler oder online bei www.hrmbooks.ch

Informationen zum Praxium-Buchprogramm

Mit den besten Interviewfragen die besten Mitarbeiter gewinnen

Ein Kompass für professionelle Interviews und sicherere Einstellungsentscheidungen.

Kandidateninterviews gehören zu den wichtigsten Instrumenten der Personalauswahl. Dabei gehören taktisch kluge Fragen zu den wichtigsten Kommunikationstechniken. Mit Fragen führt man ein Bewerberinterview systematisch und erhöht die Chance, die wirklich wichtigen Informationen und einen möglichst zutreffenden Eindruck der Persönlichkeit zu gewinnen.

Zahlreiche Themenfelder
Alle Fragen werden kommentiert und bieten konkrete Interpretationshilfen. Die Auswahl an Themenfeldern reicht von Fragen zum Lebenslauf bis zu Fragen für Kaderangehörige und diverse Funktionen. Beispiele: Verhältnis zum vorherigen Arbeitgeber, Lohnerwartungen, Arbeitszeugnisse, Motivation, Selbstbewusstsein, Belastbarkeit, Leistungsvermögen und mehr.

Interviewtechniken und Hintergrundwissen
Auch rund um das Thema Kandidateninterviews bietet das Buch erfolgserprobtes Praxiswissen zu Interviewtechniken, Verhaltensweisen von Kandidaten, Tipps zum Umgang mit schwierigen Kandidaten und die verschiedenen Arten, Zwecke und Ziele von Interviewfragen.

Inklusive Formulare und Arbeitsblätter
Diese erleichtern den Ablauf und die Auswertung von Interviews zusätzlich. Beispiele: Dossier-Beurteilung als Interview-Grundlage, Beurteilungsformular zu Persönlichkeitsfaktoren, Grobvergleich von Kandidaten, Muster zur Begründung einer Einstellungsentscheidung, Formular zur systematischen Auswertung eines Vorstellungsgespräches und mehr.

Als Käufer haben Sie Anspruch auf eine kostenlose CD-ROM
mit allen Interviewfragen zur individuellen Selektion, als Auswertungs-Frageliste zum Einsatz in Ihren Interviews und mit allen Formularen.

Autor: Arthur Schneider, ISBN: 3-9522712-7-6, 210 Seiten, gebunden, Preis € 39.-/CHF 59.—

Zu beziehen bei Ihrem Buchhändler oder online bei www.hrmbooks.ch

Informationen zum Praxium-Buchprogramm

Handbuch für die erfolgreiche Personalrekrutierung

Gezielte und systematische Personalrekrutierung mit vielen Mustervorlagen und Handlungsanleitungen und Excel-Tools und allen Vorlagen auch auf CD-ROM.

Die besten Mitarbeiter einstellen – ein zentraler Erfolgsfaktor für jedes Unternehmen. Wie man vorgeht, welche Instrumente es gibt und worauf man achten muss, um die Besten zu gewinnen, verrät dieses Buch äusserst praxisnah. Erhöhte Ansprüche von Arbeitnehmern, die Intensivierung des Arbeitsmarktwettbewerbs und hohe Kosten von Fehlbesetzungen machen eine professionelle Personalgewinnung immer wichtiger.

Kompaktinformationen zur modernen Personalrekrutierung

Die besten Mitarbeiter einstellen – ein zentraler Erfolgsfaktor für jedes Unternehmen. Wie man vorgeht, welche Instrumente es gibt und worauf man achten muss, um die Besten zu gewinnen, verrät dieses Buch praxisnah.

Von der Stellenanzeige bis zum Einstellungsentscheid

Von der attraktiven Stellenanzeige über Bewerbungsmanagement und Kandidateninterviews bis zum Einstellungsentscheid werden alle praxisrelevanten Phasen der Personalrekrutierung behandelt, wie z.B. Datenschutz, Referenzeinholung, Interviewtechniken und die Chancen der Online-Rekrutierung.

Mustervorlagen, Übersichtstafeln und Handlungsanleitungen

Welches sind die besten Interviewfragen, wie sichtet man Bewerbungsdossiers ganzheitlich, wie erstellt man aussagekräftige Anforderungsprofile, wie gelingt die Mitarbeitereinführung, wie hilft ein Stellensuchplan, wie gewinnt man mehr Sicherheit bei Einstellungsentscheidungen – dies sind nur einige wenige Beispiele der behandelten Themen und Fragen.

Autor: Markus Sommerhalder, ISBN: 3-9522712-8-4, 296 Seiten, gebunden, Preis € 46.-/CHF 69.–

Zu beziehen bei Ihrem Buchhändler oder über www.hrmbooks.ch

Informationen zum Praxium-Buchprogramm

Handbuch zum Personalmanagement

Modernes Personalmanagement aus der Praxis für die Praxis – mit zahlreichen Excel-Tools auf CD-ROM und vielen weiteren Mustervorlagen und Arbeitshilfen.

Modernes Personalmanagement ist die aktive Gestaltung der Beziehung zu Mitarbeitenden eines Unternehmens. Dieses Buch ist ein Ideen- und Praxisratgeber mit Konzentration auf das Wesentliche. Von der Personalplanung über die Personalentwicklung und das Arbeitsrecht bis zu Lohn- und Austrittsfragen wird ein breites Spektrum relevanter Personalthemen behandelt. Das Buch vermittelt auch fundierte Handlungskonzepte, gibt Anregungen und möchte ebenso für wichtige Trends des modernen Personalmanagements sensibilisieren.

Lehrmittel, Nachschlagewerk und Praxisratgeber

Der Titel ist Lehrmittel, Nachschlagewerk und Praxisratgeber in einem und damit vielseitig verwendbar. Der Fokus auf Praxisbedürfnisse mit vielen Arbeitshilfsmitteln wie Checklisten und Vorlagen ermöglicht eine sofortige Umsetzung in der Betriebspraxis. Online-Zusatzleistungen und eine reichhaltige Sammlung von Excel-Tools auf der CD-ROM gestatten, das Buch zudem auf und mit mehreren Medienplattformen kombiniert zu nutzen.

Das gesamte praxisrelevante Themenspektrum

Der Titel ist Lehrmittel, Nachschlagewerk und Praxisratgeber in einem und damit vielseitig verwendbar. Personalplanung, -gewinnung, –führung und –entwicklung sowie Arbeitszeugnisse, Arbeitsrecht, Salärwesen, Mitarbeiterkommunikation, Sozialversicherungen, Kündigungs-Management und HR-Kennziffern sind die Themen.

Mustervorlagen, Übersichtstafeln und Handlungsanleitungen

Salärberechnungs-Vorlagen, arbeitsrechtliche Fallbeispiele und Rechtsprechungen, Musterarbeitszeugnisse, Stellenbeschreibungen, wichtige HR-Kennziffern, Stolpersteine bei Kündigungsfragen, Beurteilung von Führungsqualitäten sind nur einige wenige Beispiele von Dutzenden von Tools und Arbeitshilfen.

Autor: Martin Tschumi, ISBN: 3-9522958-0-9, 364 Seiten, gebunden, Preis € 46.-/CHF 69.–

Zu beziehen bei Ihrem Buchhändler oder über www.hrmbooks.ch

Informationen zum Praxium-Buchprogramm

Praxisratgeber zur Personalentwicklung

Personalentwicklung umfasst eine systematische Förderung und Weiterbildung von Mitarbeitenden. Darauf sind Unternehmen je länger desto mehr angewiesen – und entsprechend aktuell und wichtig ist das Thema.

Wen sollen wir wo und wie weiterbilden? Was macht einen wirklich guten Trainer aus? Wie stellen wir sicher, dass Gelerntes in der Praxis auch angewendet wird? Dieses Buch beantwortet diese und viele Fragen mehr auf praxisnahe und anschauliche Weise mit vielen Beispielen.

Das gesamte praxisrelevante Themenspektrum
Von der Bedarfsermittlung über die Umsetzung bis zur Erfolgskontrolle werden praxisrelevante Themen behandelt. Die Vielfalt und Kombination der Lernmethoden, wirkungsvolle Wissensvermittlung, Qualitätsbeurteilung von Seminaranbietern, das E-Learning, Schulungskonzepte und weitere Praxiserfahrungen aus Unternehmen sind einige Beispiele.

Mustervorlagen, Fallbeispiele, Handlungsanleitungen
Vom Muster einer Weiterbildungs-Vereinbarung über Konzepte und Planungsbeispiele zu Personalentwicklungs-Massnahmen bis hin zu Qualitätsprüfungshilfen für die Evaluation von Schulungsanbietern enthält das Buch zahlreiche sofort umsetzbare Vorlagen und Ideen für die erfolgreiche Praxisanwendung.

Plus Mehrwert auf CD-ROM

- Sämtliche Vorlagen aus dem Buch
- Ein Musterkonzept zur Personalentwicklung
- Excel-Tools zur PE-Planung und Analyse
- Eine fertig gestaltete Powerpoint-Präsentation

kommen hinzu und machen das Buch noch umsetzungsfreundlicher.

Autor: Martin Tschumi, ISBN: 3-9522958-1-7, 286 Seiten, gebunden, Preis € 46.-/CHF 69.–

Zu beziehen bei Ihrem Buchhändler oder über www.hrmbooks.ch

Systematische Mitarbeiterbeurteilungen und Zielvereinbarungen

Von der Planung über die Durchführung bis zur Auswertung mit vielen Arbeitshilfen und Mustervorlagen inkl. Beurteilungsrastern, Mustergesprächen, Mitarbeiter-Beurteilungsbögen und Formulierungsbeispiele

Mitarbeiterbeurteilung – aus der Praxis für die Praxis
In diesem Buch werden die für die Beurteilungspraxis relevanten Themen fokussiert: Methoden, Planung, Durchführung, Beurteilungskriterien, -raster, -formulierungen, Auswertungen und Beurteilungs-Mustergespräche. Ein ausführlicher Fragen- und Antworten-Katalog führt schnell zu den wesentlichen Kernthemen und häufigen Fragen aus der Praxis.

Zahlreiche Arbeitshilfen und Beurteilungsbögen
Das Schwergewicht liegt auf Vorlagen, Praxiserfahrungen und Musterbeispielen, um Beurteilungssysteme individuell optimieren und übernehmen zu können. Vor allem die in Zielsetzung, Darstellung und Ausführlichkeit unterschiedlichen Varianten von Beurteilungsbögen und Bewertungsverfahren leisten wertvolle Hilfe für die schnelle Übernahme in die Praxis.

Inklusive Zielvereinbarungen
Zielvereinbarungen gewinnen als zukunftsgerichtetes Beurteilungsinstrument immer mehr an Bedeutung. Auch hier stehen Mustervorlagen und Handlungskonzepte mit praxiserprobtem Know-how im Vordergrund.

CD-ROM-Mehrwert mit Excel-Tools
Zahlreiche Excel-Tools und Dutzende von Vorlagen aus dem Buch auf CD-ROM erhöhen den Nutzwert zusätzlich und vereinfachen die Umsetzung. Beurteilungs-Auswertungen mit Grafiken, Mitarbeiterbeurteilungs-Tools und Anforderungsprofilen sind einige Beispiele.

Autor: Robert Müller, ISBN: 3-9522958-2-5, 304 Seiten, gebunden, Preis € 46.-/CHF 69.-

Zu beziehen bei Ihrem Buchhändler oder über www.hrmbooks.ch

Informationen zum Praxium-Buchprogramm

Nachhaltige und wirksame Mitarbeitermotivation

Motivations- und Führungsprinzipien und konkrete Motivationsideen inklusive Mitarbeitergespräche und Kommunikations- und Verhaltensregeln zur Motivationssteigerung von Mitarbeitern.

Mitarbeitermotivation – wichtiger denn je

Ob es um Führung, Unternehmenskulturen oder Spitzenleistungen geht – die Bedeutung der Motivation steht zu Recht immer öfter im Mittelpunkt des Personalmanagements. Verändernde Ansprüche und ein neues Arbeitsverständnis erfordern auf zahlreichen Ebenen zahlreiche Aktivitäten.

Aus der Praxis für die Praxis

Konkrete Anregungen, unkonventionelle Ideen, Anleitungen zu motivierendem Führungsverhalten und praxiserprobte Handlungsgrundsätze und Erfahrungswerte aus der Unternehmenspraxis zeichnen dieses Buch aus. In vielen sofort umsetzbaren Fallbeispielen erhält man Anregungen, erfährt Neues aus der Motivationsforschung und kann Ideen in die Führungs- und Personalpraxis übernehmen, eigene Situationen prüfen, sein Verhalten hinterfragen und vieles mehr. Übersichtstafeln zeigen auf einen Blick, worauf es ankommt und was für die Motivationspraxis besonders wichtig ist.

Ganzheitlich und gut umsetzbar

Die Motivation wird ganzheitlich auf Persönlichkeits-, Führungs-, Arbeitsinhalts- und Unternehmensebene behandelt, was erheblich zur Verständlichkeit und Praxisnähe beiträgt. In "Merkpunkten für die Praxis" kann man kompaktes Know-how sofort nutzen und erfährt auf einen Blick das Wesentliche. Neue Erkenntnisse aus Psychologie und Forschung sowie Kernaussagen von Experten fliessen ebenso in dieses Buch wie Resultate aus Studien und Untersuchungen.

Alle Vorlagen auch auf CD-ROM

Zahlreiche Vorlagen aus dem Buch wie Formulare, Merkblätter, Check-, Prüfungs- und Umsetzungslisten sowie Übersichtstafeln auf CD-ROM erhöhen den Nutzwert zusätzlich und vereinfachen die Umsetzung in die betriebliche Praxis.

Autor: M. De Micheli, ISBN: 3-9522958-3-3, 368 Seiten, gebunden, Preis € 46.-/CHF 69.-

Zu beziehen bei Ihrem Buchhändler oder online bei www.hrmbooks.ch

Informationen zum Praxium-Buchprogramm

Die 600 wichigsten Fragen und Antworten zum Personalmanagement

Die 600 Fragen und Antworten fassen das Wichtigste rund um das Personalmanagement auf kompakte und lesefreundliche Weise zusammen, verhelfen zu neuen Erkenntnissen, fokussieren wichtige Aspekte eines Themas und geben Orientierungshilfen zu neuen Trends. Der Anhang mit über 40 Arbeitsblättern rundet das Buch ab. Das Themenspektrum:

Arbeitspsychologie	Mitarbeiterführung	Sozialversicherungen
Arbeitszeugnisse	Lohnwesen	Coaching
Mitarbeiterbeurteilung	HR-Kennziffern	Personalgewinnung
Arbeitsrecht	Arbeitszeitmodelle	Austritt/Kündigungen

Einige Beispiele der über 600 Fragen:

- Worauf ist bei einer Lebenslaufanalyse besonders zu achten?
- Soll man Mitarbeiterbeurteilungen mit Lohngesprächen verknüpfen?
- Muss ein Zwischenzeugnis vom Arbeitnehmer begründet werden?
- Was zeichnet eine sozial kompetente Führungskraft aus?
- Was ist bei der Einführung flexibler Arbeitszeiten wichtig?
- Wie kann man Burnout Symptome erkennen?
- Welche Inhalte dürfen Referenzauskünfte betreffen?
- Was ist bei erfolgsorientierter Vergütung wichtig?
- Wann ist eine fristlose Kündigung zulässig?
- Was umfasst eine Stellenbeschreibung?
- Was zeichnet motivierendes Führungsverhalten aus?
- Wie wird Kritik und Negatives in einem Zeugnis angegangen?
- Wie berechnet man Ferienansprüche und Ferienanteile?
- Was motiviert Mitarbeiter nach neuesten Erkenntnissen am meisten?
- Was beinhaltet ein aktives Konfliktmanagement?

Autor: Roland Krismer, ISBN: 3-9522958-4-1, 333 Seiten, gebunden, Preis € 46.-/CHF 69.–

Zu beziehen bei Ihrem Buchhändler oder online bei www.hrmbooks.ch

Informationen zum Praxium-Buchprogramm

Mit den besten Stellenanzeigen die besten Mitarbeiter gewinnen

Stellenanzeigen attraktiv, wirksam und charakteristisch formulieren

Praxisinformationen rund um Stellenanzeigen

In diesem Buch erfahren Sie, wie eine Stellenanzeige strukturiert ist, welche Funktionen sie erfüllt, welches die wichtigsten Informationen sind und wie man die richtigen Bewerbergruppen anspricht. Auch die Wahl von Print- und Online-Medien, die Besonderheiten von Online-Anzeigen und Anforderungen an Personal-Websites kommen zur Sprache.

Zahlreiche Textbausteine für attraktive Formulierungen

Im Mittelpunkt steht eine grosse Auswahl an Formulierungsideen für eine gezielte und attraktive Ansprache. Mit den fertig formulierten Textbausteinen können Sie einfach und schnell treffende Formulierungen übernehmen und so ein Stelleninserat stil- und sprachsicher verfassen. Die Textbausteine enthalten eigenständige und unkonventionelle Formulierungsideen, um die wirklich gewünschten und qualifizierten Bewerber anzusprechen. Darüber hinaus hebt man sich auch von der teilweise uniformen Anzeigensprache anderer Stellenanzeigen ab und positioniert die ausgeschriebene Stelle und das Unternehmen klar. Die Bausteine sind unterteilt in Berufsgruppen und Funktionen und Anzeigenelemente wie Headline, Arbeitgeber-Informationen, Stellenbeschreibung, Anforderungsprofil, Stellennutzen, Kontaktnahme und mehr.

Alle Arbeitshilfen auch auf CD-ROM – inkl. Excel-Tools

Diverse Exceltools zur Planung, Analyse und Verwaltung von Anzeigen helfen Zeit sparen und Fehler vermeiden: Einige Beispiele: Mediaplan für Personalsuche, Berechnung von Stellenanzeigenkosten, Budgetierung von Rekrutierungskosten und ein Formular zur Aufgabe von Stellenanzeigen. Alle Formulare, Arbeitshilfen und Textbausteine des Buches sind ebenfalls auf der CD-ROM enthalten.

Autor: Thomas Widmer, ISBN: ISBN 3-9522958-5-X, 236 Seiten, gebunden, Preis € 32.-/CHF 48.–

Zu beziehen bei Ihrem Buchhändler oder über www.hrmbooks.ch

Informationen zum Praxium-Buchprogramm

HRM Office: Tools für das Personalwesen

Der Werkzeugkoffer für erfolgreiche Personalarbeit
Mustervorlagen, Planungshilfen, Analyseinstrumente und Berechnungen im Buch und auf CD-ROM.

Zahlreiche Tools und Mustervorlagen sowohl im Buch wie auch auf CD-ROM bilden einen unverzichtbaren "HR-Werkzeugkoffer". Nicht nur lesen, sondern auch anwenden - das ist die Devise dieses Buches.

Zahlreiche Mustervorlagen
Zahlreiche Mustervorlagen wie Arbeitszeugnisse, Formulare, Stellenbeschreibungen und Musterbriefe erleichtern das Formulieren wichtiger Dokumente – im Buch und auf CD-ROM zur individuellen Anpassung.

Inklusive CD-ROM
Im Buch das Wissen – auf der CD-ROM die Vorlagen zur PC-Bearbeitung: Zahlreiche Tools und Mustervorlagen sowohl im Buch wie auch auf CD-ROM bilden ein wertvolles und in der täglichen HR-Praxis einsetzbares Instrumentarium. Nicht nur lesen, sondern auch damit arbeiten und anwenden - das ist die Devise dieses Buches.

Von Planungen über Berechnungen bis zu Analysen
Kernstück des Buches bilden zahlreiche Analyse-, Planungs- und Verwaltungstools zu wichtigen Personalaufgaben wie Planungen, Berechnungen, Kontrollen und Analysen, Stellenbeschreibungen, Arbeitszeugnissen und Musterbriefe, auf die Mithilfe der Software MS Excel und MS Word direkt zugegriffen werden kann.

Mustervorlagen, Fallbeispiele, Handlungsanleitungen
Personal-Kennziffern, Lohnberechnungstools, Kandidatenvergleiche, Mitarbeiterbefragungen, Absenzenanalysen, Anforderungsprofile, Überstundenerfassungen, Personalbedarfsplanung und Lohnerhöhungsberechnungen sind einige Beispiele.

Autor: Arthur Schneider, ISBN: 3-9522712-9-2, 252 Seiten, gebunden, Preis € 46.-/CHF 69.–

Zu beziehen bei Ihrem Buchhändler oder über www.hrmbooks.ch

Direktwerbung, die verkauft, Kunden gewinnt und Aufträge bringt

Mustervorlagen mit zahlreichen Formulierungsbeispielen und Praxistipps für erfolgreiche Direktwerbung. Inkl. Sonderteil zum Telefonmarketing und Onlinemarketing und mit Diskette.

Auf Schweizer Verhältnisse zugeschnittene und von A-Z ausformulierte Werbetexte mit Hunderten von Formulierungsbeispielen helfen Ihnen überzeugend zu verkaufen und neue Kunden zu gewinnen. Der Aufbau, die Argumentation, die Kundensicht und die prägnante Nutzenformulierung wird anhand von Beispielen so aufgezeigt, dass die Formulierungsbeispiele für viele Produkte und Branchen eingesetzt werden können, und zwar für Werbebriefe, Anzeigen, Flugblätter, Prospekttexte, Bestellkarten, Kataloge und vielem mehr. Zu zahlreichen Schlüsselargumenten finden Sie erfolgserprobte Textbausteine. Die Diskette erleichtert das schnelle Übernehmen von Textbausteinen. Einige Leistungen des Schweizer Direktwerbe-Beraters:

- Die besten Schlagzeilen aus der Praxis, die direkt übernommen werden können
- Textbausteine zu Preisvorteil, Serviceleistungen, Sicherheit und Qualität
- Die magischen Begriffe, die Aufmerksamkeit erregen und überzeugen
- Überzeugende Briefeinleitungen, die zum Weiterlesen animieren
- Worauf es bei der Wahl der Zielgruppe ankommt und wie diese definiert wird
- Von A-Z ausformulierte Musterbriefe, die sich als erfolgreich erwiesen
- Die erfolgreichsten Formulierungstechniken für Werbebotschaften
- Der lesefreundliche und kundengerechte Aufbau einer Werbebotschaft
- Formulierungstechniken, die Ihre Hauptstärken in den Vordergrund stellen
- Nutzenstiftung für den Kunden überzeugend illustrieren und formulieren
- Telefonmarketing: Intern oder extern? Welche Adressen einsetzen? Wie vorgehen? Wen einstellen?
- Mittel der Webeprofis, wie Werbung mehr Beachtung und Mehrumsatz erzielt

Hinzu kommen Fallbeispiele und Praxistipps für ein erfolgreiches Telefonmarketing: Welche Fehler muss man vermeiden, was ist wirklich erfolgsrelevant, welches sind die Do's und Don'ts? Ein weiterer Sonderteil befasst sich mit Praxistipps zum Onlinemarketing und zur Webshop-Bewerbung und damit, wie Werbemassnahmen wirkungsvoll untereinander kombiniert werden können.

Autor: Marco De Micheli, ISBN: 3-9522712-4-1, 236 Seiten, gebunden, Preis € 39.-/CHF 59.–

Zu beziehen bei Ihrem Buchhändler

Informationen zum Praxium-Buchprogramm

Praxishandbuch für erfolgreiche und wirksame Public Relations

Praxishilfen für PR-Massnahmen, die Resultate erzeugen

Anschaulich, pragmatisch und mit vielen Fallbeispielen versehen bringt dieses Buch das PR-Handwerk auf eine umsetzungsfreundliche Art und Weise mit Konzentration auf das für die Praxis Wesentliche näher. Nicht riesige PR-Budgets werden benötigt, sondern teilweise unkonventionelle Anregungen verhelfen Ihnen zum Erfolg und zu Resultaten.

Mustervorlagen für die schnelle Umsetzung und Anwendung

Von Neuproduktlancierungen über Firmengründung und Events bis zu Formularen zur Erfolgskontrolle sorgen zahlreiche PR-Mustertexte, Formulare, Arbeitsblätter und Formulierungshilfen für die sichere und sofortige Umsetzung in Ihre Marketing- und PR-Praxis. Ein Muster zum Aufbau einer Presseinformation, ein Datenmasken-Beispiel für eine Presseverteiler-Datenbank, PR-Begleitschreiben usw. sind nur einige wenige Beispiele.

Konkret: Beispiele, zu welchen Fragen Sie Antworten erhalten:

- Worauf ist bei der Adressierung einer Presseinformation zu achten?
- Wie gehen Redaktoren bei der Selektion vor?
- Was macht eine Presseinformation attraktiv?
- Fax oder Post, Telefon oder E-Mail – wann was wie richtig einsetzen?
- Wie werden Presseinformationen nicht als Werbung empfunden?
- Wie geht man bei der Selektion der Medien optimal vor?
- Wie kann man das Internet gewinnbringend nutzen?
- Worauf ist bei Aufbereitung von Foto- und Bildmaterial zu achten?
- Wie organisiert man PR-Aktionen effizient und kostengünstig?
- Wie kann man die Veröffentlichungschancen wesentlich erhöhen?

Autor: Marco De Micheli, ISBN: 3-9522712-6-8, 264 Seiten, gebunden, Preis € 46.-/CHF 69.–

Zu beziehen bei Ihrem Buchhändler

Bestellformular

Wir freuen uns über Ihr Interesse an unseren weiteren Titeln. Dazu können Sie einfach diese Seite kopieren und an **044 481 14 65** faxen, uns per Post zukommen lassen oder den/die Titel bei Ihrem Buchhändler anfordern.

_ Ex **Arbeitshandbuch für die Zeugniserstellung**
Preis CHF 69.- / € 46.-, Autor: M. Tschumi, ISBN: 3-9522712-0-9

_ Ex **Lexikon für das Personalwesen**
Preis CHF 74.- / € 47.50, Autor: M. Tschumi, ISBN: 3-9522712-1-7

_ Ex **Musterbriefe und Musterreglemente für das Personalwesen**
Preis: CHF 69.- / € 46.-, Autor: M. Tschumi, ISBN: 3-9522712-2-5

_ Ex **Formulare und Arbeitsblätter für das Personalwesen**
Preis CHF 85.- / € 54.80, Autor: M. Tschumi, ISBN: 3-9522712-3-3

_ Ex **Leitfaden für erfolgreiche Mitarbeitergespräche und Mitarbeiterbeurteilungen**
Preis CHF 69.- / € 46.-, Autor: M. De Micheli, ISBN: 3-9522712-5-X

_ Ex **Mit den besten Interviewfragen die besten Mitarbeiter gewinnen**
Preis CHF 59.- / € 39.-, Autor: A. Schneider, ISBN: 3-9522712-7-6

_ Ex **Handbuch für die erfolgreiche Personalrekrutierung**
Preis CHF 69.- / € 46.-, Autor: M. Sommerhalder , ISBN: 3-9522712-8-4

_ Ex **Handbuch zum Personalmanagement**
Preis: CHF 69.- / € 46.-, Autor: M. Tschumi, ISBN: 3-9522958-0-9

_ Ex **Praxisratgeber zur Personalentwicklung**
Preis: CHF 69.- / € 46.-, Autor: M. Tschumi, ISBN: 3-9522958-1-7

_ Ex **Systematische Mitarbeiterbeurteilungen und Zielvereinbarungen**
Preis: CHF 69.- / € 46.-, Autor: Robert Müller, ISBN: 3-9522958-2-5

_ Ex **Nachhaltige und wirksame Mitarbeitermotivation**
Preis: CHF 69.- / € 46.-, Autor: Marco De Micheli, ISBN: 3-9522958-3-3

_ Ex **Die 600 wichtigsten Fragen und Antworten zum Personalmanagement**
Preis: CHF 69.- / € 46.-, Autor: Roland Krismer, ISBN: 3-9522958-4-1

_ Ex **Mit den besten Stellenanzeigen die besten Mitarbeiter gewinnen**
Preis: CHF 48.- / € 32.-, Autor: Thomas Widmer, ISBN: 3-9522958-5-X

_ Ex **HRM Office: Tools für das Personalwesen**
Preis: CHF 69.- / € 46.-, Autor: Arthur Schneider, ISBN: 3-9522712-9-2

_ Ex **Direktwerbung, die verkauft, Kunden gewinnt und Aufträge bringt**
Preis CHF 59.-/ € 39.-, Autor: Marco De Micheli, ISBN: 3-9522712-4-1

_ Ex **Praxishandbuch für erfolgreiche und wirksame Public Relations**
Preis CHF 69.- / € 46.-, Autor: Marco De Micheli, ISBN: 3-9522712-6-8

Firma:..

Vorname/Nachname:..

Strasse:.................................... PLZ, Ort:............................

Fax:............................... E-Mail:..

Unterschrift:...

Fax 044 481 14 65